《通俗数学文化丛书》编委会

顾　　问：张奠宙　陆征一
主　　编：赵焕光
副 主 编：林长胜　方均斌
编　　委：闻仲良　应裕林　黄忠裕
　　　　　黄友初　徐彦辉　谭金芝
　　　　　温红蕾

通俗数学文化丛书（1）

数 的 家 园

赵焕光 著

科学出版社

北京

内 容 简 介

本书介绍数系（自然数→整数→有理数→实数→复数→四元数→超穷数）的基本理论及数系在现实生活中的应用，探讨数系与人文（包括中国传统文化）的联系，追问数系诞生的历史源头，包括数字解读字的意义，认识数的前楼梯、自然数与整数、有理数与无理数、复数与四元数、无穷与超穷数等内容。

本书适合大学在读本科生、数学教育硕士研究生、中学数学教师、高校相关专业的数学教师阅读参考。

图书在版编目(CIP)数据

数的家园/赵焕光著.—北京：科学出版社，2008
（通俗数学文化丛书）
ISBN 978-7-03-021294-8

Ⅰ.数… Ⅱ.赵… Ⅲ.数系-普及读物 Ⅳ.O143-49
中国版本图书馆 CIP 数据（2008）第 031068 号

责任编辑：张　扬／责任校对：陈玉凤
责任印制：徐晓晨／封面设计：黄华斌

科学出版社 出版
北京东黄城根北街 16 号
邮政编码：100717
http://www.sciencep.com

北京虎彩文化传播有限公司 印刷
科学出版社发行　各地新华书店经销

*

2008 年 5 月第 一 版　开本：B5（720×1000）
2018 年 7 月第二次印刷　印张：24 1/4
字数：445 000

定价：98.00 元
（如有印装质量问题，我社负责调换）

《通俗数学文化丛书》序

在数学教学过程中，数学内容是主导因素，内容决定形式。数学教学设计的优劣，在乎数学内容的取舍、数学本质的呈现、数学价值的探究。至于采用怎样的教学方法，毕竟要服从内容的需要，好比吃饭，吃什么永远比怎么吃更重要。如果一味颂扬刀叉吃饭如何文明，鄙薄用筷子吃饭又如何落后，却不问饮食的营养和口味，大概是没有人会同意的。可惜的是，时下流行的是教学理念决定一切，教学方法成了决定性因素。于是乎，教师进修不再学习数学，更不研究数学，只在多媒体运用、师生对话、学生活动、合作讨论等方面下工夫，这是把马车放在马的前面，弄颠倒了。

鉴于此，数学教育的前辈告诫我们：要给学生一杯水，教师得有一桶水。数学教师得有广阔的数学视野、坚实的数学功底、深邃的数学思考，才能在教学中游刃有余，举手投足都能体现数学的价值，给人真善美的享受，潜移默化地影响学生。不然的话，你凭什么在教学中起主导作用呢？

不久前，赵焕光教授把《数的家园》等6本书的电子稿件作为一套《通俗数学文化丛书》，发到我的电子信箱里。浏览之后，觉得很有特点。因此，我想如果中小学的数学老师们能够读一下，当会给他们必须储备的那"一桶水"增加分量。

我欣赏整套丛书，是因为它有浓厚的人文主义品位。长期以来，数学受绝对主义数学哲学的影响，只认公理化的抽象结构,摒弃人文主义的思考,以及与人类社会文化的深刻联系。一种极端的思想是,数学最好没有自然语言,能够全是符号公式的数学才是上品。其实,数学是人做出来的,数学家的思想行为必然打上社会文化的烙印,具备当时当地的人文气息。例如,古希腊的奴隶主"民主政体",虽然是少数人的民主,但是少数人之间的"平等"要求用说理方法,以争取别人的支持,这就孕育了演绎推理的数学体系。另外,中国皇权政治体制,则要求知识分子为帝王的统治服务,因此产生了以田亩测量、赋税征收、徭役分配、土方计算等实用的"国家管理数学"。

该套丛书的另一特点是体现数学本质,作者把"数"、"形"、"代数"、"函数"、"概率"、"逻辑"等基本思想方法作为一个整体层层递进,抽丝剥茧地加以阐述,有很强的科学性。此外,该丛书不像先前的一些所谓"高观点"下的抽象叙述那样生涩难懂,而是把思考过程展现出来,加之配置了许多历史过程的描述,使读者觉得数学的产生与发展是很自然的事,并非天上掉下来的"林妹妹"。

数学,其实在意境上和文学相通。体会数学的意境,是一大乐趣。我曾有一短文,谈对称与对仗,附于文后。在这一点上,焕光教授等人的著作,与我的追求有某些共同之处。故因作者之请,欣然为之作序。

张奠宙

2007 年深秋于华东师范大学

附　文

对称与对仗

——谈变化中的不变性
（张奠宙）

数学中有对称，诗词中讲对仗。乍看上去两者似乎风马牛不相及，其实它们在理念上具有鲜明的共性：在变化中保持着不变性质。

数学中说两个图形是轴对称的，是指将一个图形沿着某一条称之为对称轴的直线折叠过去，能够和另一个图形重合。这就是说，一个图形"变换"到对称轴另外一边，但是图形的形状没有变，如下图所示。

这种"变中不变"的思想，在对仗中也反映出来了。例如，让我们看唐朝王维的两句诗：

"明月松间照，清泉石上流。"

诗的上句"变换"到下句，内容从描写月亮到描写泉水，确实有变化。但是，这一变化中有许多是不变的：

数 的 家 园

"明"——"清"（都是形容词）

"月"——"泉"（都是自然景物，名词）

"松"——"石"（也是自然景物，名词）

"间"——"上"（都是介词）

"照"——"流"（都是动词）

对仗之美在于它的不变性。假如，上联的词语变到下联，含义、词性、格律全都变了，就成了白开水，还有什么味道？

世间万物都在变化之中，但只单说事物在"变"，不说明什么问题。科学的任务是要找出"变化中不变的规律"。一个民族必须与时俱进，不断创新，但是民族的传统精华不能变。京剧需要改革，可是京剧的灵魂不能变。古典诗词的内容千变万化，但是基本的格律不变。自然科学中，物理学有能量守恒、动量守恒；化学反应中有方程式的平衡，分子量的总值不能变。总之，唯有找出变化中的不变性，才有科学的、美学的价值。

数学上的对称本来只是几何学研究的对象，后来数学家又把它拓展到代数中。例如，二次式 x^2+y^2，当把 x 变换为 y，y 变换为 x 后，原来的式子就成了 y^2+x^2，结果仍旧等于 x^2+y^2，没有变化。由于这个代数式经过 x 与 y 变换后形式上与先前完全一样，所以把它称为对称的二次式。进一步说，对称，可以用"群"来表示，各式各样的对称群成为描述大自然的数学工具。

物质结构是用对称语言写成的。诺贝尔物理学奖获得者杨振宁回忆他的大学生活时说，对他后来的工作有决定影响的一个领域叫做对称原理。1957年李政道和杨振宁获诺贝尔奖的工作——"宇称不守恒"的发现，就和对称密切相关。此外，为杨振宁赢得更高声誉的"杨振宁-米尔斯规范场"，更是研究

附 文

"规范对称"的直接结果。在"对称和物理学"一文最后,他写道:"在理解物理世界的过程中,21 世纪会目睹对称概念的新方面吗?我的回答是,十分可能。"[①]

对称是一个十分宽广的概念,它出现在数学教材中,也存在于日常生活中,能在文学意境中感受它,也能在建筑物、绘画艺术、日常生活用品中看到它,更存在于大自然的深刻结构中。数学和人类文明同步发展,"对称"只是纷繁数学文化中的标志之一。

---

① 见《杨振宁文集》第 444,703 页。

序

赵焕光教授在他著的《数的家园》前言中说："尽可能让阅读者在沿途欣赏到更多的迷人景观。"确实如此，在我伏案阅读该书初稿时，不时感到赏心悦目，不时又觉亮点闪现、耳目一新，甚至拍案叫好，真是美不胜收，大有"相见恨晚"之感。这真是一本难得的数学文化优秀作品。

数学是研究现实世界的空间形式和数量关系的。为什么不叫"形学"或其他什么学，而叫"数"学！可见"数"字当头，"数"之重要。因此，作者把《数的家园》排在《通俗数学文化丛书》的第一本，十分妥帖、恰当、相称。该书以数概念的历史发展为主线索：

自然数→整数→有理数→实数→复数→四元数→超穷数

并从主线索上发出枝枝脉络伸向各方，千姿百态，丰满动人。

脉络伸向自然数、无理数、负数、虚数……的历史源头。书稿提供的史料极其丰富，它营造了一个时间隧道，引领你逆溯而上，来到不同国家、不同时代的历史巨人那里，去聆听他们关于数是怎么说的。让你知道数是如何从远古而来，有坦途，更有急流险滩，不断演变、发展，直到我们现在看到的各种数的现代模样。

脉络伸向生活实际社会环境层面，把数学生活化、趣味化、智力化和人文化。书中提供的大量数字民俗、数字入诗、英语词汇赋值、大数字给人的惊奇……精彩缤纷。让你看到，那些普普通通的数，竟能释放出如此多的"新"、出乎意料的"奇"和舒悦被陶冶的"美"。这"新、奇、美"的数字百花园怎能不让人兴奋不已？它足以激发中学生和业余数学爱好者的兴趣、爱好和追求。

脉络伸向数学知识自身和数学教学。人们可以从书中得到关于数的不同层面、平台上的相应知识，可以是初级的、感性的、有趣的，也可以是进一步的，最后则是极其严密完整的数的概念的现代刻画与呈现，以适应不同读者的不同要求。这种"浅入深出"的叙述方式，才是引导人们在把握数概念本质方面有一些"深入浅出"的感悟。书稿十分注意不仅给出"结果"，而且给出思维过程、思维的"脚手架"。因此，数学教学可以从中得到启迪与借鉴，有利于师范院校数学专业学生知识水平的提高，有利于中学数学老师数学水平的提高。

脉络伸向近代数学前沿。第 2 章的"前楼梯"和第 6 章的"超穷数"是该书较专业、较载重的部分，这是为进一步学习近代数学的读者而准备的。即使这样，作者对"无穷"所作的人文意境的铺垫，是何等精彩，是任何无数学专业训练的读者皆可赏阅而且有所收获的。从诗人、艺术家、哲学家、政治家，直至我们的数学家，是如何谈论、如何使用"无穷"的。这种由远而近，由人文背景而至数学内部的视觉推进，无不给人以遐想驰骋的效果。

脉络伸向数学哲学领域。该书著的每一章与每一节开始部分的论述，某些段落中的大篇幅议论，充满了哲理，作者在对数学深层次地理解、领悟后，升华到了哲学高度的认识，才能行文独到而栩栩如生，带给你抽象枯燥数学之外的思维顿觉一新的享受。

序

《数的家园》反映了作者高深的数学功底和对数学的人文哲学思考之非数学功力。该书集"通俗"、"趣味"、"人文意境"、"哲学思考"、"逻辑严密"于一体,具有引人入胜的可读性和随意翻阅的可选择性的特点。不同文化层次的读者,可以选择自己感兴趣又需要的部分阅览,其他部分不读也无妨,真有可谓"各取所需"。因此,从中学生到数学教育类研究生,从业余数学爱好者到中学数学老师、大学基础数学课老师,皆可成为《数的家园》的读者。

王祖樾
于杭州电子科技大学
2007 年 12 月

(注:王祖樾先生为原浙江省数学会普委会主任,曾长期执教于浙江师范大学)

前　　言

我国著名数学教育家张奠宙先生一直在呼吁师范教育必须解决好"居高临下"的问题，并且他带头用实际行动反对数学教育中的"去数学化"愈演愈烈的有害倾向。张先生对数学教育事业的执着追求精神以及他对我国数学教育理论建构的贡献及其独到见地，深深地影响着我。

自1998年开始的近10年，笔者一直想为我国的数学教育事业发展做一点实事，特别是从2000年评上教授职称以来，全力以赴地在数学教育理论研究与实践探索中耕耘，始终坚持对数学文化素质提高及"居高临下"这两个大问题作一些小的思考。经过将近10年的磨炼与积累，整理了一点东西，近期打算陆续出版《通俗数学文化丛书》。丛书由6本书组成，书名分别为《数的家园》、《形的殿堂》、《代数天地》、《函数王国》、《随机世界》与《逻辑故乡》，它们可作为中学数学新课改的配套读物。

首先，简单介绍第一件"作品"——《数的家园》的写作思路。著名的美国数学史家 M·克莱因（M. Kline，1908～1992年）认为："有关数的想法是沿着两条不同的溪流汇合的，其中一条是综合的溪流，起源于用木棍记数，并进行建造复杂度越来越高的数的概念，这很像用原子来建造一个复杂的分子一样；另一条是分析的溪流，数学家们用把复杂性分解为最原始的元素的方法，自然地达到了数的精髓。这两条溪流都很重要。"数系理论建构是数学家们的核心任务之一，数系理论建构过程的本质就是数系扩张的过程。按照逻辑扩张的程序，数系扩张的过程应该是"自然数→整数→有理数→实数→复数"，继之四元数、八元数等。四元数、八元数理论是在复数理论的基础上发展起来的，复数理论建立在实数理论的基础上，实数理论的地基又是建立在有理数理论之上的，进而有理数理论又是建立在整数理论上的，然而整数又是由自然数派生出来的。于是，要解决源头的问题，最终归结到用集合论的方法给自然数下公理化定义。这项工作，由意大利数学家皮亚诺（G. Peano，1858～1932年）首开先河德国数学家冯·诺伊曼（Von Neumann，1903～1957年）等逐渐给予完善。本书的整体写作思路主要是沿着综合的溪流漫步的，尽可能让阅读者在沿途欣赏到更多的迷人景观，同时兼顾分析的溪流，对各种数做出本质的刻画。

本书的第1章为漫谈数字，主要探讨理解数字意义的重要性。第2章为认识数的前楼梯，这一章为从现代数学观点认识数做准备性工作，核心内容是集合论观点构建。第3章为自然数与整数，这一章值得推荐的内容是对自然数定义的解读体会。第4章为有理数与无理数，这是本书的重心所在，这一章最值得推荐的内容有两项：一项是关于有理数的实际应用；另一项是关于无理数的定义解读。第5章为复数与四元数，这一章完成两项任务：一项是解读复数的概念及意义；另一项是介绍四元数诞生的过程。第6章为无穷与超穷数，这是本书最困难的话题之一，在这一章中，我们自己认为有必要特别向大家推荐"相识无穷"这一节。

本书的写作风格与通常的数学科普著作有较大区别，与通

◎ 前　言

常的数学教育著作也有所区别。在写作的过程中，我们力求在"知识通俗"与"理论高雅"之间寻求平衡，也力求寻找重要知识点的源头。此外，在部分章节中，还列出若干趣味性思考题及未解决的某些历史名题作为附录，我们不打算（有些问题也不可能）给出参考答案，其用意是让有兴趣探索的阅读者去查阅更多的资料，发现更多的问题。我们的"野心"比较大，第 1 个愿望是让我们的师范学生（包括本科生与硕士研究生）通过阅读本书提高数学文化修养；第 2 个愿望是让我们的同行（包括高校、中学数学教师）在本书中能发现他们所需要的点滴东西；第 3 个愿望是寻缘，如果有高中生或者其他人士也能对本书发生兴趣，真乃是非常荣幸。

　　写书的过程是艰辛的，见到白纸黑字的印刷本子是高兴的。在高兴之余，需要讲太多太多的感恩话语。首先我最想感恩的人是我妻钱亦青，本书稿是她一个字一个字从电脑键盘上帮我敲打出来的。没有她始终如一的支持与帮助，我不可能在事业上取得点滴成绩。

　　接着，我要感恩我的养父赵东棉、岳父钱绍泰、岳母孙琼珠、哥哥郑贤齐等所有亲人与长辈。再接着，我要从内心感谢马大康先生。在我的工作经历中，能遇上马大康教授（现任温州大学校学术委员会主任，原温州师范学院院长）那样学识渊博、为人儒雅的好领导，实在是三生有幸。在写作本书过程中作者得到马先生的鼓励，信心倍增。在这里，我还要特别厚谢我的大学恩师王祖樾教授（原浙江省数学会普委会主任），他在本书的写作过程中给了大量的无私帮助，不仅在文字润色方面提了不少好建议，而且在学术观点上也不惜赐教。在本书完稿的过程中，有许多同仁及朋友帮了很多忙，他们分别是陆征

一、方均斌、王玮明、林长胜、黎祥军、张宗劳、张乃敏、黄忠裕、应裕林、黄友初、李中月、钱亦红等。大恩不言谢！但我还是从心底里说，诚心感谢支持我、帮助我的所有亲人与朋友！另外，我的研究生陈远兰、李树茂、张章、毛蓓蕾、岳芳珍、王娜在书稿校对中帮了很多忙，在这里也说一声谢谢！

最后，还需作一点声明。作者在本书的写作过程中参阅了大量文献，除了部分内容注明出处外，大多数内容经过笔者综合整理后就不再注明出处，我们把所有被参阅过的著作名称都列在参考文献中，我们真诚地向被参阅过的所有文献的作者致以深深的谢意！

赵焕光
2007 年 10 月于温州黄龙

目 录

《通俗数学文化丛书》序
序
前言
第1章　漫谈数字 ································· 1
　1.1　数字的意义 ································ 1
　　1.1.1　数字的作用 ···························· 1
　　1.1.2　数字与民俗 ···························· 4
　　1.1.3　数字入诗 ······························ 8
　　附录 A　与数字有关的三个人文地理话题 ········ 12
　1.2　数字与记数 ································ 14
　　1.2.1　印度-阿拉伯数字及十进制记数法 ········ 15
　　1.2.2　中国数字与中国历史上的干支记数法 ······ 18
　　1.2.3　二进位制数及《易经》中的八卦 ·········· 21
　　1.2.4　罗马数字及其他进位制 ·················· 33
　　附录 B　英语中的数词 ························ 38
　1.3　大数字 ···································· 42
　　1.3.1　科学记数法与数字分级 ·················· 42
　　1.3.2　大数字溯源 ···························· 46
　　1.3.3　大数字迷惑及生理学解释 ················ 48
　　1.3.4　大数字的模型与精彩比喻 ················ 52
　　1.3.5　大数字研究及应用 ······················ 53

     1.3.6 关于大数字的四个经典故事 ·················· 57
     1.3.7 大数字理论与现实背离的 3 个例子 ············· 63
     附录 C 与大数字相关的 3 个话题 ···················· 66

第 2 章 认识数的前楼梯 ······························ 75
  2.1 集合 ······································· 75
     2.1.1 集合概念 ································ 76
     2.1.2 集合的生成原则与集合的表示方法 ············· 80
     2.1.3 子集与集合相等 ·························· 81
     2.1.4 集合运算 ································ 82
     2.1.5 派生新集合的方法 ························ 85
     附录 D 与集合论相关的 3 个话题 ···················· 85
  2.2 关系 ······································· 91
     2.2.1 二元关系 ································ 92
     2.2.2 关系的某些特殊性质 ······················ 95
     2.2.3 等价关系与等价类 ························ 96
     2.2.4 序关系 ································· 98
  2.3 映射 ······································· 99
     2.3.1 映射的定义 ····························· 100
     2.3.2 映射的简单应用 ························· 102
  2.4 运算 ······································ 105
     2.4.1 运算与代数系统 ························· 105
     2.4.2 运算律 ································ 107
     2.4.3 群、环、域 ···························· 108
     2.4.4 同构与扩张 ····························· 110

第 3 章 自然数与整数 ······························ 113
  3.1 自然数 ···································· 113

目　录

  3.1.1 自然数的定义 …………………………… 114
  3.1.2 自然数的运算 …………………………… 123
  3.1.3 自然数的顺序 …………………………… 126
  3.1.4 追问自然数诞生的源头 ………………… 127
  3.1.5 有趣的自然数赋值计算式 ……………… 133
  3.1.6 用自然数堆积的"金字塔"与"宝塔诗" ……… 135
  附录 E 关于自然数的两个话题 ……………… 138
 3.2 "0" ……………………………………………… 145
  3.2.1 好事多磨的"0" ………………………… 145
  3.2.2 多姿多彩的"0" ………………………… 147
  3.2.3 "0"的特异功能 ………………………… 151
 3.3 负数与整数 ……………………………………… 152
  3.3.1 数系扩充的基本原则与方法 …………… 153
  3.3.2 整数的自然扩张（生成）法 …………… 154
  3.3.3 整数的逻辑扩张（生成）法 …………… 155
  3.3.4 为什么人们认识负数那么困难？ ……… 157
  3.3.5 关于"＋，－"符号的逸闻趣事 ……… 159
  附录 F 与负数相关的两个话题 ……………… 161

第 4 章 有理数与无理数 ……………………………… 165
 4.1 有理数 …………………………………………… 165
  4.1.1 分数 ……………………………………… 166
  4.1.2 有限小数 ………………………………… 172
  4.1.3 估算与近似计算 ………………………… 175
  4.1.4 追问分数与小数诞生的历史源头 ……… 180
  附录 G 分数趣味题集锦 …………………… 185
 4.2 无理数（实数） ………………………………… 188

  4.2.1 无理数的意义 ·········· 189

  4.2.2 无限小数 ·········· 190

  4.2.3 康托尔基本序列说 ·········· 196

  4.2.4 戴德金分割说 ·········· 201

  4.2.5 实数公理化定义 ·········· 206

  4.2.6 带根号的无理数家族 ·········· 210

  4.2.7 追问无理数产生的历史源头 ·········· 218

  附录 H 若干有理数与无理数趣味题 ·········· 220

 4.3 连分数 ·········· 224

  4.3.1 连分数的定义与例子 ·········· 225

  4.3.2 若干连分数的重要结论 ·········· 228

  4.3.3 连分数在天文学中的应用 ·········· 229

  附录 I 追问计时源头及计时方法 ·········· 233

第 5 章 复数与四元数 ·········· 249

 5.1 复数 ·········· 249

  5.1.1 复数意义解读 ·········· 250

  5.1.2 复数概念解释及表示 ·········· 255

  5.1.3 复数四则运算的几何意义 ·········· 264

  5.1.4 复数的幂、单位根、代数基本定理 ·········· 265

  5.1.5 复数的重要特性 ·········· 271

  5.1.6 追问复数诞生的源头及其发展状况 ·········· 272

  附录 J 复数趣味性思考题 ·········· 278

 5.2 四元数 ·········· 281

  5.2.1 四元数概念 ·········· 282

  5.2.2 四元数的意义 ·········· 284

  5.2.3 四元数发现过程浏览 ·········· 285

  5.2.4 后四元数 ·········· 292

目 录

    5.2.5 四元数与数字们的争论 ·········· 293

    附录 K 关于四元数的若干思考题 ·········· 296

第 6 章 无穷与超穷数 ·········· 298

  6.1 相识无穷 ·········· 298

    6.1.1 何谓无穷？ ·········· 299

    6.1.2 无穷存在吗？ ·········· 306

    6.1.3 无穷能认识吗？ ·········· 307

    6.1.4 如何认识无穷？ ·········· 310

    6.1.5 无穷的时间与空间 ·········· 318

    6.1.6 潜无穷与实无穷之争 ·········· 320

    6.1.7 无穷不可知论 ·········· 324

    6.1.8 认识无穷的三个误区 ·········· 325

    6.1.9 无穷的源头及无穷认识发展史 ·········· 332

    附录 L 与无穷相关的几个趣味话题 ·········· 337

  6.2 基数——无穷集大小比较的理论 ·········· 341

    6.2.1 对等与基数 ·········· 341

    6.2.2 基数比较 ·········· 343

    6.2.3 有限集 ·········· 345

    6.2.4 可数集 ·········· 347

    6.2.5 基数 c 与基数 f ·········· 350

    6.2.6 基数运算 ·········· 351

    附录 M 与无穷基数有关的三个趣味话题 ·········· 352

  6.3 序数——无穷集排序的理论 ·········· 355

    附录 N 连续统假设 ·········· 358

参考文献 ·········· 359

第 1 章 漫谈数字

本章分 3 节：数字的意义、数字与记数、大数字。第 1 节由 3 个与数字相关的话题及 3 个附录组成；第 2 节对几种常用的数字及记数方法作较详细介绍，其中涉及中国八卦等传统文化的话题；第 3 节是本章的重点，篇幅比较长，涉及与大数字相关的许多话题。其中大数字迷惑及生理学解释、创世纪的那场洪水、关于大数字的 4 个经典故事、数字理论与现实背离的 3 个案例颇有意思，作者盼望能吸引阅读者的注意力。

1.1 数字的意义

本节由"数字的作用"、"数字与民俗"、"数字入诗"等 3 个核心话题组成，同时介绍与数字相关的三个人文地理话题（附录 A）。

1.1.1 数字的作用

人们通常把 0，1，2，3，…称为数字，也称数码。就像文字与语言一样，数字是人类为了认识自然界与人类自身而创造的一种认识工具。从哲学意义上说，数字代表自然界的终极意义（本原），人类文明进化离不开数字，数字也深深地依赖于可构造它的特定人类。

数字起源于"数"，数字是所有数学赖以确立的基本要素。

数的家园

世界上没有一位数学家能真正认识数字的深层意义，但数字却几乎影响到人类生活的所有方面，人们每天都要跟数字打交道。

首先，人们常常用数字来区别物体（识别标志）。例如，电话号码、邮政编码、汽车驾驶牌照号码、护照号码、银行账户号码、社会保障凭证号码、商场中商品的条形码等。

其次，人们常常用数字来编排物体顺序（排序）。例如，体育比赛中的名次、阅卷评分（等级制）、城市街道上房屋门牌编号等。数字的这种用法在数学上称为序数，序数通过皮亚诺公理得到形式化，其发展顶峰就是超限序数。序数的根本特性在于数字的先后次序，如知道了一条街道两幢房子的门牌号码就可以知道它们在这条街上的相对位置，一个大号码的门牌要在一个小号码的门牌的上面或下面，只要知道这条街的门牌编号方法就很清楚。

数字的重要性不仅仅限于如上所述显而易见的实用功能，更重要的方面体现在数字是如何影响到人们对世界的思考。人类智力发展的主要因素之一，就是希望了解人类所生存的物质世界和生命世界的意义。人类探索历史是为了找到线索来解释现实世界的状况，人类发明理论是为了预测未来、美化生活。无论是描述还是解释现实世界，人们都必须用数字回答"多少"这类问题。例如，世界人口总数、国民生产总值、国土面积、河流长度、海洋面积、大气层的温度、湿度和压力、空气质量指数；石油、天然气、煤矿的储存量；动（植）物物种的数量、分布及其生长速度；日常企业经济活动中的收入、成本和利润；声、光的强度和频率等。这里的一切，实际上都是数字表征量。

第1章 ◎ 漫谈数字

　　至于量，天然与数脱离不了关系。量与数的联系到底有多密切，我们可以用华罗庚先生的名言来表述："宇宙之大，粒子之微，火箭之速，化工之巧，地球之变，生物之谜，日用之繁，数学无处不在，凡是出现'量'的地方就少不了用数学，研究量的关系、量的变化、量的变化关系、量的关系的变化等现象都少不了数学。"从华罗庚先生的话中可以看到，量必须用数学来刻画。我们认为：这里所说的数学，侧重点应该是指用"数"表述的学说。实际上，没有数，量就无法表述。其实，远在亚里士多德时代，人们早已认识到，量就有离散量（如人口、行星、苹果等）和连续量（如空气、水、火等）之分。对应于离散量的这种数字用法，数学上称其为数量数；对应于连续量的这种数字用法，数学上称其为度量数（或计量数）。数量数可通过集合的势（也称基数）得到形式化，其发展顶峰就是无限基数；度量数在有理数域中得到形式化，并且通过极限过程得到实数。

　　大科学家爱因斯坦曾经说过"数字和宇宙同等重要"。无疑数字是人们建立科学理论的语言。如果没有数字，人们就无法进行测算，从而也就无法获得支持科学理论的关键证据。为了强调数字的重要性，人们可以试着想象一下，如果没有数字，世界将会变成怎么样。事实上，如果世界上没有计数，没有所得税，没有用数字表征的钱，不同国家甚至包括个人之间就无法开展贸易，人们充其量只能做以货易货的交易（还是离不开数字，如一头猪能交换几把匕首等）；如果没有数字，就不会有很多人所喜欢的体育运动，譬如乒乓球、羽毛球、篮球、排球和足球，它们都需要用数字来确定一边有几名运动员并用数字进行记分，很多体育项目（如田径）必须使用数字记载世界纪录,要想参加奥运会必须超过某个数字确定的标准等;如果没有数字,人们就无法建立物理学的基本理论,譬如开普勒行星运动定律、牛顿运动定律或爱因斯坦的 $E=mc^2$;如果没有数字,现代化学、生命科学、心理学、人类学、社会学、经济学,甚至包括人文味特浓的历史学都无法做深入研究,我们在这里不再一一举例说明。

1.1.2 数字与民俗

"数字崇拜"与"数字忌讳"的现象,不论在东方还是西方,自古至今都存在着。其实,数字只不过是人们所创造的一种符号,用作交流工具而已,不必把数字的含义看得太神秘。所谓"崇拜"与"忌讳",从深层次的意义上看,充其量只是一种心理表现。如果太投入了,就会与迷信结下不解之缘;如果从人文欣赏的角度去面对,也许对提高人们学习数学的兴趣有益处。这里的素材大部分取自徐品方、张红著的《数学符号史》及易南轩著的《数学美拾趣》。

数字"0":古印度人认为以"0"结尾的数字吉利;古罗马人认为"0"是邪恶的象征。

数字"1":中国人认为"1"是从无到有的象征,"道生一,一生二,二生三,三生天地,天地生阴阳,阴阳生万物";毕达哥拉斯学派认为"1"代表"同一"、"至高无上",它是万物的开端,一切的根源;古巴比伦人认为"1"不吉祥,一万称为"黑暗",一万万则是"黑暗的黑暗"。

数字"2":毕达哥拉斯学派认为"2"代表"对立"、"意见",还代表"女人"或"爱情";古希腊学派认为"2"是"病魔的象征"。

第 1 章 漫谈数字

数字"3"：在佛教中"3"代表"天、地、人"；古埃及人认为"3"代表"父、母、子"；圣经中认为"3"代表"圣父、圣子、圣灵"三位一体；毕达哥拉斯学派认为"3"代表"实在"；中国人认为"3"代表"尊贵成功"，史记云："数始于一，终于十，成于三。"不少伟人认为"3"是"成功的标志"。亚里士多德说，"人类所需知识有三类：理论、使用、鉴别"；法国生物学家马斯德说，"人生目标有三：立志、工作、成功"；法国天文学家戴布劳格林谈成功人生三要素："广见闻、多阅读、勤实践"；法国文学家卢梭谈读书三步骤："储存、比较、批判"；中国数学家陈景润谈学习要有三心："信心、决心、恒心"；中国大文人郭沫若谈青年成才必须具备三基础："思想基础、科学基础、语文基础"。

数字"4"：毕达哥拉斯学派认为"4"表示公平；阿拉伯人认为"4"代表"长生不老"；中国人与日本人忌讳"4"，认为"4"与"死"同音，中国人还认为阴历初四、十四、二十四这 3 天为不吉祥之日，温州人不喜欢用含"4"的门牌号码、汽车牌照等；但中国人也有对"4"颇欣赏的场合：古四书、四大名著、四大民间传说、四大书法体、猜拳中的四喜红等。

数字"5"：毕达哥拉斯学派喜欢"5"，"5"＝"3"＋"2"是男人和女人的联合、爱情的象征；但西方大多数国家认为星期五是凶日，俗称"黑色星期五"。

数字"6"：中国从秦始皇时代开始，就认定"6"有吉祥之意，就连猜拳中都有口令"六六顺，哥俩好"；毕达哥拉斯学派与神学家认为"6"是完全数（小于自身的因数之和等于自身），这与《圣经》有联系，《圣经》"创世纪"篇中记载："上帝造物之始，第一天传播光明，第二天创造空气，第三天

聚水成海，第四天日月经天，第五天游鱼飞雀，第六天塑造人类与走兽；这时上帝完成了创造世界，开始了第七天的休息。"神学家们认为"正是因为造物主用 6 天时间创造万物，所以 6 成了完全数"。日本人认为带"6"的礼物是送给强盗的。在《圣经》中，三个"6"字连写却是魔鬼的代号。因此，在西方大多数国家的人都回避"666"这个数字。

数字"7"：招人喜欢又神秘。"7"是最神圣的数字，世上许多事物（件）按 7 来循环。一周有 7 日；7 星辰（日、月、金、木、水、火、土）；开门 7 件事"柴、米、油、盐、酱、醋、茶"；人有七情"喜、怒、哀、乐、悲、恐、惊"；天堂分 7 层（基督教）；万物皆由 7 种原（地、水、风、火、空、识、垠）生成（佛教）。但中国也有人认为"7"不吉利，"7"与"去"谐音，是不祥之数。在中国某些农村中，老人去世的忌日是按"7"计算的：头七、二七、三七……七七"等。

数字"8"：在佛教中，"8"是神圣的数字；在中国民间，认为"8"是吉祥幸运的数字；在广东话中，"8"与"发"同音；在猜拳中有"八大利"的口令就是较好的说明。在温州带有多个"8"字的汽车牌照号码能拍卖出很高的价格；中国还有不少城市的风景名胜与"8"字结下不解之缘。例如，北京有"燕京八景"，西安有"关中八景"，甘肃有"天水八景"，四川有"丰都八景"，广西有"桂林八景"，上海有"沪上八景"，浙江有"普陀八景"，河南有"洛阳八景"和"开封八景"，南国广州有"羊城八景"，湖北有"当阳八景"，厦门有"大八景和小八景"等。此外，在数学中横写的"∞"代表无穷大，意味着"事业成功、生活幸福、爱情美满"。

数字"9"：中华民族最崇拜数字"9"，《易经》中视"9"

为吉祥数（最大的阳数），"九五，飞龙在天，利见大人"，天有"九天"、官有"九品"、人有"九五之尊"、气节有"九九艳阳天"（冬至以后开始数9）；甚至连阴间都有"九泉"；中国古代皇家建筑中到处都有"九"。例如，故宫四个角的结构是九梁十八柱，皇家院门上的钉数是纵九横九。

数字"10"：毕达哥拉斯学派认为"10"代表"理性"或"完满"（"9"代表"正义"）；中国人对10也有钟爱的场合，如"十全十美"、"十大名校"、"十大元帅"等。

数字"11"：瑞士索洛图恩人对数字"11"充满崇拜之情。假如你有机会到瑞士古城索洛图恩旅游，就有导游小姐引导你参观11座博物馆、11座喷泉，而且有11家银行和11家饭店为你提供服务。

数字"12"：这是备受古今中外人青睐的数字，通常称之为"巧合数"。在不少场合都用到它，后面介绍的进位制中将会细述，这里暂略。

数字"13"：这是西方最忌讳的数字。这是因为《圣经》中"最后的晚餐"的就餐者刚好有13个人，耶稣被他的第13个门徒犹大出卖，被捕后被钉死在十字架上。因而13就理所当然地成了不吉利的数字，而且许多灾难事件与"13"有联系，又加剧了人们对数字"13"的恐惧感。

数字"18"：迷信色彩很浓的数字，佛殿中通常有"十八罗汉"，"阴间"有"十八层地狱"。部分农村有古老的传说，人死后过18年才能"转世"等。在温州，当地人一般不愿意买房屋的第18层楼。

数字"36"：某些地方的人认为"36"不吉利。例如，在温州的某些农村就有"三六溜光"的说法，这是指"留不住"

的意思；而且，在农贸市场（包括某些商场）里，无论是东西的斤两还是价格的数目最好不要出现"36"这个数字。此外，中国古代兵书上的"三十六计"非常闻名，"三十六计，走为上计"是不好的暗喻。

数字"72"：许多传说与记载与"72"有关。孔子有72大弟子，姜子牙遇周文王刚好72岁，孙悟空有72变，黄山有72峰等。

数字"73，84"：中国民间有一种流行说法"七十三、八十四，阎王不请自己去"。"能过七十三，难过八十四"，据说这是与孔子活了73岁，孟子活了84年有关联的。

数字"108"：这是一个吉祥神秘的数字。中国古代认为"9"是吉祥之数，9的12倍是108，因此"108"更吉祥，境界更高。中国一些著名的钟楼（如"永乐大钟"、杭州西湖"南屏晚钟"、天津鼓楼大钟等）每次都是撞钟108下。大家熟悉的《水浒传》是讲"108将"故事的经典小说。此外，"108"还与佛教联系很密切（人有108种烦恼、经要念108遍等）。

1.1.3 数字入诗

数字入诗，别有一番韵味，尤其是学数学的人读起来倍感亲切。这里所选的诗篇，是我们从相关文献中转载过来的，供有兴趣者品味。

1.1.3.1 连用10个"一"的诗

第1首由清代女诗人何佩玉所作：

一花一柳一点矶，一抹斜阳一鸟飞；
一山一水一中寺，一林黄叶一僧归。

第1章 ◎ 漫谈数字

第2首由清代陈沆所作（也传由纪晓岚作）：

　　　　一帆一桨一渔舟，一个渔翁一钓钩；

　　　　一俯一仰一顿笑，一江明月一江秋。

第3首由某艄公咏江景地所作：

　　　　一蓑一笠一条舟，一枝竹竿一条钩；

　　　　一山一水一明月，一人独钓一江秋。

1.1.3.2 用其他数字所作的诗

第1首为罗隐的诗《人日立春》：

　　　　一二三四五六七，万木生芽是今日；

　　　　远天归雁拂飞雪，近水游鱼逆水出。

第2首为无名氏所作的儿童歌谣：

　　　　一二三四五六七，世上无人不熟悉；

　　　　再加一个便是八，如此下去永无涯。

第3首为新中国成立前重庆某晚报刊登的一首描写小学教师艰辛的诗：

　　　　　　一身平价布，两袖粉笔灰；

　　　　　　三餐吃不饱，四季常皱眉；

　　　　　　五更就起床，六堂要你吹；

　　　　　　九天不发饷，十家皆断炊。

第4首是唐诗名家集句诗：

一片冰心在玉壶（王昌龄），两朝开济老臣心（杜　甫）；
三军大呼阴山动（岑　参），四座无言星欲稀（李　顺）；
五湖烟水独忘机（温庭筠），六年西顾空吟哦（韩　愈）；
七月七日长生殿（白居易），八骏日行八万里（李商隐）；
九重谁省谏书函（李商隐），十鼓只载数骆驼（韩　愈）。

数 的 家园

实际上，以数字做诗的佳句不胜枚举，如

一条雪浪吼巫峡，千里火云烧益州（李商隐）

一丛深色花，十户中人赋（白居易）

一千里色中秋月，十万军声半夜潮（赵　嘏）

三十功名尘与土，八千里路云和月（岳　飞）

三万里河东入海，五千仞岳上摩天（陆　游）

飞流直下三千尺，疑是银河落九天（李　白）

千山鸟飞绝，万径人踪灭（柳宗元）

斑竹一枝千滴泪，红霞万朵百重衣（毛泽东）

坐地日行八万里，巡天遥看一千河（毛泽东）

百年三万日，一别几千秋

万行流别泪，九折切惊魂（骆宾王）

两个黄鹂鸣翠柳，一行白鹭上青天

窗含西岭千秋雪，门泊东吴万里船（杜甫）

1.1.3.3 卓文君的数字镶嵌相思诗

相传西汉时，卓文君与司马相如成婚不久，司马相如便辞别娇妻去京城做官。痴情的卓文君朝思暮想，等待着丈夫的"万金"家书。殊不知等了5年，等来的却只是一封写着"一二三四五六七八九十百千万"的数字家书。聪颖过人的卓文君当然明白丈夫的意思，家书中数字无"亿"，表示丈夫已对她"无意"了，只不过没直说罢了。卓文君知丈夫已移情另有所爱，既悲且愤又恨，当即复书如下：

"一别之后，两地相思，只说是三四月，又谁知五六年，七弦琴无心弹，八行书无可传，九连环从中拆断，十里长亭望眼欲穿。百思想，千系念，万般无奈把郎怨。万语千言道不尽,百无聊赖十凭栏。九重登高看孤雁,八月中秋月圆人不圆。七月半,烧香秉烛问苍天。六伏天,人人摇扇我心寒。五月里,榴花如火偏遇阵阵冷雨浇。四月间,枇杷未黄我欲对镜心意乱。三月桃花随水流,二月风筝线儿断。噫!郎呀郎,巴不得下一世你为女来我为男。"

在卓文君的复信里,由一写到万,又由万回到一,写得明白如话,声泪俱下,悲愤之情跃然纸上,司马相如看了诗信,被深深打动了,激起了对妻子的思念,终于破镜重圆。

1.1.3.4 《秀才进京赶考》

《秀才进京赶考》说的是一个真实的典故,这里的素材是本书作者的同仁黄友初先生提供给作者的。该典故的大意如下:

明朝时有一位穷书生,历尽千辛万苦赶往京城应试,由于交通不便,赶到京城时,试期已过。经他苦苦哀求,主考官让他先从一到十,再从十到一作一对联。穷书生想起自己的身世,当即一气呵成:

一叶孤舟,坐着二三个骚客,启用四桨五帆,
经过六滩七湾,历尽八颠九簸,可叹十分来迟。
十年寒窗,进了九八家书院,抛却七情六欲,
苦读五经四书,考了三番二次,今天一定要中。

几十载的人生之路,通过 10 个数字形象深刻地表现出来了。主考官一看,拍案叫绝,并把他排在榜首。其实,这个穷书生所作的诗与上段介绍的卓文君的相思诗很相似。

附录 A 与数字有关的三个人文地理话题

A.1 数字与谜语

数字入谜语,是数字与人文密切联系的又一种形式,对数字爱好者来说具有很强烈的挑战性及趣味性。这里收入的谜语主要取材于蒋声、陈瑞琛的著作《趣味代数》。

A.1.1 谜面含有数字

谜语 1 四去八进一(猜一个常用字);
谜语 2 一人、三人、七人(猜由三个字组成的词组);
谜语 3 七上八下(猜时令简称一个);
谜语 4 一星期一换(猜一部古书名);
谜语 5 一手拿针,一手拿线(猜成语一个);
谜语 6 一(猜京剧角色四个);
谜语 7 一直二横三点(猜省、自治区名二个)。

A.1.2 谜底含有数字

谜语 8 关云长千里走单骑(猜三个数量词);
谜语 9 九九畅饮(猜家居用品)。

A.1.3 谜底是数学名词

谜语 10 重返巴黎(猜数学名词一个);
谜语 11 千古兴亡多少事(猜数学学科名三个);
谜语 12 八(猜数学运算名词三个)。

第1章 ◎ 漫谈数字

A.2 数字与中国成语

中国成语里包含有大量的数字,犹如嵌在其中的宝玉,使得汉语言比起其他语言更为丰富多彩。例如,从数字1到数字10的常用成语就有一元复始、二度梅开、三阳开泰、四通八达、五官端正、六根清净、七情六欲、八面玲珑、九霄云外、十全十美等。下面,我们从含有数字的成语中选出10组成语,请有兴趣的读者给出相应的数学算式予以解释。

第1组:一意孤行、三军抗命、四面楚歌;
第2组:三顾茅庐、六出祁山、九伐中原;
第3组:三天打鱼、两天晒网、一事无成;
第4组:十年树木、百年树人、各有千秋;
第5组:一问三不知、六神无主、七荤八素;
第6组:十八般武艺、三十六计、五湖四海;
第7组:三令五申、一板三眼、四平八稳;
第8组:五颜六色、七窍生烟、八面玲珑;
第9组:七十二变、三头六臂、举世无双;
第10组:十万火急、九九归一、千秋万代。

A.3 数字与中国地名

中国人爱好数字,山川、河流、集镇名称中嵌有数字者众多,以下按数字从小到大罗列其中一部分。这里的主要素材取自谈祥柏著的《数学与文史》。

一:一江山岛(浙江)。
二(双):二连浩特(内蒙古)、双阳(吉林)、双城(吉林)、双江(云南)、双流(四川)、双牌(湖北)、双鸭山(黑龙江)。

三：三门(浙江)、三门峡(河南)、三河(河北)、三江(广西)、三台(四川)、三都(贵州)。

四：四平(吉林)、四会(广东)。

五：五台(山西)、五峰(湖北)、五大连池(黑龙江)。

六(陆)：六盘山(贵州)、陆丰(广东)、陆河(广东)、陆良(云南)。

七：七台河(黑龙江)。

八：八宿(西藏)。

九：九龙(香港、四川)、九台(吉林)。

十：十堰(湖北)。

百(千)：百色(广西)、千阳(陕西)。

万：万县(四川)、万安(江西)、万年(江西)、万载(江西)。

最后，恭请有兴趣的读者补充相关的地名。

1.2 数字与记数

不同的民族、不同的文化派生出不同的数字，数字深深地依赖于它所扎根的文化。世界上存在着多种不同的文化，因此，世界上存在着多种不同的数字。以下将对当今世界通用的印度-阿拉伯数字及记数法、中国数字、干支记数法及其应用非常广泛的二进位制记数法作较为详细的介绍，同时对罗马数字及其经常见到的其他几种记数法作简略性介绍。此外，对在世界上应用很广泛的英语数词作陈述性介绍(附录B)。

第 1 章 漫谈数字

1.2.1 印度-阿拉伯数字及十进制记数法

在第一个片断中,我们首先介绍印度-阿拉伯数字及十进位制记数法的源头及其历史发展状况,至于十进位制数的运算这里暂不涉及,留待后面介绍。

1.2.1.1 印度-阿拉伯数字的源头

现在世界通用的印度-阿拉伯数字 1,2,3,4,5,6,7,8,9,0 被简称为阿拉伯数字,其实,起初并非由阿拉伯人发明。这种数字的原型最早来自公元 2 世纪印度河流域的婆罗米数字,但婆罗米数字并非是完全的位值制(简单累数制与分级命数制混用),它们也没有零的符号,零的符号是在公元 5 世纪时发明的,而有文字记载的最早例子是公元 608 年印度的瓜廖尔碑文。大约在公元 8 世纪,印度数字传入阿拉伯地区,阿拉伯数学家花拉子米的著作《印度数字的计算法》促进了印度数码在阿拉伯的传播,在这部著作中,他还用阿拉伯文字叙述了十进位值制记数法及其运算法则。大约在公元 13 世纪又由阿拉伯人把印度数字传到欧洲,在意大利著名数学家斐波那契(兔子数列的发明者)的大力倡导下,这种数字逐渐在欧洲得以流传。在欧洲人的印象中,这些数码来自阿拉伯国家,因而称其为阿拉伯数码。印度-阿拉伯数码从创造到完善经历了数千年的时间,直到 16 世纪初,才最终形成当今世界通用(不需翻译)的形式。

印度-阿拉伯数字具有简便、独立、清楚、易懂等特点,印度-阿拉伯数字的使用给数学的发展带来极大的方便。它的诞生是人类文明史上一项卓越伟大的奇迹。法国著名数学家拉普拉斯曾经赞美道："用十个记号来表示一切的数，每个记号不但有绝对的值，而且有位置的值，这种巧妙的方法出自印度，这是一个深远而又重要的思想，它今天看来如此简单，以至于我们忽视了它的真正伟绩，简直无法估计它的奇妙程度。而当我们想到它竟逃过古代希腊最伟大的阿基米德和阿波罗尼奥斯两位思想家的关注时，我们更感到这成就的伟大了。"历史已经证明：简洁、优美而且最多只有两笔的1，2，3，…，9，0这套符号赢得了地球村上所有村民的钟爱。

1.2.1.2 印度-阿拉伯字传播的艰辛

印度-阿拉伯数字一传入欧洲，就引起当时成就非凡的大数学家斐波那契的高度关注。他号召欧洲人用它取代罗马数字，他在其著名的《算盘书》的开篇写道："这里的印度9个数码9，8，7，6，5，4，3，2，1，还有一个阿拉伯人称之为零的符号0，可以把任何数表示出来实在是一种理想的计数符号。"就像任何新生事物一样，一旦触犯到既得利益集团的利益，必然遭到强烈的抵制，由于不习惯，这种数字刚开始使用时，人们并不是很喜欢。而且随着斐波那契的去世，顽固保守派们就借用教会的力量，并通过法律形式以明文规定：禁止商业和银行使用印度-阿拉伯数码，而必须继续使用（冗长、难写的）罗马数字。这种反进步的禁锢严重地阻碍了欧洲数学的发展，但历史滚滚向前的车轮是不可阻挡的，人们在交了一笔重重的学费之后，公元1500年后，印度-阿拉伯数码又终于在西欧的航行和商业方面得到普遍使用。

印度-阿拉伯数码尽管在13世纪就传入我国，但在闭关保守思想占主导地位的中国，是极不情愿认真采用的，而且史书

第 1 章 漫谈数字

上有记载,在某科举考场上还闹出了人命案。直到外国列强的火炮攻破中国的大门之后,即在1902~1905年,中国数学教科书(包括数学用表)才普遍使用印度-阿拉伯数字。"一个国家(包括个人)不肯学习别人的先进东西,必将遭到历史的淘汰。"这是任何人都无法推翻的普遍真理。

1.2.1.3 十进位制记数法及其历史演变

十进位制是指底数是"十"的进位制,是最常用的一种记数法。就整数而言,即以十为基础,逢十进一位,逢百进二位,逢千进三位等,从而把一个正整数从右到左分成个位数、十位数、百位数、千位数等,这就是说用十进位制所表示的各位的单位分别是一、十、百、千、万……,即依次是 10^0, 10^1, 10^2, 10^3, 10^4, …十进位制数 N 的通用表达式为

$$N = a_k \times 10^k + a_{k-1} \times 10^{k-1} + \cdots + a_1 \times 10 + a_0$$

其中,$a_0, a_1, \cdots, a_k \in \{0, 1, 2, \cdots, 9\}$, $a_k \neq 0$。通常把 N 简记作 $\overline{a_k a_{k-1} \cdots a_0}$,如果是具体的数还必须把上横线去掉。例如,

$$3 \times 10^4 + 7 \times 10^2 + 5 \times 10 + 9 = 30759$$

小数也有十进位制表示法,留待后面介绍。

十进位制是人类祖先根据实际生活中记载大数量的需要,充分利用自身的天然条件,在不断积累和总结经验的基础上创造出来的。公元前2000年的古埃及、公元前1600年的中国商代甲骨文已有十进位制记数法。古埃及人发明的十进位制虽然说是世界上最早的,但它采用的是简单累数制而非位值制,在这种累计制中,每个较高的单位都用一个特殊的符号表示,记数时依次重复排列这些符号。中国人发明的十进位制是位值制的,全称为"十进位值制",即在每一个数里,其中一个数码

表示什么数要看它所在的位置而定,如 85 和 58 这两个数中都有数字 8,85 中的 8 在十位上表示 80,而 58 中的 8 在个位上表示 8。印度人在公元 595 年才在碑文上有明确的十进位制。因此对十进位制做出最早贡献的是古埃及与古代中国。

由于十进位制与人类自身的特点有着天然的联系(正常人的一双手有 10 个指头),因此很自然被人类生活广泛接受,并且成为人类文明生活中必不可少的一部分。十进位制的发现是在数学发展过程中的第一块里程碑,是人类走向文明时代的推动器。十进位制在数学发展史上所起的伟大作用,得到后人的普遍赞誉,大思想家卡尔·马克思曾称赞:十进位制记数法是人类"最美妙的发明之一"。

1.2.2 中国数字与中国历史上的干支记数法

在这个片断中,我们将介绍中国数字的源头及其发展,同时介绍中文数词体系的特点,此外还介绍干支记数法及其在计时中的应用,最后还介绍了公历纪年与干支纪年的换算方法(详见张顺燕先生的著作《数学的美与理》)。

1.2.2.1 中国数字与中文数词

中国数字是世界上品种多、发源早、久用不衰的艺术珍品,她记录了中华民族集体智慧和辛勤耕作的结晶。在 3400 年前,我国商朝遗留下来的甲骨文中,就包括其意义分别表示当代 1,2,3,4,5,6,7,8,9,10,100,1000,10000 的数码记载。中国习惯用的小写数字:○、一、二、三、四、五、六、七、八、九、十、百、千、万的现代形式大约是从汉代以后不断演变成的。中国大写数字(又称会计体):零、壹、

第 1 章 ◎ 漫谈数字

贰、叁、肆、伍、陆、柒、捌、玖、拾、佰、仟、万这些数字符号大约是唐代（公元 936 年）以后开始流行，距今已有一千多年的历史，今天在银行或储蓄所等处仍然可见这种大写数字。

在中文数词体系中，加法构成的特点非常明显。在这种数词体系中，从一到十是单个词语，接下的数词就十分规则。如十一、十二……十九、二十、二十一……二十九、三十……一百……二百……二百三十一、二百三十二……一千〇十五……中文数词便捷的表示法极其简单易懂的构词法给学生学习中文数词带来极大的方便。

1.2.2.2 干支记数法及其在计时中的应用

中国在上古时代就出现的干支记数法主要用于计时。干支是天干、地支的简称。天干有 10 个：甲、乙、丙、丁、戊、己、庚、辛、壬、癸。地支共有 12 个（对应十二生肖）：子（鼠）、丑（牛）、寅（虎）、卯（兔）、辰（龙）、巳（蛇）、午（马）、未（羊）、申（猴）、酉（鸡）、戌（狗）、亥（猪）。

天干和地支各不相属，但可将它们依次循环组合。组合时，以十干为主，自"甲"开始，依次与十二地支相配合。到第十支时，十支已全部配完，那么再从第一干开始与第十一支相配，依此类推下去，总共形成甲子、乙丑、丙寅、丁卯……直到壬戌、癸亥等 60 个数，俗称"六十甲子"（"花甲之年"）。"六十甲子"的顺序表见下页表：

1 甲子	2 乙丑	3 丙寅	4 丁卯	5 戊辰	6 己巳	7 庚午	8 辛未	9 壬申	10 癸酉
11 甲戌	12 乙亥	13 丙子	14 丁丑	15 戊寅	16 己卯	17 庚辰	18 辛午	19 壬午	20 癸未
21 甲申	22 乙酉	23 丙戌	24 丁亥	25 戊子	26 己丑	27 庚寅	28 辛卯	29 壬辰	30 癸巳
31 甲午	32 乙未	33 丙申	34 丁酉	35 戊戌	36 己亥	37 庚子	38 辛丑	39 壬寅	40 癸卯
41 甲辰	42 乙巳	43 丙午	44 丁未	45 戊申	46 己酉	47 庚戌	48 辛亥	49 壬子	50 癸丑
51 甲寅	52 乙卯	53 丙辰	54 丁巳	55 戊午	56 己未	57 庚申	58 辛酉	59 壬戌	60 癸亥

(1) **计年** 按"六十甲子"排序，可以记录年、月、日和具体的时间。一个数代表一年，从甲子到癸亥，一共 60 年，再从甲子开始，周而复始。于是，60 岁便是花甲之年。

(2) **计月** 古人还用地支来计月。每年正好 12 个月，即正月为寅、二月为卯、三月为辰、四月为巳、五月为午、六月为未、七月为申、八月为酉、九月为戌、十月为亥、十一月为子、十二月为丑。

(3) **时辰** 古人也用地支计时。古时候一天分为 12 个时辰，每个时辰相当于今天的两个小时。它们分别由半夜的 23 点至 1 点为子时起，按十二地支顺序，对应于今天的 24 小时计时，也即子（夜半）时为 23~1 点、丑（鸡鸣）时为 1~3 点、寅（平旦）时为 3~5 点、卯（日出）时为 5~7 点、辰（食时）时为 7~9 点、巳（隅中）时为 9~11 点、午（日中）时为 11~13 点、未（日昳）时 13~15 点、申（晡时）时为 15~17 点、酉（日入）时为 17~19 点、戌（黄昏）时为 19~21 点、亥（人定）时为 21~23 点。

1.2.2.3 公历纪年换算成干支纪年

干支纪年在我国历史学中广泛使用，特别是近代史中很重要的历史事件的年代常用干支年表示。例如，甲午战争（1894

年)、庚子义和团起义（1900年)、戊戌变法（1898年)、辛亥革命（1911年）等。现代史中已普遍采用公历纪年，不再使用干支纪年法。历史研究中有时需要把公历纪年换算成干支纪年，以下是使用非常方便的换算公式

$$n = x - 3 - 60m$$

其中，n是干支表中的序数；x（$\geqslant 4$）是所求年的公历纪年数；$m = 0, 1, 2, \cdots$，适当的整数m的值使得$0 < n \leqslant 60$。再从得到的n就可立即从表中查出干支来。例如，求1894年的干支，这里$x = 1894$，$(1894 - 3) \div 60 = 31$余31，再从上述的干支表中查出对应的干支是甲午年，1894年正是甲午战争发生的年代。又如，求1949年的干支，这里$x = 1949$，$(1949 - 3) \div 60 = 32$余26，再从干支表中查得对应的干支是己丑年，于是中华人民共和国成立的1949年按干支纪年是己丑年。再如，干支表中查得对应的干支是己卯年，也就是说香港回归的1997年按干支纪年是己卯年。至于公元4年前的年份所对应的干支纪年得作另外的约定，若把干支纪年换算作公历纪年则要复杂得多，这里不再详细介绍。

1.2.3 二进位制数及《易经》中的八卦

二进位制数的地位越来越重要，但一般人对二进位制数并不是很了解。在这一片断中，我们将比较详细地介绍二进位制数的基本知识（包括运算，这里的大部分素材取自陈景润的著作《初等数论》），此外我们还介绍二进位制数与《易经》中八卦的密切联系。

1.2.3.1 二进位制计数方法及作用

所谓二进位制就是指底数为"二"的进位制。在这种进位

制中，只有 0 和 1 两个符号，0 仍代表"零"，1 仍代表"一"，但是"二"就没有数码代表了，只得向左相邻位进一，这样"逢二进一"，就可以用 0 和 1 两个数码表示出一切正整数。二进位制数的一般表达式为

$$(b_n b_{n-1} \cdots b_1 b_0)_2 = b_n \times 2^n + b_{n-1} \times 2^{n-1} + \cdots + b_1 \times 2 + b_0$$

其中，$b_i = 0$ 或 $1(i = 0, 1, 2, \cdots, n-1)$，$b_n = 1$。

例如

$$(1111111111)_2 = 1 \times 2^9 + 1 \times 2^8 + \cdots + 1 \times 2 + 1$$

又例如

$$(1100100)_2 = 1 \times 2^6 + 1 \times 2^5 + 0 \times 2^4 + 0 \times 2^3 + 1 \times 2^2 + 0 \times 2^1 + 0 \times 2^0$$

后人公认二进位制的发明者是 17 世纪德国著名的哲学家和数学家莱布尼茨（G. W. Leibniz, 1646～1716 年）。莱布尼茨认为，早在几千年前，古老的中国就已经存在二进位制了，这里所谓古老的二进位制就是下面要介绍的《易经》中的八卦。莱布尼茨在推行二进位制时曾经形象地用 1 表示上帝，用 0 表示虚无，上帝从虚无中创造出所有的实物，恰好在数学中用 1 和 0 表示了所有的自然数。尽管这种象征叫人敬畏，但 1 和 0 这种小玩意在当时并没有引起人们的真正兴趣，何况没有哪一个会计人员会愿意用 $(1011011001)_2$ 来代替 $(729)_{10}$，这就是说二进位制的读写与观察都不像十进位制数那样方便。因此，莱布尼茨期望二进位制得到广泛应用的设想在他的有生之年根本无法实现，然而在 200 多年后的今天却能梦想成真，当今二进位制已成为电子计算机的中流砥柱了。

为什么计算机选用二进位制而不选用十进位制？我们可以先来了解一下电子计算机的工作原理。计算机的运行要靠电流，对于一个电路节点而言，电流通过的状态只有两个——通

第1章 漫谈数字

电与断电。计算机信息存储用硬磁盘与软磁盘,对于磁盘上的每一个记录点而言,也只有两个状态——磁化和未磁化。现在用光盘记录信息的做法也越来越普遍。光盘上每一个信息点的物理状态,也只有两个——凹和凸,分别起聚光和散光的作用。可见计算机所使用的各项介质所能表现的都是两种状态,而二进位制所需要的基本符号恰好只有两个——0 和 1。可以用 1 表示通电,用 0 表示断电;或用 1 表示磁化,0 表示未磁化;或用 1 表示凹点,0 表示凸点。总而言之,二进位制的一个数位正好对应计算机介质的一个信息记录点。因此,二进位制在计算机内部使用是再自然不过的事情。

两个最简单的数码 0 和 1,可以表示所有的自然数;两种最简单的状态——电路的开和关、磁盘的磁化与未磁化、光盘的凹和凸,可以运算和记录出所有的数据。从这里我们可以再次感悟到"世界上最复杂的东西,其基础往往是最简单的。"这是一条多么发人深省的哲理。

1.2.3.2 二进位制与十进位制的相互换算

由于日常人们习惯使用的是十进位制,而电子数字计算机是采用二进位制的,要在电子数字计算机进行数字运算时,必须先把需要运算的十进位制数"翻译"成二进位制数输入到机器中;计算所得的二进位制数字结果也必须"翻译"成十进位制数再输出给使用的人们。因此有必要了解两种进位制数相互换算的方法。二进位制数转换成十进位制数是非常方便的,只要利用二进位制数中的幂和表达式加总可得。例如

$$(10011)_2 = 1 \times 2^4 + 0 \times 2^3 + 0 \times 2^2 + 1 \times 2 + 1 = 19$$

又如

$$(1111111111)_2 = 1\times 2^9 + 1\times 2^8 + \cdots + 1\times 2 + 1 = 1023$$
$$(1100100)_2 = 1\times 2^6 + 1\times 2^5 + 0\times 2^4 + 0\times 2^3 + 1\times 2^2 + 0\times 2 + 0 = 100$$

然而，要把十进位制数转换成二进位制数却要相对复杂些，以下介绍人们常用的两种转换方法："试减法"与"除2取余定位法"。

(1) 试减法

所谓试减法，就是首先找到与所求十进位制数最接近（不超过）所求数的2的乘幂，然后再找与两者的差数最接近的2的乘幂，这样的过程一直进行下去，最后到达1或0。例如

$$25 = 16 + 8 + 1 = 1\times 2^4 + 1\times 2^3 + 0\times 2^2 + 0\times 2 + 1$$

因此

$$(25)_{10} = (11001)_2;$$

又例如

$$92 = 64 + 16 + 8 + 4$$
$$= 1\times 2^6 + 0\times 2^5 + 1\times 2^4 + 1\times 2^3 + 1\times 2^2 + 0\times 2 + 0$$

故有

$$(92)_{10} = (1011100)_2$$

试减法是基于下述的2的乘幂表：

$$2^0 = 1 \quad 2^1 = 2 \quad 2^2 = 4 \quad 2^3 = 8 \quad 2^4 = 16 \quad 2^5 = 32$$
$$2^6 = 64 \quad 2^7 = 128 \quad 2^8 = 256 \quad 2^9 = 512 \quad 2^{10} = 1024$$
$$2^{11} = 2048 \quad 2^{12} = 4096 \quad \cdots$$

利用试减法很容易求得从0到9这10个十进位制数的二进位制表示法：

$$0 = (0)_2 \quad 1 = (1)_2 \quad 2 = (10)_2 \quad 3 = 2 + 1 = (11)_2$$
$$4 = (100)_2 \quad 5 = 4 + 1 = (101)_2 \quad 6 = 4 + 2 = (110)_2$$
$$7 = 4 + 2 + 1 = (111)_2 \quad 8 = (1000)_2 \quad 9 = 8 + 1 = (1001)_2$$

第 1 章 漫谈数字

(2) 除 2 取余定位法

假设十进位制正整数 a 化为二进位制数为 $(b_n b_{n-1} \cdots b_1 b_0)_2$，那么有

$$a = b_n \times 2^n + b_{n-1} \times 2^{n-1} + \cdots + b_1 \times 2 + b_0$$

为了求出右端的系数，我们将上述等式两边都除以 2 可得

$$\frac{a}{2} = b_n \times 2^{n-1} + b_{n-1} \times 2^{n-2} + \cdots + b_1 + \frac{b_0}{2}$$

根据两个相等的有理数其整数部分与分数部分分别相等的原理，我们可以看到 a 除以 2 所得的余数是 b_0，$\frac{a}{2}$ 的整数部分除以 2 所得的余数是 b_1，依此类推，我们就可以依次得到 b_0、b_1、$\cdots$、b_n，从而得到 $(b_n b_{n-1} \cdots b_1 b_0)_2$。

例如，我们要把十进位制数 19 化成二进位制数，除 2 取余法是按下述的程序进行的：

$$19 \div 2 = 9 + \frac{1}{2}$$

因此

$$b_0 = 1, \quad 9 \div 2 = 4 + \frac{1}{2}$$
$$b_1 = 1, \quad 4 \div 2 = 2$$
$$b_2 = 0, \quad 2 \div 2 = 1$$
$$b_3 = 0, \quad 1 \div 2 = \frac{1}{2}$$
$$b_4 = 1$$

这样我们就有 $(19)_{10} = (10011)_2$。

又如，把十进位制数 127 化成二进位制数，按照上述方法，具体操作程序如下：

$$127 \div 2 = 63 + \frac{1}{2}, \quad b_0 = 1$$

$$63 \div 2 = 31 + \frac{1}{2}, \quad b_1 = 1$$

$$31 \div 2 = 15 + \frac{1}{2}, \quad b_2 = 1$$

$$15 \div 2 = 7 + \frac{1}{2}, \quad b_3 = 1$$

$$7 \div 2 = 3 + \frac{1}{2}, \quad b_4 = 1$$

$$3 \div 2 = 1 + \frac{1}{2}, \quad b_5 = 1$$

$$1 \div 2 = \frac{1}{2}, \quad b_6 = 1$$

因此$(127)_{10} = (111111)_2$。

1.2.3.3 二进位制数的四则运算

二进位制的四则运算与大家熟悉的十进位制数的四则运算有类似的地方，但也有较大的差别，特别是减法与除法的差别比较大（有时需要多次借位同时进行！），下面将较详细地予以介绍。

（1）二进位制数的加法与乘法

二进位制数还有一个很大的好处，就是加法与乘法运算特别简单。二进位制数加法规则有 4 个：

$$(0)_2 + (0)_2 = (0)_2, \quad (0)_2 + (1)_2 = (1)_2$$
$$(1)_2 + (0)_2 = (1)_2, \quad (1)_2 + (1)_2 = (10)_2$$

按此规则计算二进位制数的加法非常简单。例如，

$$\begin{array}{r} (1\ 1\ 0)_2 \\ +(1\ 0\ 1)_2 \\ \hline (1\ 0\ 1\ 1)_2 \end{array} \qquad \begin{array}{r} (1\ 0\ 0\ 1\ 1\ 0\ 1)_2 \\ +\ (1\ 1\ 0\ 0\ 1)_2 \\ \hline (1\ 1\ 0\ 0\ 1\ 1\ 0)_2 \end{array}$$

第 1 章 ◎ 漫谈数字

二进位制数乘法规则也有 4 个：

$$(0)_2 \times (0)_2 = (0)_2, \quad (0)_2 \times (1)_2 = (0)_2,$$
$$(1)_2 \times (0)_2 = (0)_2, \quad (1)_2 \times (1)_2 = (1)_2$$

按此规则可以像通常的十进位制数乘法那样作二进位制数的乘法运算。例如

$$
\begin{array}{r}
(1\ 0\ 1)_2 \\
\times\ (1\ 1)_2 \\
\hline
(1\ 0\ 1)_2 \\
+\ (1\ 0\ 1\ 0)_2 \\
\hline
(1\ 1\ 1\ 1)_2
\end{array}
\qquad
\begin{array}{r}
(1\ 1\ 0\ 0)_2 \\
\times\ (1\ 0)_2 \\
\hline
(0\ 0\ 0\ 0)_2 \\
+\ (1\ 1\ 0\ 0)_2 \\
\hline
(1\ 1\ 0\ 0\ 0)_2
\end{array}
\qquad
\begin{array}{r}
(1\ 0\ 1)_2 \\
\times\ (1\ 0\ 1)_2 \\
\hline
(1\ 0\ 1)_2 \\
(0\ 0\ 0\ 0)_2 \\
+\ (1\ 0\ 1\ 0\ 0)_2 \\
\hline
(1\ 1\ 0\ 0\ 1)_2
\end{array}
$$

(2) 二进位制数的减法

如果不发生"借位"的场合，二进位制的减法与十进位制的减法是类似的，如果发生借位（尤其是连续借位）的场合，二进制的减法要相对复杂一些。但是我们可以移用十进位制多位数加法心算（加补减整）的技巧到二进位制数的减法中。下面首先介绍二进位制数补数的概念及求补数的简便方法。

我们把形如 $(100\cdots 0)_2 - (a_1 a_2 \cdots a_n)_2$ 的数称为二进位制数 $(a_1 a_2 \cdots a_n)_2$ 的补数，其中 $(100\cdots 0)_2$ 是由一个 1 和 n 个 0 构成的。例如

$$(1)_2 + (1)_2 = (10)_2, \quad (10)_2 + (10)_2 = (100)_2,$$
$$(11)_2 + (1)_2 = (100)_2,$$

因此 $(1)_2, (10)_2, (11)_2$ 的补数分别是 $(1)_2, (10)_2, (1)_2$。

当 $n \geqslant 3$ 时可用下面的方法快速地求出 $(a_1 a_2 \cdots a_n)_2$ 的补数。

(1) 当最末位 $a_n = 1$ 时，除 a_n 不变外，在 $a_1, a_2, \cdots, a_{n-1}$ 中所有是 0 的 a_i 都变成 1，而所有是 1 的 a_i 都变成 0，由这样的

方法所得到的二进位制数就是$(a_1a_2\cdots a_n)_2$的补数。例如，$(101)_2$的补数是$(011)_2=(11)_2$，$(11)_2$的补数是$(01)_2=(1)_2$，$(1001)_2$的补数是$(0111)_2=(111)_2$，$(1011)_2$的补数是$(0101)_2=(101)_2$。

（2）当最末位$a_n=0$时，在$(a_1a_2\cdots a_n)_2$中从右向左看，则在出现1以前所有的0及其第一次出现的1都不变，而后各数遇0变1，遇1变0，用这样的方法所得到的二进位制数就是$(a_1a_2\cdots a_n)_2$的补数。例如，$(110)_2$的补数是$(010)_2=(10)_2$，$(1100)_2$的补数是$(0100)_2=(100)_2$。

下面我们举例说明如何运用补数进行二进位制数进行减法运算。

例1 计算$(1101)_2-(1011)_2$

解 $(1011)_2$的补数是$(0111)_2=(111)_2$，因此有
$$(1101)_2-(1011)_2=(1101)_2+(111)_2-(10000)_2$$
$$=(10010)_2-(10000)_2=(10)_2$$

例2 计算$(11101)_2-(1010)_2$

解 $(1010)_2$的补数是$(0110)_2=(110)_2$，因此有
$$(11101)_2-(1010)_2=(11101)_2+(110)_2-(10000)_2$$
$$=(100011)_2-(10000)_2=(10011)_2$$

（3）二进位制数的除法

二进位制数的除法有两种可行的操作方法：长除法与陆续作差法。长除法就是比较作差法（不够借位），这与十进位制数的长除法本质上没有差别，这里不再介绍。陆续作差法的本质就是除法可以用陆续减法代替。例如，$(1000)_2$被$(10)_2$除，这就意味着在$(1000)_2$中包含有多少个$(10)_2$。所以，从$(1000)_2$中一次又一次地减去$(10)_2$，直到减完，其减去的次

第 1 章 漫谈数字

数便是商。而减法则利用前面介绍的"加补减整"法进行运算,以下我们举两个例子解释。

例 3 计算 $(1111)_2 \div (101)_2$

解 $(101)_2$ 的补数是 $(011)_2 = (11)_2$(可以陆续利用)。

第 1 次作减法得

$$(1111)_2 - (101)_2 = (1111)_2 + (11)_2 - (1000)_2$$
$$= (10010)_2 - (1000)_2 = (1010)_2$$

第 2 次作减法得

$$(1010)_2 - (101)_2 = (1010)_2 + (11)_2 - (1000)_2$$
$$= (1101)_2 - (1000)_2 = (101)_2$$

第 3 次作减法得

$$(101)_2 - (101)_2 = (0)_2$$

综上所述,总共减了三次刚好减完,其商是 3,再把 3 变成二进位制数而得 $(11)_2$。因此有 $(1111)_2 \div (101)_2 = (11)_2$。

例 4 计算 $(110001)_2 \div (111)_2$

解 $(111)_2$ 的补数是 $(001)_2 = (1)_2$。

第 1 次作减法得

$$(110001)_2 - (111)_2 = (110001)_2 + (1)_2 - (1000)_2$$
$$= (110010)_2 - (1000)_2 = (101010)_2$$

第 2 次作减法得

$$(101010)_2 - (111)_2 = (101010)_2 + (1)_2 - (1000)_2$$
$$= (101011)_2 - (1000)_2 = (100011)_2$$

第 3 次作减法得

$$(100011)_2 - (111)_2 = (100011)_2 + (1)_2 - (1000)_2$$
$$= (100100)_2 - (1000)_2 = (11100)_2$$

第 4 次作减法得

$$(11100)_2 - (111)_2 = (11100)_2 + (1)_2 - (1000)_2$$
$$= (11101)_2 - (1000)_2 = (10101)_2$$

第 5 次作减法得

$$(10101)_2 - (111)_2 = (10101)_2 + (1)_2 - (10000)_2$$
$$= (10110)_2 - (1000)_2 = (1110)_2$$

第 6 次作减法得

$$(1110)_2 - (111)_2 = (1110)_2 + (1)_2 - (1000)_2$$
$$= (1111)_2 - (1000)_2 = (111)_2$$

第 7 次作减法得

$$(111)_2 - (111)_2 = (0)_2$$

综上所述，总共减了 7 次刚好减完，其商是 7，再把 7 变成二进位制数可得 $(111)_2$，因此有

$$(110001)_2 \div (111)_2 = (111)_2$$

1.2.3.4 《易经》中的八卦

公元前 11 世纪的古书《周易》（也称易经）中记载："易有太极，是生两仪，两仪生四象，四象生八卦。"其意是：一分为二，二分为四，四分为八。用现在的数学式子表示，可写成 $2^0 = 1, 2^1 = 2, 2^2 = 4, 2^3 = 8$。$2^0 = 1$ 可理解为 2 尚未"分"时是 1，$2^1 = 2$ 可理解为分一次为 2，以下类推。这些数依次可看作是二进位制中各位上的位置。

《周易》中所说"两仪"是指符号"——"（称为阳爻(yáo)）和"— —"（称为阴爻）。

第1章 漫谈数字

四象为　　太阳　　太阴　　少阳　　少阴

八卦为　　乾　　坤　　震　　坎　　兑
　　　　（qián）（kūn）（zhèn）（kǎn）（duì）

　　　　艮　　离　　巽
　　　（gèn）（lí）（xùn）

如果将阳爻看作数字 1，阴爻看作数字 0，则前面所述的八卦所对应的二进位制数分别是

111，000，001，010，011，100，101，110

它们所对应的十进位制数分别是 7，0，1，2，3，4，5，6。

八卦是整个《易经》符号系统的基础，相传是上古时代的伏羲氏所创，后来周文王在八卦的基础上，进一步将八卦两两组合组成 64 卦。《易经》中包含着奇妙的数理，这得归功于莱布尼茨的解密，据说他与一位法国传教士的通信中，看到八卦图和六十四卦图，惊喜地发现中国《易经》的八卦和六十四卦的排列，与他的二进位制是完全一样的。因此心情特别激动，立即写信给清朝的康熙皇帝，指出八卦和六十四卦的排列不是别的什么，而是二进位制数的早期写法。二进位制的思想源于中国，但八卦的提出者从来未以某种方式表示八卦的记数功能，后来者中也没有人研究八卦与数字的联系。尽管这种思想方法很可贵，但没有人继续发扬光大不能不说令人遗憾，这也许与中国古代"重文轻理"的文化传统密切相关。

实际上，八卦的内涵非常深刻，它所涉及的面非常广。以下略举 4 个方面的事项用集合论中的一一映射的观点予以解说，这里的主要素材取自易南轩著的《数学美拾趣》。

(1) 八卦与自然现象的关系

乾为天,坤为地,震为雷,巽为风,坎为水,离为火,艮为山,兑为泽。可以看成是两个集合,即八卦经集 $A=\{$乾,坤,震,巽,坎,离,艮,兑$\}$ 与八种自然物集 $B=\{$天,地,雷,风,水,火,山,泽$\}$ 之间的一个一一映射。

(2) 八卦与方位的关系

乾南,坤北,离东,坎西,震东南,巽西南,艮西北,兑东南。看成是两个集合,即八卦之集 $A=\{$乾,坤,艮,兑,巽,震,坎,离$\}$ 与八方之集 $B=\{$南,北,西,东北,西南,西北,东南$\}$ 之间的一个一一映射。

(3) 八卦与"五行"之间的关系

乾→金,坤→土,震→木,巽→木,坎→水,离→火,艮→土,兑→金。这是两个集合——八卦集 $A=\{$乾,坤,艮,兑,巽,震,坎,离$\}$ 与五行集 $B=\{$金,木,水,火,土$\}$ 之间的映射,显然是从 A 到 B 的满射。

(4) "八卦"与"洛书"的关系

"洛书"简化后就成下述图一的"九宫图",将 8 经卦与"九宫图"中的数分别对应(如图二)

四	九	二
三	五	七
八	一	六

图一

巽	离	坤
震		兑
艮	坎	乾

图二

乾→六,坤→二,震→三,巽→四,坎→一,离→九,艮→八,兑→七,□→五;即下面两个集合——$A=\{$乾,坤,艮,兑,巽,震,坎,离,□$\}$ 和 $B=\{$一,二,三,四,五,六,七,八,九$\}$ 的一个映射(其中"□"表示正中心)。

第 1 章 漫谈数字

1.2.4 罗马数字及其他进位制

在这个片段中,我们首先介绍书刊杂志中经常看到的罗马数字,然后依次介绍在日常生活及科学研究中经常出现的八进位制数、十二进位制数、十六进位制数及六十进位制数。

1.2.4.1 罗马数字及记数法

罗马数字是指古罗马人创造的数字。大约 2500 年前,罗马人是用手指作为计算工具的,为了表示 1、2、3、4 个物体,就分别伸出 1、2、3、4 个手指;表示 5 个物体就伸出一只手,表示 10 个物体就伸出两只手。当时,为了记录下这些数字,便在羊皮上画出Ⅰ、Ⅱ、Ⅲ来代表手指数;要表示一只手时,就画成"V"表示大拇指与食指张开的形状;表示两只手时,就画成"ⅤⅤ"形,后来又演变成一只手向上,一只手向下的"X"形。这就是罗马数字的雏形。经过不断的改造与完善,后来为了表示较大的数,又用符号 C 表示 100(拉丁字 Centun 的头一个字母)、用符号 M 表示 1000(拉丁文 Mille 的第一个字母)、用符号 L 表示 50(字母 C 取一半变形)、用字母 D 表示 500。这样,罗马数字就有了下面的 7 个基本符号:

I	V	X	L	C	D	M
1	5	10	50	100	500	1000

这是五进位制和十进位制简单累数制合用。有了这 7 个基本符号,其他的自然数便可以用以下要介绍的"重复几次"、"左右加减"和"加横线"的规则表示。以下用 4 个条款来解释罗马数字记数法:

(1) 若干个相同数字写成并排排列的数,等于所表示数的各个数字所表示数相加的总和。例如，Ⅲ 表示 3，ⅩⅩ 表示 20，CCC 表示 300 等。

（2）两个不同符号并列之一，若右边符号表示的数大于左边符号表示的数，由用"减法原则"即大减小的原则表示大数字减小数字的差。例如，Ⅳ 表示 5－1＝4，Ⅸ 表示 10－1＝9 等。

（3）两个不同符号并列之二，若右边符号表示的数小于左边符号表示的数，则用"加法原则"即两数相加的原则，表示大数字加小数字的和。例如，Ⅵ 表示 5＋1＝6，ⅩⅥ 表示 10＋5＋1＝16 等。

（4）在数字上加一条横线，则表示这个数字的 1000 倍。例如，$\overline{V}$ 表示 5×1000＝5000，$\overline{XIII}$ 表示 13×1000＝13000 等。

若把上面几条结合起来，从左到右书写，单位从大到小排列，便可表示任意的自然数。例如

DLⅩⅩⅢ＝500＋70＋3＝573，ⅩⅣ＝10＋（5－1）＝14

MCMⅩLV＝1000＋（1000－100）＋（50－10）＋5＝1945

$\overline{LXVI}$CDLⅩⅩⅠ＝(50＋10)×1000＋(5＋1)×1000＋(500－100)＋(50＋20)＋1＝66471

尽管罗马数字在历史上所起的作用很大，而且在公元 12 世纪以前盛行于欧洲各国，但由于罗马字数及记数法都远远不如印度-阿拉伯数字及十进位制计数法方便，而且罗马数字的四则运算更加繁杂，因此它的记数功能以及数字运算不得不退出历史舞台。如今在某些场合下还发挥着它的"余热"，譬如说书本的卷数、章节的符号、人工制作精细的钟表数字等场合还能见到罗马数字。另外，在西方电影的发行者、制片人、导演、演员等名单上，最后的日期通常是使用罗马数字的，这样

第1章 漫谈数字

做的企图也许是让观众难以明白电影的真正拍摄时间,或者说表示庄重的意思。

1.2.4.2 八进位制

由于当代的数字电子计算机只能使用二进位制数,然而在计算机科学理论研究中,用二进位制记数数位又太多,使用起来很不方便,通常在编制计算机解题程序时,往往运用八进位制数。

所谓八进位制数就是依据"逢八进一"(低位向高位进位)的法则,使用 0,1,2,3,4,5,6,7 这 8 个数字记数的记数法。在八进位制中,同一个数所在的位数相差一位,其值就有 8 倍之差。八进位制数的一般表达方式为

$$(b_n b_{n-1} \cdots b_1 b_0)_8 = b_n \times 8^n + b_{n-1} \times 8^{n-1} + \cdots + b_1 \times 8 + b_0$$

其中,$b_0, b_1, \cdots, b_n \in \{0,1,2,3,4,5,6,7\}$,而且 $b_n \neq 0$。

八进位制数与十进位制数之间的相互换算类似于二进位制数与十进位制数之间的相互换算,这里不再详细介绍。

以下我们介绍八进位制数与二进位制数之间的相互换算方法。

(1) 二进位制数转换成八进位制数

如果要把一个二进位制数转换成八进位制数可先将这个二进位制数的数字从右向左依次将 3 个数字分成一组,最后一组不够 3 个数字时可在前面添加 0,使其成为 3 个数字组,再将每一组和八进位制数中的一个数字进行转换,转换时可使用下面的基本转换公式:

$(0)_8 = 0 = (000)_2$ $(1)_8 = 1 = (1)_2 = (001)_2$
$(2)_8 = 2 = (10)_2 = (010)_2$ $(3)_8 = 3 = (11)_2 = (011)_2$
$(4)_8 = 4 = (100)_2$ $(5)_8 = 5 = (101)_2$
$(6)_8 = 6 = (110)_2$ $(7)_8 = 7 = (111)_2$

例如

$$(101001)_2 = (101\ \ 001)_2 = (51)_8$$

又如

$(111001101010)_2 = (111\ \ 001\ \ 101\ \ 010)_2 = (7152)_8$

(2) 八进位制数转换成二进位制数

如果要将一个八进位制数转换成二进位制数,可以将这个八进位制数的数字依次和每 3 个数字为一组的二进位制数进行转换,转换时可以使用前面的基本转换公式。例如

$$(573)_8 = (101111011)_2$$

又如

$(2175)_8 = (010\ \ 001\ \ 111\ \ 101)_2 = (10001111101)_2$

1.2.4.3 十二进位制

十二进位制就是指底数是"十二"的进位制。用十二进位制所得到的数的各位的单位分别是 1,12,144,…,即依次是 12^0,12^1,12^2,…十二进位制流行于古代罗马人当中,十二进位制的起源之说有多种,其中一种说法是可能与人的手指的关节有关,除大拇指外,其余 4 个手指共有 12 个关节;又有一种说法是一年有 12 个月有关;还有一种说法是 12 有 6 个约数:1、2、3、4、6、12,而 10 只有 4 个约数:1、2、5、10,因此用 12 做除法,整除的机会比 10 做除法要多得多,单从分配的角度来说,一个单位数的因数越多越方便。在 18 世

纪时，大博物学家布丰曾经提议全世界普及十二进位制，然而十二进位制发展得远不如十进位制数那样完善却是事实。不过十二进位制在历史上肯定得宠过，如今在英美国家中习惯上还把 12 件物品称为 1 打，12 寸的长度称为 1 尺，12 便士称为 1 先令，12 金衡制盎司的贵金属称为 1 磅，还有钟面上设置有 12 个小时的刻度等，实际上就是一种十二进位制的计数法。

1.2.4.4 十六进位制

十六进位制主要应用于实际生活中的计量单位，如欧洲的 1 俄尺等于 16 俄寸，1 磅等于 16 英两，中国旧制 1 斤等于 16 两（俗称小两），在中国还有成语"半斤八两"（一样的意思）。十六进位制在中医药学中具有广泛的应用。在中医药的发展过程中，中药的计量单位，古代有质量（铢、两、分、钱、斤等）、度量（尺、寸等）及容量（斗、升、合）等多种计量法，用之量取不同的药物。随着古今度量衡制的变迁，后世多以质量为计量固体药物的度量。明清以来，普遍采用十六进位制与十进位制混合使用的方法，例如 1 斤等于 16 两又等于 160 钱。

随着社会的发展，我国现在中医药的计量单位也已统一采用十进位制。生药的计量采用公制，即 1 千克＝1000 克。国家计量部门规定，为了处方和配药特别是古方的配用需要进行换算时的方便，将十六进位制按如下的近似值进行换算：

$$1 两（十六进位制）＝30 克 \quad 1 钱＝3 克$$
$$1 分＝0.3 克 \quad 1 厘＝0.03 克$$

1.2.4.5 六十进位制

六十进位制是指底数是"六十"的进位制。用六十进位制所得到的数的各位的单位分别是 1，60，3600，…即依次是 60^0，60^1，60^2，…六十进位制于是由地处亚洲西部的巴比伦（今伊拉克境内）人于公元前 2000 年前（距现在已有四千多年）首先创立的。古巴比伦人对天文学很有研究，一个星期有 7 天是巴比伦人提出来的，1 小时有 60 分，1 分有 60 秒是巴比伦人提出来的；将圆周分为 360 度，每度是 60 分，每 1 分是 60 秒也是巴比伦人最早提出来的。因此，巴比伦人创建六十进位制计数法是顺理成章的事情。巴比伦人为什么采用六十进位制？其起源有多种说法，其中一种说法是 60 是 2，3，4，5，6，10，12，15，20，30，60 的倍数，因此采用六十进位制比十进位制数更容易避开小数的复杂计算（如在十进位制数中 1/3 就不能用有限小数表示）。第二种说法是与圆周分成 360 份有关。人们生动地解释道：对古代天文数学非常精通的巴比伦人发现，太阳从东边地平线升起，西边地平线落，这个运行轨道即是天穹的半圆。古代巴比伦人把天穹半圆分为 180 等份，每分等份就是太阳的"直径"叫做"度"，天穹半圆是 180 度，整个圆周就是 360 度了。如今六十进位制使用的场合已经不是很多，但时间、几何学中的角度等仍然沿用六十进位制。

非常有意思的事情是，如今跑步比赛的成绩是六十进位制与十进位制混合使用的。秒以上的单位用六十进位制（含秒），而秒以下的单位又用十进位制。习惯成自然，一直混合使用两种进位制，人们并没有感到多少不方便。

附录 B 英语中的数词

后面介绍大数字与小数字时要涉及英语中的数词，我们在

第1章 ◎ 漫谈数字

这里先对英语数词作简单介绍。英语中数词分基数词（表示数目的词）与序数词（表示顺序的数词），它们的构词法是不相同的。以下我们首先介绍英语基数词的构成方法，然后再介绍英语序数词的构成方法。这里的素材主要取自张道真编著的《实用英语语法》。

B.1 英语基数词的构成及特点

B.1.1 最基本的基数词

在英语中，最基本的基数词归纳在下述的表格中，所有其他基数词都可以由这些基本的基数词构成：

I	II	III	IV
1 one	11 eleven	20 twenty	100 a hundred
2 two	12 twelve	30 thirty	1 000 a thousand
3 three	13 thirteen	40 forty	1 000 000 a million
4 four	14 fourteen	50 fifty	1 000 000 000
5 five	15 fifteen	60 sixty	a billion（美）
6 six	16 sixteen	70 seventy	a thousand million（英）
7 seven	17 seventeen	80 eighty	
8 eight	18 eighteen	90 ninety	
9 nine	19 nineteen		
10 ten			

从上述的表格中我们可以看到，英语中的基数词并非是一个规则的十进位制语系。譬如10~20的数字都具有专门的名称——eleven（11）、twelve（12）等——而不是采用简单的加法构成的方法，如"ten one（十一）"、"ten two（十二）"等。

10 的倍数的名称也并非一目了然。譬如 20 和 30 不是 "two ten（二十）" 和 "three ten（三十）"，而是有专门的名称：twenty 和 thirty。10^3（thousand）和 10^6（million）之间的 10 的乘方是没有专门名称的，而且美式英语与英式英语对 10^9 的用法是不相同的。从数词表示是否有规律性的角度来看，我们的中文要比英文优越得多。

B.1.2 其他基数词的构成

英语中的其他基数词可按照下述的三条规定构成：

（1）21～99 先说 "几十"，再说 "几"，中间加连字号；如

23——twenty-three， 89——eighty-nine。

（2）101～999 先说 "几百"，再加 and，再加末两位数（或末位数）：

223——two hundred and twenty-three， 416——four hundred and sixteen，

809——eight hundred and nine

（3）1000 以上的数 先从后向前数，每三位数加一 ","，第一个 "," 号前为 thousand，第二个 "," 号前为 million，第三个 "," 号前为 billion（美式）或 thousand million（英式），然后一节一节表示：

1，001——one thousand and one

4，000——four thousand

9，743——nine thousand, seven hundred and forty-three-174，301——a（one）hundred and seventy-four thousand, three hundred and one

第1章 漫谈数字

18,657,421——eighteen million, six hundred and fifty-seven thousand, four hundred and twenty-one

750,000,000——seven hundred and fifty million

4,000,000,000——four billion(美式)或 four thousand million(英式)

1,000,000,000,000——a (one) trillion(美式),a (one) billion(英式)

B.2 英语序数词的构成

英语中的序数词一般以与之相应的基数词加词尾 th 构成,如 tenth(第十)、hundredth(第一百)等。但某些基数词变为序数词时有些特别的地方,以下我们分3点给予说明:

(1) 7个不规则的词,如

one—first, two—second, three—third, five—fifth, eight—eighth [eitθ], nine—ninth [nainθ], twelve—twelfth。

(2) 以-ty 结尾的词,要先变 y 变为 i,再加-eth。例如
twenty-twentieth ['twentiiθ], forty-fortieth。

(3) 以 one, two, three, five, eight, nine 收尾的多位数词,要照第一条办法变。例如
twenty-one—twenty-first, twenty-two—twenty-second
thirty-five—thirty-fifth, ninety-nine—ninety-ninth
a hundred and fifty-three—hundred and fifty-third。

数 的 家园

1.3 大数字

由于太大的数字（相应的太小的数字）与日常生活的联系太不密切，因此人们对大数字（相应的小数字）的感觉是很差的。但缺乏对大数字（相应的小数字）的理解，会导致科学研究包括社会管理中出现一些不必要的失误。在这一节中，我们将介绍关于大数字（相应的小数字）的数学科普知识，同时介绍一些关于大数字的趣闻（其中还包括一些人文味很浓的内容）。我们的宗旨是：通过本节内容的介绍能促进大家不要忽视理解大数字的重要性。

1.3.1 科学记数法与数字分级

在这一片段中，我们首先对科学计数法的概念给出说明，然后介绍东西方关于大数字分级的方法并比较其差异。

1.3.1.1 科学计数法概说

所谓科学记数法就是把一个正数记成 $a \times 10^n$ 的形式，其中 n 是整数，a 是实数而且满足 $1 \leqslant a < 10$。例如，$849000 = 8.49 \times 10^5$，$0.000075 = 7.5 \times 10^{-5}$ 等。

用科学记数法表示非常大或者非常小的数字常常比标准的（十进位制）记数法更清晰而且使用方便。例如，表达式 7.39842×10^{10} 比起七百三十九亿八千四百二十万更容易理解；又如，人的头发是以大约每小时 10^{-8} 英里的速度生长，比起人的头发的生长速度大约是每小时 0.00000001 英里，前者的表述更清楚；再如，美国是世界上大力宣传吸烟有害的国家之

第 1 章 ◎ 漫谈数字

一,但美国每年大约有 5×10^{11} 根香烟被吸掉,而这个数字的标准记法是 500000000000,很明显前者使用起来更为方便。

一提到科学记数法,人们通常都觉得晦涩难懂,尤其是报纸杂志等媒体的记者们(通常是文科毕业生)通常都不喜欢使用科学记数法。其实科学记数法没有什么特别的地方:10^N 就是 1 后面跟 N 个 "0",如 10^4 就是一万即 10000,10^9 就是十亿即 1000000000,而 10^{-N} 就是 1 除以 10^N(或者说分子是 1 而分母是 10^N),如 10^{-4} 就是 1 被 10000 除或者 0.0001(小数点后有四个分位)。又如,4×10^6 就是 4×1000000 或者 4000000,5.3×10^8 就是 5.3×100000000 或者 530000000,2×10^{-3} 就是 $\frac{2}{1000}$ 或者 0.002,3.4×10^{-7} 就是 $\frac{3.4}{10000000}$ $\left(=\frac{34}{100000000}\right)$ 或者 0.00000034。

1.3.1.2 数字分级及其东西方差异比较

在这一片段中,我们将介绍中国数字分级与西方数字分级的方法,并对东西方数字分级的方法作比较,并提议中国人应重视东方数字分级的优势。

(1) 中国数字分级

根据中国的读数与记数习惯,数位顺序是从右到左计,每四位分一级。个位、十位、百位、千位组成个级,表示多少个一;万位、十万位、百万位、千万位组成万级,表示多少个万;亿位、十亿位、百亿位、千亿位组成亿级,表示多少个亿;第十三位起,兆位、十兆位、百兆位、千兆位组成兆级,表示多少个兆;从第十七位起,京位、十京位、百京位、千京位组成京级,表示多少个京;……

中国数字的分级在历史上曾经历过多次演变，大数字的研究得益于印度佛经的传入，以下是在佛经的基础上发展起来的超大数字体系：

一（10^0）	京（10^{16}）	载（10^{44}）
十（10^1）	垓（10^{20}）	极（10^{48}）
百（10^2）	秭（10^{24}）	恒河沙（10^{52}）
千（10^3）	壤（10^{28}）	阿僧祇（10^{56}）
万（10^4）	沟（10^{32}）	那由他（10^{60}）
亿（10^8）	涧（10^{36}）	不可思议（10^{64}）
兆（10^{12}）	正（10^{40}）	无量大数（10^{68}）

上表中的恒河沙表示"恒河中的沙粒数"。比恒河沙更大的单位都是佛教经典用语"阿僧祇"，其源自佛教中"阿僧祇劫"，表示很长很长的时间；"不可思议"表示"以常识无法理解的事"或"奇异的事"；"无量大数"有时被分成两个数"无量"10^{68}和大数10^{72}。佛经中为什么会出现这么大的数呢？大即是为了让人类了解自己的无知吧。也就是说人类和无穷的宇宙相比是多么渺小，无论人类想出多么大的数，都会有比它更大的数。

以下是在常用的中国小数字（通常用分、厘、丝等表示小数字的计数单位）的基础上借鉴佛经的用语发展起来的微小数字体系，见下表：

分（10^{-1}）	沙（10^{-8}）	须臾（10^{-15}）
厘（10^{-2}）	尘（10^{-9}）	瞬息（10^{-16}）
毛（10^{-3}）	埃（10^{-10}）	弹指（10^{-17}）
丝（10^{-4}）	渺（10^{-11}）	刹那（10^{-18}）
忽（10^{-5}）	莫（10^{-12}）	六德（10^{-19}）
微（10^{-6}）	模糊（10^{-13}）	空虚（10^{-20}）
织（10^{-7}）	逡巡（10^{-14}）	清净（10^{-21}）

第 1 章 漫谈数字

它们大多数来自佛经。"尘"和"埃"都是"灰尘"的意思,在印度表示极小的量;"弹指"是"弹手指的极短的瞬间";"模糊"是"没有精神而恍惚的样子";"刹那"是"眨眼的工夫"。它们都表示"极短的时间"。

(2) 西方数字分级

在欧美国家,习惯上把计数单位每三位分为一级。个位、十位、百位为第一级;千位、十千位、百千位为第二级;密位(million 即百万)、十密位、百密位为第三级;别位(billion 即十亿)、十别位、百别位为第四级;曲位(trillion 即万亿)、十曲位、百曲位为第五级(很少使用)等。此外英语国家也按三位一级把小数字作如下的分级:毫(thousandth 即 10^{-3})、微(millionth 即 10^{-6})、纳(billionth 即 10^{-9})、皮(trillionth 即 10^{-12})等。

(3) 数字分级的东西方比较

今天,依照十进位制来计数时每三位一组用空格隔开,这来自西欧人的计数法。这种计数法是在使用"千进制",每千位就要使用新的数词:千(thousand 即 $1000 = 10^3$)、百万(million 即 $1000000 = 10^6$)、十亿(billion 即 $1000000000 = 10^9$)、兆(trillion 即 $1000000000000 = 10^{12}$)等,西方人长期使用当然很习惯。

历史上,东方(特别是中国、韩国、日本等)国家的人依照十进位制计时数每四位一组用空格隔开,即采用"万进制"计数法,它以万为单位使用新的数词:万(即 $10000 = 10^4$)、亿(即 $100000000 = 10^8$)、兆(即 $1000000000000 = 10^{12}$)、京(即 $10000000000000000 = 10^{16}$)等。

按照东方人的思维习惯以及东方传统文化的特点,使用

"万进位制"比"千进位制"应该更加方便。举例来说，用"千进位制"读出数字 12 345 678 912，如果不是专业人员，则要从个位逆向计算后才可正确读出。如果采用"万进位制"用空格隔开来读 123 4567 8912 就相当容易，该大数可轻易地读作一百二十三亿四千五百六十七万八千九百一十二。事实上，仔细推敲一下，东方人的每四位为单位用空格隔开与西方人的每三位为单位用空格隔开比较，无论是阅读还是书写，前者都更准确、更容易。由于东西方的经济差异、文化差异的原因，强权文化一直掩盖了弱势文化，如今的中国人尽各种可能与西方套近乎，唯西方马首是瞻，这对发展中国的科学与文化实际上是很不利的。特别是像大数字分级这样的事情，中国人应该坚持自己的优势特色。

1.3.2 大数字溯源

数的最早记号（用直线段表示 1 的集群）在处理大数时极不方便。中国有一则出自《笑府》的脍炙人口的讽刺故事，如果把时间退回到古代（如公元前）或者把故事发生的地点改在至今未开化的原始部落中，这个故事讲述的内容大概就可以成为真实的史料。故事的大意如下：

从前有个财主，自己目不识丁，想让自己的儿子比他有出息，忍痛割爱出钱请了个先生教他儿子读书。先生来了以后，先教财主儿子描红。描一笔，先生就教道"这是'一'字"；描两笔，先生便教道"这是'二'字"；描了三笔，先生又教道"这是'三'字"。

"三"字刚好一写完，财主的儿子很得意地把笔一扔，一蹦一跳地找他老爸去了，对他老爸说："爹！这字可太容易认

第 1 章 ◎ 漫谈数字

了,我已经都会了,用不着再请先生了!"财主一听当然很高兴,拼命夸奖自己的儿子聪明,并把先生辞退了。

时过不久,财主准备请一个姓万的亲戚来家里喝酒,便叫儿子写张请帖。学有用武之地,儿子很高兴地接受了任务。时间过了许久,儿子都没有把写好的请帖拿出来,财主只好亲自到书房中去催儿子快点写完。儿子见到父亲进来,便埋怨说:"天下姓氏那么多,为什么偏拣这么难写的万字?我一早写到现在,写得满头大汗,也才描了五百多画,离一万还很远哩!"

这个故事的真实性当然值得怀疑。然而,在古代人们确实是很少用到大数字的,所使用的最大的数字一般是"千"。在需要更大的数字的时候,就用"几十个千"或"几百个千"等词组来表达。在圣经时代,最大的数字就被叫做"几千个千"(在《圣经·伯约记·历代志》下卷中出现过这样的句子"……撒拉罕率领一支一千个一千人的部队……")。"million (百万)"这个词表示"一千个一千",只是到了商业已经非常发达的中世纪晚期(出于簿记需要)才出现的,至于"billion"与"trillion"两个数词更是在近代的科学研究中才出现的。"billion"在美式英语中表示"一千个百万"即"十亿"($=10^9$),而在英式英语中则表示"一百万个百万"即"万亿"(10^{12}),"trillion"在美式英语中表示"一千个十亿"即"万亿"($=10^{12}$)。

在罗马数字中最大的数的符号是 M,代表着 1000。倘若让古罗马人用自己的记数法表示如今罗马城人口的话,不论他们在数学上是何等地训练有素,也只能一个接一个地写上数以千计个 M 才行,这可是一项极为艰巨的体力劳动。尽管后来古罗马人发明出用在某数字上方加一短横条的符号来表示该数的一千倍，但用其表示如今的大数字仍然是杯水车薪。

在三四千年前的古埃及和古巴比伦，尽管数学已经相当发达，但像 10^4 这样的数已经很大。那时的人认为，这样的数已经模糊得难以想象，因而称之为"黑暗"。历经数个世纪后，其界限放宽到 10^8，即"黑暗的黑暗"，并认为这是人类智慧所能达到的顶峰！

在古代人的心目中，那些很大的数字，如天上星星的颗数、海里游鱼的条数、沙滩上沙子的粒数等，都是"不计其数"，即使像"5"这个数字对原始部族来说也是"不计其数"，只能说成"许多"。

1.3.3 大数字迷惑及生理学解释

在这一片段中，主要介绍两方面的内容。第一部分通过具体的例子说明通常人对大数字的感觉都不好，第二部分从生理学角度分析人们为什么会对大数字迷惑。这里的素材主要取自 K. C·柯尔的著作《数学与头脑相遇的地方》。

1.3.3.1 大数字迷惑

在数学意义上说，忽视几百万与几十亿的差别以及几十亿与几十万亿的差别是不能容忍的，然而在现实生活中，对不少人来说，它们之间到底有多大差异是搞不清楚的，在大多数人的眼里所有大数字看上去都差不多。许多受过高等教育的人（甚至包括数学专业的毕业生）由于缺乏对大数字的直觉（日常生活中不需要大数字！），导致对大数字的理解非常肤浅，甚至弄不清楚一百万（million）就是 1000000（$=10^6$）、十亿（billion）就是 1000000000（$=10^9$），一万亿（trillion）就是

第1章 漫谈数字

1000000000000（=10^{12}）。在西方，有人建议把时间用秒计时作为参照物，能更好地理解这些大数字，经推算一百万秒就是11天半，而时钟走过十亿秒则需用32年的时间，那么一万亿又如何呢？现代有智慧的人从诞生到现在很可能少于10万亿秒（30多万年），最古老的农业这个行业在地球上存在大约只有3000亿秒（即1万年），此外有文字记载的历史只不过是1500亿秒（不到5000年）。

用于说明人们普遍对大数字缺乏直觉的一个典型例子，是理想玩具公司的一个广告，大家都明白广告词通常带有夸张性，只有把事实夸大而不会把事实缩小。理想玩具公司在推销他们的魔方产品作宣传时说，根据他们公司提供的初始的魔方组件，可以组合出超过30亿（$3×10^9$）种立方体可能的状态。后来，经过计算机专家推算发现，该公司提供的初始魔方组件可以组合出超过 $4×10^{19}$ 可能的状态。$4×10^{19}$ 与 $3×10^9$ 之间差别有多大简直无法想象！实际上，对这两个大数字本身，大多数人都无法想象到底有多大！

说明对大数字迷惑的另一个好例子是巴金生定律。20世纪60年代，经济学家巴金生（C. N. Parkinson, 1909~1993年）在他撰著的一本名叫《巴金生定律》的讽刺书中，用一个典型的案例解释了他的一条定律。这个案例是说，英国一家大公司要投很大的资金（20世纪60年代的亿级美元）去造一座核能发电厂，仅仅花了5分钟时间就讨论完了。这是因为没有一个人知道一亿美元到底是什么，能做多少事。可是，同一批人在讨论建造一座员工停自行车的车棚时，只需花上数千美元，就足足讨论了3小时之久。这是因为，每个人都知道千元的意义，知道如何去花。巴金生定律之一就是："钱数愈大，

用于讨论怎样去使用的时间愈少。"

1.3.3.2 大数字迷惑的生理学解释

大家明白,人人都逃不出数字的"魔"掌,但有很多人(特别是一些学人文的人)不喜欢数字却是实情。经常可以听到诸如"我最恨数学了,都是数字"之类的抱怨,但很少听到有人说"我最恨钱了,都是数字"。其实只要不发生通货膨胀,人们总是喜欢看到钞票或银行存折上的数字愈大愈好。当然,还有一种把钱的数字弄得很大的简单办法就是把您现在拥有的钱用分为单位来计算。

回过头来,我们讨论一下:为什么人们对人类自己创造出来的而且是屈指可数的几个文化精华之一的数学那么反感呢?有专家认为其中有一个原因就是:人脑是在穴居时、渔猎社会中演化发展而来的,生活里最重要的是安全及食物,人类进步到有了农业的社会,人们开始把剩余的东西拿去交易时,才开始有数字的观念。原始生活很简单,10根手指再加上10根脚趾大致上就够用了,根本用不着太大的数字。大数字与人类自身的生理特征不相符,只有一些很古怪的人才会去想很大的数字。尽管如今的社会已经进入数字化时代,数字已经成为人类社会生活中不可或缺的一部分,但人们的基因演化得太慢,根本跟不上时代的变化。也许这可以用来解释人们不喜欢数字的原因之一吧,尽管只是一家之言。

实际上,人类不在行的不是数字本身,而是区别大数字的观念及能力。人们对大数字的感受为什么实在不行呢?现代生理学研究成果表明:人类头脑的标度与度量地震威力的李氏标度(Richater scale)极为相似,这种标度是对数型(指数型)

第1章 ◎ 漫谈数字

的，一个小小数值的增加，如从强度7级到8级，就代表一个极大的毁损力的增幅（约10倍）。此外，人类感官的反应也是对数型的，即讯号（光或声）强10倍，人们只觉得强1倍而已。白天的日光和夜晚的星光对人们的感官来说，只差十来倍而已，而实际上的差异是百万数量级以上的倍数，声音也类似，与猎手在森林中行猎时必须听辨出的、猎物在落叶上走动时发出的飕飕声相比，雷声的强度要大上百万数量级的倍数。刚发明电话的时候，贝尔（AG. Bell，1847～1922年）先生感到很惊讶，因为仪表上的声音强度大了10倍，他只觉得大1倍而已。于是贝尔先生后来发明了现在通用的声音响度的贝尔标度，每一"贝尔"的差为10倍，后来又把贝尔再分10，成为分贝。也许正是人类感官的这种对外界讯号的对数式（指数式）反应，即人类头脑的标度是对数型的这种生理特征，使得人们没有能力去识别百万与十亿之间（相差3个数量级）的真正区别，无论他（她）的数学能力有多好。

作为启示，我们还可以利用人类这一生理特征来解释人们根本不需要去追求太多的金钱，适可就行。举例来说，工薪阶层都有钱不够用的感觉，如果给你10倍的钱（在原来拥有的钱的数字之后添一个0，即增加1个数量级），你会觉得很舒畅，利用增加的这笔钱你可以干很多自己想干的事情。可是给你100倍的钱（增加到2个数量级），就有点不知所措了，吃的方面有限，住的方面有限（房价暴涨而且讲究排场的时代例外），玩乐的开支也有限（非正当玩乐除外），原因很简单，每一个人每天除了睡觉以外，只有十来个小时的时间去享受，时间不够用！如果给了你1000倍的钱（增加到3个数量级），就只有干脆放在银行算了（货币贬值是另外需考虑的问题！）。

1.3.4 大数字的模型与精彩比喻

为了帮助人们在通常的理解力之内能更好地理解极大的数字,科学家们巧妙地设计出种种精彩的比喻,以下介绍其中两个非常有意思的实例。

1.3.4.1 区别十亿与兆的模型

美国加利福尼亚州大学伯克利分校的地质学家金洛兹(R. Jeanloz)喜欢用下面的方式让他的学生铭记大数字的威力。他在黑板的一端画了一条代表零的垂直线,在另一端画一条代表一兆的垂直线,他请一位自愿的学生去画一条代表10亿的垂直线。大多数人都把这代表10亿的垂直线画在零与一兆之间约1/3的地方。实际上,这条代表十亿的垂直线应当几乎在线的零点附近,和兆相比就像与地球相比一样,10亿仅仅是一粒小花生米而已。甚至百万分之一与十亿分之一相比亦然,如果手头这本书面的宽度代表某物的百万分之一的话,那么它的十亿分之一的大小还比不上铅笔画出的一道细线。

1.3.4.2 遥远距离的比喻

美国加利福尼亚州理工学院的工程学家德乔夫斯基(SG. Djogvski)在一篇文章中写了如下一个能帮助人们更好地想象空间中极远距离的比喻:"如果太阳的直径只有1英寸大小,它离我们的地球约5英尺(约1.5米),那么太阳系的直径大小约1/5英里(322米),最近的恒星在206英里(418千米)之外,我们的星系直径大约为600万英里(965万公里),而最近星系的距离为4000万英里(6436万千米)。即使运用

第 1 章 漫谈数字

了这个模拟,在这里,人们在这里也开始失去尺度的感觉了。此外,目前可以观测到的宇宙大约为一兆英里(一兆六千亿千米),打一个比喻?如果你乘一辆每英里收费 5 元的车,你所付的车费可以把美国的国债还清。"从这个比喻中我们可以看到,美国所欠的国债简直是一个天文数字。大家公认:美国是世界上最富有的国家之一,但美国也是世界上欠债最多的国家。

1.3.5 大数字研究及应用

这一片段包含的内容比较多,主要由大数字研究(包括创造)及大数字应用两部分组成,大数字应用中有正面的例子,也有大数字误用的例子,这一部分的主要素材来自 C. A. 匹克奥弗著的《果戈尔博士数字奇遇记》。

1.3.5.1 "googol"与"googolplex"

美国数学家爱德华·卡斯纳(Edward Kasner)在 1940 年的一本科普书《数学与想象》中创造了"googol(果戈尔)"这个词,用来表示一个极大的数目:10^{100}。这是一个好大的自然数,按照位数念出来就是一万亿亿亿亿亿亿亿亿亿亿亿亿,"亿"字要念 12 次,或者说一万后面要跟有 12 个亿字。不知什么理由,"googol"的出现居然很快风靡全球,以至于如今的袖珍词典,也收进了这个新词!

大多数科学家都认为,如果把人们使用能哈勃望远镜所能看到的、天上所有星星拥有的原子数统统算进去,其总数也远远达不到 1 个果戈尔。尽管"googol"这个数已经大得不得了,但它与后来不断涌现出来的大数相比又是小巫见大巫。例如，围棋可能的局势变化数为 $3^{361} \approx 1.710 \times 10^{172}$（因为围棋有 $19 \times 19 = 361$ 个格点，每个格点上可以放黑棋、放白棋、也可以不放），这个数远远大于"googol"；一只猴子随机按键打出莎士比亚的《哈姆雷特》剧本需要做的尝试次数为 35^{27000}（$\approx 10^{40000}$），这个数又比"googol"大出很多很多；目前数学家们找到的第 39 个梅森素数 $2^{13466917} - 1$ 有 4053946 位，这个数比起哈姆雷特数又大了很多；国际象棋所有可能的棋局数为 $10^{1070.5}$，这个数比第 39 个梅森又不知要大出多少倍。一个比一个大，真是："山外有山，天外有天。"

很有趣的事情是卡斯纳 9 岁的侄子在"googol"的基础上，又发明了一个更大的数"googolplex"（果戈尔普来克司）（也译作"古怪不可思"），它表示 10 的 1 个果戈尔次幂，即 1 的后面跟果戈尔个零。它的零太多了，有人打比喻说，即使把"0"缩成一个原子核大，地球表面也平铺不下这么多个"0"，或者一万亿个宇宙中全部核子个数还没有"googolplex"中的"0"数目多；如果有人能读出这个"庞然大物"的数，即使每秒钟能念出 10 个"亿"的零来，从地球诞生一直念到地球毁灭，也只能念到"googolplex"中所含零的一个极小零头。

随着现代计算机技术的发展，随着人类智慧的不断发展完善，科学家们必然会发明更大更大的数。

1.3.5.2 一场大数字创造的网络比赛

英国有一名隐名埋姓的数学家以果戈尔博士的身份在英特网络上发起一场创造大数字网络比赛。赛事是这样进行的：运用四则运算与指数运算方法及下述的 7 种符号："1，2，3，4（），•，—"制造出尽可能庞大的数。规则是每个数码只准

第1章 漫谈数字

用一次。

赛事信息发出不到半个小时,就有一位小学数学水平的参赛者送来结果:4^3-12($=52$)。接着第2个传来的答案是 31^{42}(共有63位);有许多人发送来第3个答案:3^{421}($=7.37986\times 10^{200}$,共201位);第4位送来的答案是$(\cdot 1)^{-432}$ $=1\times 10^{432}$(共433位),该答案比起前面几个答案已具有较大的创造性,而且利用指数运算的一个重要性质:把一个数抬升到负指数幂实际上就是把此数的倒数升到正指数幂,而且还用到了把小数当分母能使数变大的有理数性质;第5位送来的答案是 $3^{4^{21}}=3^{4398046511104}$(大约有 2.1×10^{12} 位,兆级水平);第6位送来的答案是:$2^{3^{41}}$(约有 1.0979×10^{19} 位,魔方组合数水平);第7位送来的答案是$(\cdot 1)^{-(4^{32})}=1\times 10^{4^{32}}$,其中 $4^{32}\approx 1\times 10^{19}$,这是一个远比"googol"大的数;最后获胜的答案是:$(\cdot 3)-((\cdot 2)-(\cdot 1)-4)$。真是有点不可思议,你能创造出更大的数字吗?

1.3.5.3 世界上所有人口的血液总量有多少?

果戈尔博士提出一个令人作呕又令人大跌眼镜的问题:如果有某台可怕的吸血鬼机器把世界上所有人口的血液都榨取出来,那么需要有多大的容器才能把这些血液储存起来?

果戈尔博士是这样分析的,成年男子平均约有6夸脱(夸脱约为0.946升)的血,但世界人口中有很大部分是妇女和儿童。因而不妨假定,每个人大约有1加仑(等于3.785升)血,目前全世界的人口大约有60亿,从而得出全世界人口血的总量大约是60亿加仑。又1立方英尺(1英尺=0.305米)相当于7.48加仑,运用查对数表的技术可估算出,全世界所有人的血液总量约为 8 亿立方英尺。这个数的立方根表明，世界上全部人口的血液可以盛放在每边长度约为 927 英尺的一个立方体中。为了让您对这一数据有点大致感觉，需要介绍相关的参考数据：埃及大金字塔底座的每边之长大约为 755 英尺；著名的英国玛丽皇后号客轮的长度接近 1000 英尺。这就意味着，每边边长大致相当于玛丽皇后号长度的立方盒子就足以装下目前生活在地球上的所有人口的血液。这个答案是否令人非常惊奇？绝大多数人都会猜测，将需要一台比它大得多的容器，有兴趣的读者是否可以跟中国长城的体积作一比较？

1.3.5.4 创世纪的那场洪水

圣经《旧约全书》的创世纪篇中有如下的记载：

"……大雨连续下了 40 昼夜，洪水泛滥在地上 40 天，水往上涨，把诺亚方舟从地上托起。水势浩大，在地面上大大地往上涨，方舟在水面上漂来漂去，水势在地上极其浩大，天下的高山都淹没了。水势比山高 15 时，山岭都淹没了。凡在地上有身肉的动物，就是飞鸟、牲畜、走兽和在地上爬行的昆虫，以及所有的人都死了；凡是地上各类的活物，连人带牲畜、昆虫以及空中的飞鸟，都从地上消除了，只留下诺亚和那些与他同在方舟里的……大雨停止……过了 150 天，地面上的洪水才渐消……"

从字面上看，这段话表明地球表面积聚了 10000 到 20000 英尺的水，经估算相当于有 5 亿立方英里（1 英里＝1.6093 千米）的水量。由于连续下了 40 昼夜（共计 960 小时）的雨，那场暴雨要每小时 15 英尺的降水量倾泻而下，其势足以淹没任何航空器或航空母舰，淹没那只满载动物的木舟当然不在

第 1 章 漫谈数字

话下。

韩国数学家李光延，运用气象学知识结合数学方法分析了那场大洪水，所得出的结论是：《圣经》中所描述的场景是严重背离科学依据的。他的分析摘录如下（详见李光延著的《有趣的数学》）：

水分蒸发到空气中，空气中的水分凝聚成雨滴落到地上变成雨水，大洪水就是这样形成的。按理说，现在的大气中也应有这么多水分。但是，根据气象学原理，边长为 1 米的正四边形地面上的空气柱中平均包含有 16 千克水蒸气，最多也不会超过 25 千克。25 千克即 25000 克水的体积是 25000 立方厘米，地面上正四边形的面积是 1 平方米＝10000 平方厘米，用水的体积除以底面积，那么 $25000 \div 2000 = 12.5$ 厘米。因此，淹没整个世界的那场大洪水最深也不过 2.5 厘米，这还是假设水没有渗到土地里的条件下的水的深度。这是因为大气中只有这些水分的缘故。地面水深 2.5 厘米，与海拔 8844.43 米，即 884443 厘米的珠穆朗玛峰高度相差甚远。

我们认为，这里需值得注意的细节是：每个地方都有下大暴雨的可能性，但是不可能在世界所有的地方同时下大暴雨。因此，《圣经》中所描述的大洪水被夸大了 350000 倍以上。实际上 40 天下了 25 毫米的雨，平均到每天就是 0.625 毫米，这么小的降雨量落到地上都不会留有痕迹。

然而神话本来运用的就是象征手法，不能用数学方法来解释，也就是说神话和科学是不能等同的。

1.3.6 关于大数字的四个经典故事

以下 4 个与大数字有关的经典故事，在各种书刊中反复被

转载。由于它们具有通俗易懂而且故事本身很精彩的特点,确实颇具吸引力我们引用在这里,试图通过它们帮助大家更好地感悟大数字。

1.3.6.1 填满宇宙的沙粒

公元前3世纪大名鼎鼎的大科学家阿基米德,曾经开动他那出色的大脑,想出了书写巨大数字的方法。在他的著作《论数沙》(又译作《数砂者》)中这样写道:

"有人认为,无论是在叙拉古城(阿基米德的故乡),还是在整个西西里岛,或者在世界所有有人烟和无人迹之处,沙子的数目是无穷大的。也有人认为,这个数目不是无穷大的,然而想要表达出比地球上沙粒数目还要大的数字是做不到的。很明显,持有这种观点的人会更加肯定地说,如果把地球想象成一个大沙堆,并在所有的海洋和洞穴里装满沙子,一直装到与最高的山峰相平,那么,这样堆起来的沙子的总数是无法表示出来的。但是,我要告诉大家,用我的方法,不但能表示出占地球那么大地方的沙子的数目,甚至还能表示出占据整个宇宙空间的沙子的总数。"

阿基米德在其论著中所提出的方法,同现代科学中表达大数字的方法相类似。他从当时古希腊算术中最大的数字"万"开始,然后引出一个新数"万万"(即亿)作为第二阶单位,然后是"亿亿"(第三阶单位)、"亿亿亿"(第四阶单位)等。根据当时天文学家计算出来的宇宙半径,然后对沙粒的大小不会超过一千万个第八阶单位(按照现代的写法就是 $10^7 \times 10^8 \times 10^8 \times 10^8 \times 10^8 \times 10^8 \times 10^8 \times 10^8 = 10^{63}$)。写出这个大数字在现在看来并没有什么大不了的事,但在阿基米德那个时代,这个

第1章 漫谈数字

能够找出大数字的办法，确实是一项伟大的发现，而且阿基米德的贡献确实使得数学向前迈出一大步。

还有一点需要补充说明，阿基米德时代认识的宇宙与现在人们认识的宇宙有很大不同。那个时代的天文学家错误地认为，恒星是固定在一个以地球为中心的大球面（天球）上（地心说）。那个时代的天文学家们推算，天球（即宇宙）的半径大约为1.2光年。如今运用目前最大的哈勃望远镜可探测到宇宙的半径在 1.3×10^{10} 光年以上（宇宙中所有原子的数目大约有 3×10^{74} 个）。这一天文学上称为"哈勃"的宇宙半径要比阿基米德时代的宇宙半径要大 10^{10} 倍多（即100亿倍多）。因此要填满"哈勃"宇宙所需沙粒数至少应为 $10^{63} \times (10^{10})^3 = 10^{93}$（粒）。这个数字比前面刚刚提到的宇宙间的原子总数 3×10^{74} 大多了，这是因为宇宙间并非塞满了原子，实际上在一立方米的空间内平均才只有一个原子。

1.3.6.2 重赏国际象棋发明人

印度有一个古老的传说，很慷慨的印度舍罕王曾经在大数字上吃了大亏。这个传说的大意如下：机敏的数学家西萨·班·达依而（Sissa Ben Dahir）宰相发明了国际象棋进贡给舍罕王，舍罕王见到如此奇妙的发明非常高兴，承诺重赏国际象棋的发明人和进贡者，并请首相自己提出要求。首相跪在国王面前说："陛下，请您在这张棋盘的第1个小空格内赏给我1粒麦子；在第2个小格内给2粒；第3个空格内给4粒，照这样下去，每一个小格内都比前一小格加一倍。陛下啊，请您把这样摆满棋盘上所有64格的麦粒，都重赏给您的仆人吧！"国王想不到首相只提这么低的要求，马上慷慨地答应："你当然

会如愿以偿的。"

事实上，经过简单的推算，国王的承诺根本无法实现，其实假设承诺能实现，首相也根本没有能力把赏给他的麦子运走。事实上按规定国王必赏给首相的麦粒数目为

$$1+2+2^2+\cdots+2^{62}+2^{63}=2^{64}-1$$
$$=18446744073709551615\approx 1.8\times 10^{19}（京级单位！）$$

据估算，1蒲式耳（欧美计算谷物容量专用的容量单位，大约为35.2升）小麦大约有5×10^6粒，照这个数，国王就赏给首相4万亿（$=4\times 10^{12}$）蒲式耳小麦，这位首相所要求的竟是全世界在2000年内所生产的全部小麦！

故事的结局当然可以有许多版本，我们不必太有兴趣，重要的事情是我们从这里能看到由加倍所产生的大数字有多么惊人的巨大！下面即将介绍的"世界末日"的古老传说与上述的"国际象棋"故事其实有异曲同之处。

1.3.6.3 "世界末日"的传说（又名梵塔故事）

偏爱数学的历史学家鲍尔（Ball）在他的著作 Mathematical Recreationsand Essays（中译名《数学拾零》）中叙述了有关"世界末日"的古老传说：

"在世界中心贝那勒斯（印度北部的佛教圣地）的圣庙里，安放着一块黄铜板，板上插着三根宝针，细如韭叶，高约腕尺。梵天（印度教的主神）在创造世界的时候，在其中的一根针上，从下到上串上由大到小的六十四片金片。这就是所谓梵塔。当时梵天授言：不论黑夜白天，都要有一个值班的僧侣，按照梵天不渝的法则，把这些金片在三根针上移来移去，一次只能够移一片，并且要求不管在哪根针上，小片永远在大片的

第 1 章 漫谈数字

上面。当所有的六十四片,都从梵天创造世界时所放的那根针移到另外一根针上时,世界就将在一声霹雳中消灭,梵塔、庙宇和众生,都将同归于尽!这,便是世界的末日……"

我们运用归纳法可推算,要把梵塔上的 64 片金属全部移到另一根针上去,需要移动的总次数是 $2^{64}-1$($\approx 1.8 \times 10^{19}$)次,假若僧侣们每一秒中移动一次,日夜不停地干,按一年大约 31558000 秒计算,需要 5800 亿年才能完成。根据当代天文学的研究成果,给太阳提供能量的"原子燃料"只能维持 100 亿~150 亿年,也就是说太阳系的整个寿命无疑要短于 200 亿年。按梵天的预言,世界末日到来大约还有 5800 亿年,因此"世界末日"只不过是一个传说而已,所谓"末日"充其量只能蒙骗一些毫无科学知识的科学盲罢了。

1.3.6.4 细菌王国的故事及启示

美国物理学家巴特列特用一个精彩无比的细菌王国的故事(详见《数学与头脑相遇的地方》),告诫人们要懂得加倍的威力及其可怕的灾难性后果。这个故事与"麦粒的故事"及"梵塔的故事"的本质是相同的,但更贴近生活、更生动,因此有必要再介绍给大家。以下是巴特列特用来示范的故事,以论证人类自然资源状态的有穷性,即使是在看似很富有的时代。

假想有一个不大不小的细菌部落,住在细菌国内,它们出发去寻找新的殖菌地——在一只埋在地球上的可乐瓶中。它们把可乐瓶掘出,变成它们的家。我们假定它们开始时有两位勇敢的探险家去这新殖菌地中定居,再假定它们的菌口每隔一分钟加倍一次。我们还假定它们是从早上 11 时整开始定居的。到了正午 12 时整,这瓶子就已经满了,它们用尽了可乐瓶的

数 的 家园

空间，也耗尽了资源。

巴特列特问：在什么时候，最有远见的细菌会看见细菌王国将出现菌口太多的问题？他的回答是，一定不会在11：58，因为那时候可乐瓶只有1/4满（全满之前还有两次加倍的机会）。即使是在11：59，可乐瓶子也只有半满。如果细菌王国像人类一样也有宗教的话，它们的宗教领袖可能借用细菌先知留下的圣言，说节育菌口是违反天命的，也许还会拍拍胸脯说，细菌的上帝一定不会让虔诚的细菌子民们受苦难的。也许你还可以见到细菌政客们，为了拉选票的需要，力争博得选民的欢心，高唱着如下所述的陈词滥调：众菌们，不必担心，我们的家园中还留下很多的居住空间，比我们整个殖菌史中用过的空间还多得多呢！

即使如此，还是有甘愿为细菌王国发展作贡献的少数探险者们决定去岸边探险，去寻找更多的可乐瓶。很幸运，它们还真的发现了三只可乐瓶！要过多久这些细菌又会把新找到的居住空间挤满呢？答案是：两分钟。

这个故事给人的启示是很耐人寻味的。细菌的一代是一分钟，每一代菌口增长一倍，人类大约25年为一代，按照世界上每年人口增殖率为1.8%计算，人口增殖率是1.6代增一倍。尽管灾难不像细菌王国那样马上见到，但人类的遭遇肯定好不了多少。按照这一增殖率下去，到公元5000年左右，人类的总质量将超过地球的质量，当然远在这个时间以前，自然界会有"修理"人类的方法。显而易见，人类最好自己能够克制，不要让自然界过早地来"修理"我们。但实情却是人类就像可乐瓶中的细菌，没有能力看得够远，因此很难在灾难发生前将眼光放远。几乎是天经地义，说发展是人人向往的目标，消费是促进经济发展的动力。紧跟着消费而来的就是垃圾，现在有些发达国家黑着良心把垃圾转运到发展中国家填埋，君可知地球的表面积是有限的？不论垃圾倍增的时间有多长，迟早总是要把地球表面覆盖住的。

地球人都明白，人类最严重的问题是人口问题，其他一切问题，如环境问题、资源短缺问题，都是随着人口问题而来。美国康乃尔大学的生态学家匹门透（David Pimento）在1996年2月的美国科学促进协会的大会中说："每隔24小时，世界的人口就增加25万人……但并没有哪个人真正对这件事采取过防止动作。它不是大霹雳级的问题，它是渐次而来的东西。可是这就像温水煮青蛙一样，把人类不知不觉地送上死路。"

现在世界上有一个广为流传的动听名词："可持续发展"，按照巴特列特的说法，这是一个矛盾修辞。一个小小的圆形地球村上，没有一种发展是可以持续不停的。如果人口仅以每年1.9%的比率增长，在36年后，人口会增加一倍，不管你把这个增率变成有多小，但仍旧免不了要加倍增长（只不过是相隔的年限要稍许长一点罢了）。就如可乐瓶中的细菌，增长是不能永远持续下去的，不管是人口或是资源的消耗。

1.3.7 大数字理论与现实背离的3个例子

本片段通过3个实例，说明数学理论可行的事件在实际操作中未必可行，死搬硬套数学推理得出的"真理"，在实践中有可能要闹出大笑话，这里的素材主要取自赵荣芳等著的《探密数学思维》。

1.3.7.1 一道折纸智力测验题

这道智力测验题比较流行的提法是：将一张纸对折50次，

它的厚度有多少？

人们通常都认为，这是一个很大的数。于是，凭主观经验猜测，可能是 1 千米、10 千米，甚至是 100 千米。然而通过数学方法推算，其厚度大约是 5000 万千米。这道题的出题者的本意是想告诉人们，主观狭隘的经验型思维运用不当是很容易出错误的。

然而从科学的角度去分析，这道题的数学答案是正确的，却严重背离了实践标准。薄薄的纸对折 9 次后已达 512 层，这么厚的纸，用折的方法，再也不能让纸在折痕处"屈服"，即不能再对折了。也就是说，实践表明，不管有多大的一张纸，最多只能对折 9 次。这个事实，我们的中央电视台在 1998 年 12 月 13 日晚的"综艺大观"节目中播放过。要一张纸对折 50 次，那不是"天方夜谭"吗？

1.3.7.2 一颗豌豆切薄片能否覆盖太阳表面？

这也是一道智力测验题，原来的题目是这样的：

"把一粒豌豆切成许多薄片，然后做与太阳表面积一样大小的薄壳，能盖住太阳吗？"

数学推理告诉我们，这是可能的。我们用等比数列求和的方法可以算出，当这些薄片的厚度小于 10^{-20} 米时，它们就可以做成与太阳表面积一样大小的薄壳。

实践告诉我们，这是不可能的。有机分子的线度为 10^{-10} 米数量级。所以，10^{-20} 米厚度的薄片是不能用机械的方法切割的，那么用激光刀去切片行吗？目前粒子物理实验可以达到 10^{-18} 米的尺度，实际上也是不可能的。除了达不到 10^{-20} 米的数量级外，还因为切开的是一些"基本粒子"，而基本粒子的

第 1 章 漫谈数字

寿命极短,如中性 π 介子的寿命在 10^{-17} 秒数量级。在微观世界里,通常的"线度"概念已荡然无存。

1.3.7.3 阿基米德那根挪动地球的杠杆

古希腊著名学者阿基米德有一句千古流芳的名言:"给我一个支点,我能把地球挪动。"这句话意味深远,它告诉人们,世界上什么样的人间奇迹都可以出现,但是必须有一个"支点",这个"支点"就是立足点,如工作条件、工作环境等。

善于思索和勇于实践的阿基米德,为了证明杠杆的威力,亲自动手将一根棍子插入一块大石头下面,再在棍子下面垫一块小石头,然后用手压棍子的另一头,那沉重的大石头竟然被撬起来了。如果把所垫的小石头放在离大石头远近不同的地方,撬动石块时所用的力也不一样大。阿基米德发现了撬石块时的效果,不仅与手压棍子的力大小有关,而且与力到支点的距离有关。力越大,力与支点的距离越长,那么,力使物体转动的作用就越大。

有一次,阿基米德与叙拉古国王亥尼洛辩论时,脱口而出:"只要用机械,任何重的物体都能够移动。如果在地球外能找到一个支点,给我一个支点,给我一根足够长而坚固的杠杆,我也能挪动地球。"

单从道理上分析,阿基米德的话并没有什么错,但是通过计算就发现阿基米德的话是言过其实了。

阿基米德是聪明的。他知道要举起地球,必须找一个不在地球上的支点,而且他本人也必须在地球之外。地球的质量是 6×10^{24} 千克,假如阿基米德用 60 千克的力推动一只杠杆的话,那么他所使用的杠杆的动力臂之长就是阻力臂之长的 10^{23}

倍,这只杠杆至少得有 10^{21} 千米长。这样既长又坚固的杠杆到哪里去找呢?

假设阿基米德找到了那只杠杆,并且也找到了一个支点。如果把地球挪动 1 厘米,在动力那端就必须在空中划一个约 10^{21} 米的大弧,即使阿基米德昼夜兼程以每秒走动 1 米的速度,也要走 30 万亿年。如果阿基米德还活着,听到这个计算后,也一定会目瞪口呆的。

从上述形形色色的例子中,我们可以看到:"大数字"的威力是很大的,"大数字"很有用,但使用大数字时千万不可以掉以轻心!

附录 C 与大数字有关的 3 个话题

C.1 与度量有关的某些科学数据

人们在科学中(认识自然世界与人类自身)需要了解宏观世界与微观世界,宏观世界中的事件数据通常用大数字表述,而微观世界中的事件数据通常用小数字表述。在这个话题中,我们主要介绍科学研究中与度量有关的一些典型事件的数据。在介绍数据之前,我们首先介绍相关量的度量单位,这里的素材主要取自金学宽编著的《时空与灵性》。

C.1.1 常用量的度量单位

在现实世界中,应用最为广泛的是度量的数。度量一个量需要标准单位,而度量的结果是一个数。由于有许多不同的量,故需要许多不同的单位,如时间、速度、距离、长度、面积、体积、高度、质量、功、电流强度、大气压和货币值等,

第 1 章 ◎ 漫谈数字

它们经过度量便成了量值。鉴于量化概念在现实世界中的重要性，以下将对若干常用量的度量单位作陈述性的介绍。

年、月、日是人类共同感受到的计时单位，因而以日为基础建立的时、分、秒计时方式很容易得到共同的认可。

至于表征空间的长度单位，最初是由身体部位组成的。在圣经时代，人们的尺度源自手指的宽度、手掌的宽度、手的跨距、前臂的长度等。当然，由于每个人的比例都不一样，这种长度单位的普遍使用必然造成无法接受的混乱。中国古代用丈与尺作长度单位，所谓"丈二和尚摸不着头脑"、"七尺男儿"是否与身体高度有关不得而知。英国则使用英寸与英尺作为长度单位，英寸是大拇指尖到指关节的长度，英尺是起初十位在星期天最先离开教堂的十只穿鞋的脚的平均长度。

中华人民共和国成立以后，我国逐渐向公制靠拢和规范。所谓公制，就是我们原来学习的厘米（cm）、克（g）、秒（s）制，公制即（c, g, s）制是由法国首先制订并施行（1820 年）的，大约在 1870 年前后达成一项国际协议，成为国际通用的度量衡系统。现在国内外通用的是国际单位制，代号为 SI，其基本单位是秒（s）、米（m）和千克（kg）。其实，公制和 SI 制是完全一致的，只是 SI 制对秒和米作了更为精确的界定。

以下是公制与 SI 制关于时间、长度、容量和质量的单位定义：

时间的单位是秒。在公制中把 1 秒定义为平均太阳日的 1/86400。在 SI 制中 1 秒是铯的一种同位素（^{133}Cs）原子发出的一个特征频率光波周期的 9192631770 倍。

长度的基本单位是米。在公制中，原定为通过巴黎的地球

数的家园

经圈象限的千万分之一。但实际上，1米的长度是等于保存在巴黎度量衡局中一条特制的金属棒——"米原器"，在0℃时两刻线之间的距离。后来大地测量的精确度提高，知道米长并不恰好等于上述经圈象限的千万分之一，将错就错仍作为标准执行。容量是长度的延伸，其基本单位是升（litre），应当是每边长为1分米（1/10米）的立方体，但因其不容易量度，1901年规定为1千克的纯水在标准大气压及4℃（在此温度下水的密度最大）下的容积。在SI制中，1米是氪的一种同位素（^{86}Kr）原子发出的一个特征频率的光波波长的1650763.73倍。后来由于激光技术使长度测量的精度进一步提高，1983年起国际上又重新规定1米是光在真空中在1/29979245秒内所经过的距离。

质量的单位是千克。关于质量单位的定义，公制与SI制是相同的，原来规定为1升纯水在4℃时的质量。但实际上，1千克是等于保存在巴黎度量衡局1799年制造的一个铂铱合金圆柱体——"千克标准衡器"的质量。

从上述定义中可以看出，在SI制中的各个基本单位是从大自然中提取出来的一种抽象的约定，完全是人们为了使用、交流方便人为约定的。因此SI制是以人为中心的，SI制的使用给人类的实际生活和科学研究带来极大的方便，尤其是借助科学记数法，人们能更好地从度量的视角解读微观世界、宏观世界。关于了解微观世界与宏观世界的一些基本数据，我们将在后续内容中介绍。

C.1.2 与时间有关的一些典型事件的数据

宇宙的年龄大约为 4×10^{17} 秒；地球的年龄大约 1.2×10^{17}

第1章 漫谈数字

秒;万里长城的年龄大约 7×10^{10} 秒;人的平均寿命大约为 2.2×10^9 秒(别小看 10^{10} 与 10^9 的差异!);地球公转周期(1年)为 3.2×10^7 秒;地球自转周期(1日)为 8.6×10^4 秒;人的脉搏周期大约 0.9 (≈ 1)秒;说话声波的周期大约 1×10^{-3} 秒;无线电广播电磁波周期大约 1×10^{-6} 秒;可见光波的周期大约 2×10^{-15} 秒;最短的粒子寿命(顶夸克)大约 1×10^{-25} 秒。

C.1.3 与长度有关的一些典型事件的数据

目前可观察到的宇宙半径大约为 1×10^{26} 米;银河系之间的距离大约为 2×10^{22} 米;我们的银河系的直径为 7.6×10^{20} 米;地球到最近的恒星(半人马座比邻星)的距离为 4.0×10^{16} 米;光在一年内走的距离(光年)为 9.5×10^{15} 米;地球到太阳的距离为 1.5×10^{11} 米;地球的半径为 6.4×10^8 米;珠穆朗玛峰的高度为 8.9×10^3 米;人的身高大约为 1.7 米(标准米级单位);通常人说话声波波长大约为 4×10^{-1} 米;无线电广播电的电磁波波长大约为 3×10^{-2} 米;可见光波波长大约为 6×10^{-7} 米;人的红血球直径为 7.5×10^{-8} 米;原子半径大约为 1×10^{-10} 米;质子半径大约为 1.6×10^{-15} 米,电子半径为 1×10^{-18} 米;夸克半径为 1×10^{-20} 米,这里的主要素材来自 G. 伽莫夫著的《从一到无穷大》。

C.1.4 与质量有关的一些典型事件的数据

可观察到的宇宙的质量大约为 1×10^{53} 千克;我们的银河系的质量为 3×10^{41} 千克;太阳的质量为 2.0×10^{30} 千克;地球的质量为 6.0×10^{24} 千克;地球上大气的质量约为 5.3×10^{18} 千克(大气的质量大约是地球的质量的一百万分之一);目前世

界上最大油轮的装载量为 2×10^8 千克；最大的宇宙飞船的质量为 1×10^4 千克；通常人的质量大约为 6×10^1 千克；一个大馒头的质量为 1×10^{-1} 千克；雨点的质量为 1×10^{-6} 千克；尘料的质量为 1×10^{-10} 千克；红血球的质量为 9×10^{-14} 千克；最小的病毒的质量为 4×10^{-21} 千克；铂原子的质量为 4×10^{-26} 千克；质子（静止）的质量为 1.7×10^{-27} 千克；电子（静止）的质量为 9.1×10^{-31} 千克；中微子（静止）的质量为 1×10^{-38} 千克；光子（静止）的质量为 0 千克。

C.2 天文数字

言说"天文"，话题太大（属于天文学的范畴）。我们这里仅介绍两个与"天文"有关的小话题。

C.2.1 太阳与行星的距离

借助现代天文仪器（射电望远镜等），天文学家们已经计算出太阳与各大行星的距离（天文单位）如下：

水星 0.387、金星 0.723、地球 1、火星 1.524、小行星 2.4～3.0、木星 5.203、土星 9.539、天王星 19.191、海王星 30.071、冥王星 39.158。

上述的天文单位是天文学中的一个度量单位，天文学中把地球与太阳之间的距离定义作 1 个天文单位，1 个天文单位 = 1.5×10^8 千米。

很有意思，各行星与太阳之间的距离，从表面看上去很复杂，却可以用一个非常简单的近似公式计算：

$$a=(n+4)/10$$

其中，$n=0,3,6,12,48,\cdots$ 是行星位置排列的序数。

第 1 章 ◎ 漫谈数字

天文学史上有一则关于上述近似公式发现的趣闻。17 世纪中叶，德国物理学家提丢斯在维腾贝格大学任教时，为他的学生们不肯去记忆当时的六大行星到太阳的距离这一串枯燥无味的数字大伤脑筋，因此他极力想去凑出一个简单易记的算术关系式帮助学生们记忆。有一天，他在纸上胡乱摆弄一些数字，写了又涂，涂了又写，纸篓和桌面上都积满了废弃的纸片。突然，他的目光就像铁屑飞向磁石，被凌乱数字堆里的一行有序数列吸引住了：0，3，6，12，24，48，96，⋯

"哎，如果将每个数加上 4，再除以 10，不就可以了吗？" 他若有所思地自言自语，就像一道闪电划破了黑暗的夜空。他的心中豁然开朗，真是"踏破铁鞋无觅处，得来全不费功夫"。提丢斯利用自己发现的近似公式计算可得到太阳与各行星之间距离如下：

水星 0.4、金星 0.7、地球 1、火星 1.6、未知行星 x_1（即后来发现的小行星）2.8、木星 5.2、土星 10、可能的未知行星 x_2（即后来发现的天王星）19.6、……

从这里，我们可以看到，用近似公式计算出来的数据与实际观测值的误差是如此的小，不仅如此，而且利用近似公式获得的另外两个数据还启示后人去发现小行星与天王星，真是奇迹！难怪现在的人们把上述公式列入改变人类文明的 50 大科学定理之一。

C.2.2 填满宇宙的质子数目

用现代最先进的哈勃望远镜观察，可推测宇宙的半径为 130 亿光年，即 1.3×10^{10} 光年，每一光年的长度为 9.5×10^{15} 米，将可观测宇宙的半径用米表示，则为 1.23×10^{26} 米。而利用现代最先进的科学技术可测得质子半径大约为 1.6×10^{-15}

米，两者相除得商 7.7×10^{40}。这就是说，需要 7.7×10^{40} 个质子肩并肩地排列起来才能把长为宇宙半径的线段排满。

现在再来计算一下体积。如果质子有半径 1.6×10^{-15} 米，假定它是球形的，那么它的体积为 1.7×10^{-46} 立方米，而这就是最小可能的体积。再计算半径为 1.23×10^{26} 米的可测宇宙的体积，约为 7.8×10^{78} 立方米，这是最大可能的体积。我们设想一下，用最小的可能体积来绝对紧密地（不留任何空间）装填最大的可能体积。如果用 1.7×10^{-46} 来除 7.8×10^{78}，那么我们就可以发现，填满可观察宇宙空间所需要的质子数为 4.6×10^{124}。这个数字不仅比阿基米德所说的填满宇宙的沙粒数目大得多，而且接近平方级的水平。

C.3 数字水

"数字水"是一个很大的话题，我们在这里只能介绍几个与水有关的干巴巴的大数字，以期引起大家对水资源问题的重视，这里的素材主要取自 I. 阿西莫夫著的《数的趣谈》。

水是生命之源，大家都知道水的重要性！我们也知道，人类居住的地球大部分都被水包围了。那么，为什么世界上还有那么多的地方喊缺水呢？不妨细心观察一些数据吧！

事实上，整个地球的表面积为 19695000。平方英里（即一亿九千六百九十五万平方英里，1 平方英里＝2.6 平方公里），整个世界海洋的总的表面积为 139480000 平方英里（即一亿三千九百四十八万平方英里）。这样，我们就知道海洋覆盖地球表面的 71%。

我们有必要把海洋的分布状况回顾一下，因为这与降水量密切相关。习惯上，人们把世界上的海洋分成七大洋：北太平

第1章 ◎ 漫谈数字

洋、南太平洋、北大西洋、南大西洋、印度洋、北冰洋、南冰洋。其实从地理学的角度看,它们的界线是很难分得清楚的,而且有那么多的洋,数学上计算起来也很不方便。为了更好地研究水资源问题,地理学家们作了一些约定,把七大洋合并为三大洋来考虑(而且把各种江河(湖)与小溪都归并在各大洋中):太平洋、大西洋、印度洋。经推算,太平洋的表面积为六千八百万(6.8×10^7)平方英里;大西洋的表面积为四千一百五十万(4.15×10^7)平方英里;印度洋的表面积为三千万($=3 \times 10^7$)平方英里。由此可见,太平洋差不多是大西洋和印度洋加起来那么大,而且太平洋本身又比地球陆地全部面积大20%,真是水的世界啊!

  这里,我们仅仅只看到水的表面分布状况。实际上,海洋的深度是不相同的,太平洋不但跨域最大,而且也最深,平均深度约为2.6英里。相比之下,印度洋平均深度约为2.4英里,大西洋则仅约2.1英里。再根据三大洋的表面积与平均深度,我们就可以算出三大洋的体积为:太平洋的体积为一亿七千七百万($=1.77 \times 10^8$)立方英里;大西洋的体积为八千七百万($=8.7 \times 10^7$)立方英里;印度洋的体积为七千五百万(7.5×10^7)立方英里。它们之间大致的比例为2:1:1。三大洋的总共体积达三亿五千九百万($=3.59 \times 10^8$)立方英里,这个数字够可观吧!如果把所有的海水平均分配给世界上的每一个人,那么每个人大约能分得1/20立方英里的海水,如果你对这个数字没有太多感觉的话,换算一下,它大约等于五百亿($=5 \times 10^{10}$)加仑,这个数字够大了吧!每人拥有那么大数量的海水,是否空欢喜一场呢?的确这样,地球上全部水量中目前还不能利用的海水占全部水量的98.4%,而淡水仅占1.6%,也就是说,只有5800000立方英里的淡水。进一步淡水还存在于三相之中:固相、液相、气相。淡水在三相中的分布大致情况为:

冰有 5680000 立方英里；液态淡水大约有 120000 立方英里，水蒸气（液体计）大约有 3400 立方英里。从这里我们又可以看到淡水资源的大部分由于结成冰而不能供人类使用，只剩下 1250000 立方英里的液体和气体形式的淡水，而且剩下的这部分可能蒸发在空气中，不过这部分损失会不断地被雨水所补偿。据估计，全世界陆地面积上的总降雨量达到 30000 立方英里之多，也就是说，每年有 1/4 的淡水源被更换。如果世界上任何地方都不下雨的话，地球上干燥的陆地将真正变得干涸，因为在 4 年内所有淡水都将丧失掉（从这里我们看到"天降甘霖"的含义了）。如果把地球这部水源中最宝贵的部分——可供人们利用的淡水平均地分配给世界上每一个人的话，那么每个人可以得到 20000000 加仑的淡水，而且有 5000000 加仑需要由及时的雨水积累而得到补偿。现在有一个很大的问题是：可供人们利用的淡水资源在地球上的分布又是极不均匀的，有些地区的水资源（如加拿大、澳大利亚等国家）远远超过它们所能耗用的数量，而另一些地区（如中国的中西部）则干涸异常，这仅仅指空间上的分布不均匀。还有时间上的分布不均匀，因为一个地区今年水涝，明年就很有可能是干旱。

谈到这里，我们已经可以得出结论：可供人们利用的淡水资源的数量非常有限，对有些地方来说"水比油贵"并不是一句夸大其词的话。大家也都听说过，中国是世界上淡水资源（人均）最缺乏的国家之一。因此，"节约用水"不能仅仅停留在口号上，更要紧的是要成为每个公民的自觉行为。

第 2 章 认识数的前楼梯

德国哲学家威廉·魏施德写了一本哲学通俗读本取名《后楼梯》，该书以简明、通俗易懂的写作方式，介绍了几位著名的大哲学家的生活习惯及其哲学观点，笔者阅读后颇受启发。作为借鉴，我们把本书的第 2 章的标题取作"认识数的前楼梯"。顾名思义，只有借助前楼梯的帮助，我们才能到达用现代数学的观点认识数的平台。事实上，我们要研究数（认识数）就是研究各种各样的数的集合；研究各类数相互之间的关系；研究数的各种运算及其构造。本章分 4 节，主要介绍集合、关系、映射、运算等预备知识，这里所介绍的内容仅仅为认识数作铺垫，而不是专题研究。通读全章内容之后，你将会发现集合（主要是乘积集）是全章的核心概念，可以毫不夸张地说，只要真正理解乘积集概念，理解其他概念就不再存在多少困难了。

2.1 集 合

大家公认，集合论是整个数学的基础。事实上，不论哪一门数学分支都有自己的研究对象，这些研究对象就是各种各样特定的集合。数学所要研究的主要内容是数与形，有了解析几何，形可以转化为数，因而研究形归根结底要研究数。接受过中等教育的人都很清楚，研究复数必须先研究实数，研究实数又必须先研究有理数（取极限），有理数可归结为整数之比，研究整数又必须先研究自然数。因此，研究数最终归结到研究自然数。自然数的理论又建立在集合论上（公理化定义，后续介绍），因此，集合论在整个数学科学中的地位非常重要。

集合论的思想起源很早。远在集合论创立前的两千多年，古希腊的原子论学派就把直线看成一些原子的排列，集合概念的萌芽已经出现。但集合论作为一门学科，是由德国数学家康托尔（Cantor, 1845~1918 年）首创于 19 世纪 70 年代。集合论的早期工作与数学分析的深入研究密切相关。随着集合论的逐渐系统化，集合论发展为现代数学的一个独立分支。集合论是关于无穷集合与超穷数的数学理论，主要研究无穷集合的各种性质，但也研究有限集合（如有限群）。

集合论的创立是数学发展史上的一个里程碑，它不仅给数学大厦奠定了坚实的基础，而且引发了数学中无穷观的一场革命。"集合论观点"与现代数学的发展不可分割地联系在一起，集合论的思想不仅渗透到现代数学的各个领域，甚至渗透到许多自然科学学科（如物理学、现代力学、生物学等）与社会科学学科（如语言学、经济学等）中，并促进了这些学科的进一步发展。

以下我们介绍集合概念、集合运算的基本知识，此外还介绍与集合论相关的其他几个小话题。

2.1.1 集合概念

张景中院士在他的著作《漫话数学》中说："在数学世界

第 2 章 ◎ 认识数的前楼梯

里,集合就像生活世界里的空气一样无所不在,像空气一样无比重要,像空气一样极为平凡。但到目前为止,集合还没有一个统一的定义,就像空气一样,看不见、摸不着、抓不住。事实上,集合是一个原始概念,即最基本的数学概念"。

张景中院士又说:"它太基本了,基本得无法用其他更基本的东西定义它,而只能由它来定义人家。打个比喻,就像从自然界采集的原材料(如野果子),只能采集而不能用别的原材料制造它。"

尽管这样,还是有不少数学家努力追求用公理化的方法给集合下一个统一的定义。20 世纪初,欧洲有几位著名的数学家在集合公理化定义的探索中取得很大成绩,但后人认为他们仍然没有解决定义中最根本的问题。因此,在数学界基本上达成共识,不必花大力气给集合下统一的公理化定义,而只需给出描述性定义即可。甚至还有人说,连描述性定义的统一性也不必要求,因为描述性定义统一与否并不影响集合论的理论发展。

目前,比较通用而且比较简洁的描述定义为:

"**具有某种特定性质的事物的全体称之为集合,组成集合的每一事物称为该集合的元素。**"

其实,这个描述性定义的本质就是康托尔当年用描述法所给出的集合概念的现代版本。康托尔当年(注:具体日期是 1873 年 12 月 7 日,后人把该日定为集合的生日,并把此时期认作现代数学的开端)是这样描述的:

"把在我们直观或思维中的某些确定的、彼此区别的对象作为一个整体来考虑,称其为(这些对象的)集合,而称这些对象为该集合的元素。"

康托尔还用记号 $x \in S$ 表示对象是集合 S 的元素，或 x 属于集合 S；康托尔还称不含元素的集合为空集，记作 $\varnothing$。

要理解集合概念，以下几个细节需引起注意：

(1) 如今集合论中使用的属于符号"$\in$"，直到 1889 年由意大利数学家佩亚诺（G. Peano，1858~1932 年）在他的著作中才首先使用。他用符号"$\in$"表示属于关系，即 $a \in A$ 就是指 a 是集合 A 的元素。至于 $a \notin A$ 即 a 不是集合 A 的元素是后人创用的。"$\in$"和"$\notin$"是集合论中的一种基本关系，即元素与集合的从属关系。中文字"属于"的笔画有多划，而符号"$\in$"只 2 画，这充分说明使用恰当的数学符号能使得数学事项表述简明扼要。

(2) 空集的符号"$\varnothing$"通常人都认为是希腊字母，读成裴(fi)，这是错误的。在英国的现代中学数学教科书中指出，$\varnothing$ 不是一个希腊字母，而是丹麦字母，应近似地读成欧（O）。符号 $\varnothing$ 出现得很晚，到底由谁首先创用，通常的数学史书上找不到记载。

(3) 集合论中的空集与生活中的"空"有很大差别，在许多场合，空集能客观地反映实际问题的意义。例如，方程 $x^2+1=0$ 在实数范围内无解，于是用 $\varnothing$ 表示该方程在实数集范围内的解集。

(4) 平时学习与使用集合论中的空集符号"$\varnothing$"时，需要对以下几点差别引起注意：

（ⅰ）数字 0 与集合 $\varnothing$ 是不同的：数字 0 代表一个数，可以是某个数集中的元素；集合 $\varnothing$ 是一个集合，绝对不能因为空集中没有元素而误认为是数字 0。

（ⅱ）$\{0\}$ 和 $\varnothing$ 有共同点也有不同点：它们都表示集合，

第 2 章 ◎ 认识数的前楼梯

但 {0} 是指含有一个数 0 的集合；而 ∅ 是指没有任何元素的集合，故 {0}≠∅。

(ⅲ) ∅ 与 {∅} 是两个不同的集合：∅ 表示一个空集，不含任何元素；{∅} 是一个集合，它里面有一个元素即集合 ∅，故 ∅≠{∅}。

(5) "存在"与"虚无"，在具体的现实问题中，人们是很容易区分的。然而在某些抽象科学的研究中（如抽象数学、政治学等），许多人无法（也许是无意）对两者加以区分，这就是通常人们所说的在空集中做文章。在学术大跃进的潮流中，在空集中做文章的现象是普遍存在的。例如，某些加了很多条件的抽象数学问题的解决，其结果看起来很漂亮，但往往没有搞清楚问题本身是否真正存在，也许根本就是在那虚无缥缈的世界（即空集）里绕圈子。

现在，我们再重新回到集合概念上来。按照现代数学的观点，康托尔的集合概念是经离散化等置抽象（即把对象整体离散化）而获得的。也就是说，康托尔舍弃了物质世界和数学对象的所有性质、形式和关系的具体限定性，把它们任意确定的对象汇集抽象为集合模型。再换句话说，集合概念就是对于使对象组成一个整体的"汇集作用"的存在性抽象。对此，前苏联数学家鲁金作了非常好的说明："我们想象的一只封闭的袋子，其中装有某些确定的对象，除此而外别无一物，这只袋子定是表示将对象汇集在一起的作用，由于这个作用才产生了集合。"

下面，我们再介绍著名的美籍华人数学家王浩给出一个在数学界很知名的描述性定义：

"集合是一些预先给出的对象的汇集；对每一给定对象，

如果是否属于某个集合是确定的，则这个集合就是确定的。属于这个集合的对象是这个集合的成员（或元素），而这个集合就是把这些成员集合在一起所形成的单一对象。"

从上述所给出的集合的描述性定义中我们可以看到，"确定性"是集合元素的重要特性，如"著名的科学家"、"好心肠的人"、"高个子学生"这类对象，一般无法构成数学意义上的集合，这是因为我们找不到用以判别每一具体对象是否属于所给集合的明确标准，也就是说在这里缺乏确定性。然而某学校在读全体学生就能组成数学意义上的集合，因为可以根据学籍准确地判断一个人是否为该校的在读学生。当然换作某学校全体学生，其含义还是确定的（包括毕业的学生）。此外，集合的元素还有互异性及无序性等容易理解的特性。

2.1.2 集合的生成原则与集合的表示方法

康托尔在创建他的集合论时，提出两条集合的生成原则，后人又把它们演化成集合的两种表示方法。

首先，集合可按概括性原则生成：$S=\{x \mid p(x)\}$，即给定一个性质 p，所有具有该性质的对象就组成一个集合。例如，$S=\{x \mid x^2-4x+3=0\}$ 就表示方程 $x^2-4x+3=0$ 的解（根）的集合，也就是说 x 是 S 的元素当且仅当 x 要满足方程 $x^2-4x+3=0$。

现在，人们也把 $S=\{x \mid p(x)\}$ 称作集合的描述表示法，描述表示法就是把所给集合的元素的公共属性内涵刻画出来。

其次，集合可按外延原则生成：$S=\{a, b, c, \cdots\}$。集合的这种生成法的实质就是通过元素列举的方式把所给集合表征

第 2 章 认识数的前楼梯

出来，因此，现在人们把 $S=\{a, b, c, \cdots\}$ 称作集合的列举法。例如刚才所举的例子用列举法表示就是 $S=\{1, 3\}$。

学习集合的表示方法时，我们还需要注意以下两个细节问题：

(1) 花括号 { } 蕴涵"所有"的意思，但是 {全体实数}、{一切三角形} 这种写法是不允许的，而 {实数集} 是允许的，这是表示只有一个元素即实数集作元素的集合。

(2) 集合如何表示非常重要，初次接触集合论的人，能做到准确地表示一个集合是很困难的。根据本书作者的体会，许多有待解决的集合论问题，如果能够用集合语言准确地表述出来，那么在该问题解决的道路上就已经成功地迈出了第一步。

2.1.3 子集与集合相等

在集合论中，通常按外延原则定义子集与集合相等。给定两个集合 S_1, S_2，如果对于任意的 $x \in S_1$ 有 $x \in S_2$，则称 S_1 是集合 S_2 的子集，记作 $S_1 \subseteq S_2$ 或者 $S_2 \supseteq S_1$；如果 $S_1 \subseteq S_2$ 而且 $S_2 \subseteq S_1$，那么称集合 $S_1 = S_2$；如果 $S_1 \subseteq S_2$，而且存在 $x \in S_2$ 但 $x \notin S_1$，则称 S_1 是 S_2 的真子集，记作 $S_1 \subset S_2$（或 $S_2 \supset S_1$）。

关于子集与集合相等，下述 3 个细节需要交代：

(1) 符号"$\subseteq$"是刻画集合与集合之间关系的，它与符号"$\in$"的用法是大不相同的，初学集合论者往往把两者混淆起来。符号"$\subseteq$"也是皮亚诺在 1889 年创用的（注：现代数学中用"$\subset$"取代"$\subseteq$"，这样做有利于讨论简便）。

(2) $\varnothing$ 是任何集合的子集，它在集合论中的地位特别重要。事实上，空集在反映集合与集合之间的关系上起到"桥梁"的作用，它可以使一些难以表达的问题（甚至不可能问

题）得到简明扼要的表达。

（3）集合 S_1 与 S_2 相等（通常指两者表述方法不相同即不显性相等的情形），就是指集合 S_1 与集合 S_2 中的元素完全相同，也就是说从本质上看，它们是同一个集合。证明集合相等，通常用左右互相包含的方法来证明，即 $S_1 = S_2$ 当且仅当 $S_1 \subseteq S_2$ 而且 $S_2 \subseteq S_1$（这里不是同义反复！）。

2.1.4 集合运算

集合运算通常包括集合的代数运算与极限运算两部分。集合（列）的极限运算已超出集合论常识的范围，我们这里仅介绍集合的代数运算。

2.1.4.1 集合运算的定义

1) 并

设 A、B 是集合。把所有属于 A 或属于 B 的元素组成的集合，叫做集合 A 与 B 的并，记作 $A \cup B$（读作"A 并 B"），即 $A \cup B = \{x \mid x \in A \text{ 或 } x \in B\}$。

2) 交

设 A、B 是集合。把所有属于 A 而且属于 B 的元素所组成的集合，叫做 A 与 B 的交，记作 $A \cap B$（读作"A 交 B"），即 $A \cap B = \{x \mid x \in A \text{ 且 } x \in B\}$。

3) 差与补

设 A、B 是集合。把属于 A 但不属于 B 的所有元素组成的集合，叫做 A 与 B 的差，记作 $A \setminus B$（读作"A 差 B"），亦即 $A \setminus B = \{x \mid x \in A \text{ 且 } x \notin B\}$；如果 $A \supseteq B$，则称 $A \setminus B$ 为 B 关于 A 的补；设 I 为全集，称 A 关于 I 的补为 A 的补集，简记

第 2 章 ◎ 认识数的前楼梯

作 $A^c=\{x \mid x \notin A\}$,即 $A^c=\{x \mid x \in I$ 且 $x \notin A\}$(在不混淆的情况下,通常约定 $A^c=\{x \mid x \notin A\}$,即 $x \in A^c$ 当且仅当 $x \notin A$)。

关于集合运算的具体例子,我们这里不打算给出(可见任何一本含有集合论内容的教科书),但有几个细节问题需要作说明:

(1) 集合的并是日常生活中"合并"思想在数学中的反映,"并"能扩大疆域、"海纳百川";集合的交是日常生活中"求同"思想在数学中的反映,"交"虽然缩小范围,却能获得共性;集合的补是日常生活中"互补"思想在数学中的反映,"补"能"知己知彼"、"取长补短"。

(2) 符号"∪"与"∩"最早由德国的莱布尼茨给出,他原先用"∪"表示"和",用"∩"表示"乘积",没有被大家采纳。集合论创立后,人们借用它们来表示集合的"并"、"交"运算,沿用至今。

(3) 有了交集的概念,差可以利用交与补表示出来,即 $A \setminus B = A \cap B^c$。中学教材中没有引进差集的概念,也许原因就在这里吧!此外,我们这里所采用的补集记法与中学数学中的补集符号用法略有区别。

(4) 集合的交、并运算与取补运算我们还可以用韦恩(J. Venn)图直观表示,通常用圆、椭圆或矩形的内部形式地表示所给的集合。这种图形只是示意图(不像几何学中的图形要准确),其目的是帮助人们直观地理解集合的运算。

(5) "交"、"并"、"差"、"直积"等运算都可以推广到集族的情形(也就是说任意多个集合的情形)。以下我们对"交"与"并"的情形加以说明。

设 $\{A_\alpha\}_{\alpha \in I}$ 是给定的集族（即对每个足标 α 指定一个集合）。我们分别称

$$\bigcup_{\alpha \in I} A_\alpha = \{x \mid \exists \alpha \in I \text{ 使得 } x \in A_\alpha\} \text{ 与 } \bigcap_{\alpha \in I} A_\alpha = \{x \mid \alpha \in I, x \in A_\alpha\}$$

为集族 $\{A_\alpha\}$ 的并与交。这里的新符号"$\exists$"读作存在，"$\exists \alpha \in I$"即指存在一个足标 $\alpha \in I$。

2.1.4.2 集合的运算律

集合的并、交、补运算满足一系列运算律，它们与传统的数的运算律是有区别的。实际上，这些运算律是以古典逻辑为基础的，它们的证明可直接由定义（左右包含或等价表述）获得，或者利用定义再结合已经获得的运算律推得，在通常的集合论教科书中都能找到，我们这里仅把几条重要而且有特色的运算律罗列出来。设 A、B、C、I 是给定的集合。

(1) 幂等律　　$A \cup A = A$　$A \cap A = A$

(2) 吸收律　　若 $A \subset B$，则 $A \cap B = A$　$A \cup B = B$

(3) 交换律　　$A \cup B = B \cup A$　$A \cap B = B \cap A$

(4) 结合律　　$A \cup (B \cup C) = (A \cup B) \cup C$　$A \cap (B \cap C) = (A \cap B) \cap C$

(5) 分配律　　$A \cup (B \cap C) = (A \cup B) \cap (A \cup C)$
　　　　　　　$A \cap (B \cup C) = (A \cap B) \cup (A \cap C)$

(6) 互补律　　$A \cup A^c = I$　$A \cap A^c = \varnothing$　$(A^c)^c = A$

(7) de Morgan 对偶法则　　$(A \cap B)^c = A^c \cup B^c$
　　　　　　　　　　　　　$(A \cup B)^c = A^c \cap B^c$

2.1.4.3 集合的划分

如果集合 A 能表示成集合的 n 个两两不相交的子集的

第 2 章 认识数的前楼梯

并，即

$$A = \bigcup_{i=1}^{n} A_i \text{ 且 } A_i \cap A_j = \varnothing \, (i,j=1,2,\cdots,n, i \neq j)$$

则称 $\{A_1, A_2, \cdots, A_n\}$ 是集合 A 的一个划分。

集合的划分，也称集合的分解。它是日常生活中"分类思想"在数学中的反映，它在解决与分类有关的数学问题中特别有用。若把集合的并看做是合成，那么集合的划分与并刚好是哲学中分解与合成对立统一辩证思想的体现。两者巧妙结合正是集合论方法在数学各个分支中得以灵活运用的重要途径。

2.1.5 派生新集合的方法

最常见的派生新集合的方法有两种，一种是幂集派生法；另一种是笛卡儿积（简称直积）派生法。笛卡儿积的名称来自笛卡儿坐标平面的直接推广，直积的概念在现代数学中具有特别重要的地位。

2.1.5.1 幂

1) 幂

设 S 是集合。集合 S 的所有子集组成的集合称作 S 的幂集，记作 $P(S)$ 或 2^S，即 $P(S) = \{A \mid A \subset S\}$。

2) 直积

设 A、B 是集合。称 $A \times B = \{(a,b) \mid a \in A, b \in B\}$ 为集合 A、B 的笛卡儿直积，简称直积。最典型的例子是 $\mathbf{R}^2 = \mathbf{R} \times \mathbf{R} = \{(x,y) \mid x, y \in \mathbf{R}\}$。

附录 D 与集合论相关的 3 个话题

在这个附录里，我们介绍与集合论相关的 3 个话题，第 1

个话题对集合论创始人康托尔的生平作简单介绍;第2个话题简介第三次数学危机与公理化集合论;第3个话题介绍集合论的数学教育价值。这里的素材主要来自本书作者编著的《实变函数》。

D.1 集合论创始人 Cantor 简介

康托尔(Cantor)是德国数学家,1845年3月3日出生于俄国的彼得堡,1856年随父母移居德国,1863年入柏林大学,1867年获柏林大学数学博士学位,1869年成为哈雷大学讲师,1872年任副教授,1879年任教授,1884年始患精神分裂症,1918年1月6日病逝于哈雷精神病医院。

康托尔对数学的最大贡献是创立了集合论。19世纪70年代,康托尔以大无畏的顽强精神,敢于向传统挑战,以最具想象力的创造意识创建了他的无穷集合论,首次把哲学中的无穷概念变成精确的数学对象,把数学从潜无穷的观点转移到实无穷上来。康托尔的集合论为奠定(经典)数学的基础立下了不朽功勋。可以说,因为有了康托尔的集合论,今天的基础数学才有生命力。康托尔除了给世人留下他所创建的集合论,留下以他的名字命名的定理外,还留下"对角线方法"、"二分法"、"三分法"、"区间套法"等大量解决数学难题的创造性方法。康托尔认为,在数学中提出问题的艺术要比解决问题的方法更为重要。康托尔留给世人的名言"数学的本质就在于它的充分自由",揭示了数学创造的本质,激励着一代又一代数学工作者勇攀数学科学的高峰。

康托尔的人生道路崎岖不平,失意颇多,遭受了很多不公平的待遇。他受到同时代的一些大数学家(如当时德国的大数

第 2 章 ◎ 认识数的前楼梯

学家 F. 克莱因、H. 庞加莱）的粗暴反对与非难，尤其是受到他的老师克罗内克（Kronecker，1823～1891 年）的强烈压制直至人身攻击、脱离师生关系，使得康托尔在柏林无立足之地。康托尔在一些权威和学者的攻击下，精神崩溃了，他得了抑郁精神病，进入医院治疗。在治疗中他病情一好转就投身到他的集合论研究中，经过反复论证后，最后他充满信心地说："我的理论坚如磐石，任何想要动摇它的人都将是搬起石头砸自己的脚。"

然而，真理是不可战胜的，康托尔最终获得了世界的承认，至今仍享有极高的声誉。20 世纪，世界上最伟大的德国数学家希尔伯特（Hilbert，1862～1843 年）曾说："从远古时代起，无限的概念就比任何其他的概念更激动着人们的感情，彻底弄清这一概念的实质已远远超出了特殊的科学兴趣的范围，它是维护人类智力本身尊严的需要。迄今为止，对'无限'最深刻的洞察要属于康托尔创立的集合论，它与一般哲学理论的关系，要比它与数学的关系更为密切。我认为它是数学天才的最优秀作品，是人类纯智力活动的最高成就之一。因此，没有人能把我们从康托尔为我们创造的乐园中赶走。"俄国著名数学家柯尔莫戈洛夫（Kolmogoror）说："康托尔不朽的功绩在于向无限冒险逼近。"英国哲学家罗素（Russell）把康托尔的工作誉为"可能是这个时代能夸耀的最巨大的成就"。英国数学家弗兰克尔（A. Fraenkel，1891～1965 年）评价更高："康托尔的集合论对于数学，同哥白尼的日心说对于天文学和相对论、量子力学对于物理学一样，具有同样革命的意义。"德国数学家兰道（Landau）说："康托尔和他所代表的一切是永存的，人类应当感谢被赐予康托尔这样一位伟人，未来的一代将从他的著作中受到教益。"

D.2 第三次数学危机与 ZFC 集合论公理系统

康托尔创立（朴素）无穷集合论，为统一数学的尝试提供了新的基础。在19世纪即将结束之际，因为有集合论的成功应用，数学分析基础注入严密性和精确化才得以完成，许多新的数学概念的建立也因集合论的应用终于完善而且统一起来，整个数学呈现出空前繁荣的景象。在1900年第二届国际数学会议上，当时数学界的领袖人物庞加莱（Poincaré）心满意足地宣布："现在我们可以说，数学的完全严格性已经达到了。"但好景不长，这位权威的话音刚落，1901年，英国数学家、哲学家罗素就发现康托尔的朴素集合论中存在悖论，这个悖论的通俗说法就是著名的"理发师悖论"：

有一位手艺高超的乡村理发师，他只给村里一切不给自己刮脸的人刮脸。有人问，这位理发师给不给他自己刮脸？如果他不给自己刮脸，那么他是个不给自己刮脸的人，因此他应该给自己刮脸。如果他给自己刮脸，那么按他自己的约定（不给自己刮脸的人刮脸），他就不应该给自己刮脸。

罗素悖论震撼了整个数学界，动摇了整个数学的基础，引起闻名于世的第三次数学危机。为消除罗素的悖论，人们作了种种努力。德国数学家策墨罗（E. Zermelo）在1908年首先提出一套集合论公理化方案，在这套方案中，有两个不加定义的基本概念，一个是"集合"，另一个是"$\in$"。同时提出一系列集合论公理（详细）限制集合范围的"有限抽象原则"。"有限抽象原则"是说，如果有了一个集合，又给定一个条件，那么这个集合中所有满足那个条件的元素可以构成一个集合。这

第 2 章 ◎ 认识数的前楼梯

个原则的本质就是说,谈论概念的外延要事先划定范围,对于数学家来说,这个基本原则已经够用了,因为他们所研究的集合确实是划了范围的。

后来英国数学家弗兰克尔(A. Franekel)与斯柯伦(Skolem)对策墨罗的公理系统加以改进与补充,建立了如今的集合论公理化系统,简称 ZFC 公理系统,从而避免了集合论已被发现的矛盾。然而,ZFC 公理系统的相容性至今未得到证明。庞加莱对相容性问题作了一个风趣的评论:"为了防备狼,羊群已用篱笆围了起来,但却不知道圈内有没有狼。"

D.3 集合论的数学教育价值

从数学教育价值层面看,集合论的教育功能主要体现在以下 3 个方面:数学语言基本功磨炼功能、整体思想与对立统一辩证思想培育功能以及集合论思想对中学数学指导功能。

D.3.1 数学语言基本功磨炼功能

集合论语言作为现代数学语言的最重要组成部分,它能够简洁、准确地表述各种数学对象和结构。由于它与日常生活语言比较起来具有准确明白的优越性,因此使用它有助于促进人们更加迅速地思考。集合论语言还将许多日常生活语言符号化、形式化,这就有利于电子计算机理解并运用。如果没有集合论语言,编制计算机软件是不可想象的。随着计算机科学的快速发展,集合论语言将会越来越重要。因此,学生学习集合论语言是学好数学的基本功磨炼之一,同时也是为今后的学习和发展打好必需的基本功。

D.3.2 整体思想与对立统一辩证思想培育功能

集合论思想的本质就是整体思想与对立统一辩证思想的融合,更详细地说就是:把要考虑的在某些方面具有共同性质的事物放在一起,并视作一个整体,然后再运用对立统一的辩证观点,去研究它和处理它。因此通过集合论思想的学习,学生能得到哲学中的整体思想以及对立统一辩证思想的熏陶。

D.3.3 集合论思想对中学数学指导功能

从某种意义上说,集合论思想始终贯穿整个中学数学的内容中,集合论思想对中学数学指导主要体现在以下3个方面:

(1) 分类思想(并集思想,分工合作思想)。面对一个要解决的复杂问题,可将该问题研究对象的全体分为若干个两两不相交的部分,然后分别求解或论证,从而整体而全面地将其解决。完全归纳法、分类讨论法就是这种思想的具体体现。遍及中学数学的方程和不等式的解的讨论、几何作图题的讨论、排列组合问题、抽屉原则、整除问题都是分类思想的具体运用。

(2) 求同思想(交集思想)。这是指从问题所涉及的双方或多方事物之间探求共同点(共性),使问题在某个确定范围内得以解决的一种数学思想。待定系数法、求曲线交点就是这种思想的具体体现。

(3) 互补思想(补集思想)。这是指正向思维受阻后改用逆向思维的思维方法。割补法、补集法、反证法就是这种思想的具体体现。

第 2 章 ◎ 认识数的前楼梯

2.2 关 系

在人们生活的现实世界中到处可以见到各种各样的关系。例如，父子、夫妻、兄弟、姐妹、师生、同学、朋友等人际关系；国家和国家之间的敌对、友好、冲突、合作、缓和、援助、制裁等国际政治关系；北京在中国的北部、上海在中国的东部、西藏在中国的西部、广东在中国的南部等地理位置关系；房价随土地价格上涨、房价上涨导致越来越多的低收入普通家庭买不起住房、房价上涨导致大部分工薪阶层的收入相对降低等社会经济关系等。事实上，"关系"是任何系统的生机和活力，没有关系就谈不上系统，只有关系越丰富、越深刻、越复杂，才能保证系统越高级、越活跃、越完善。

从根本上说，数学就是人们给所有模式及其相互关系的集合所起的名字，其中有一些是关于形状的，有一些是关于数字的，还有一些是抽象结构之间的关系。数学的本质在于数量（定量）与质量（定性）之间的相互关系，因此，数学家们研究数的兴趣并不只在数本身，而是还要研究不同数之间的关系。与数学有亲密接触的人，必然看到在数学中到处充斥着诸如"变换"、"对称"、"程序"、"操作"、"序列"等描写事物之间关系的名词。人们有足够的理由说，"关系"是数学的最重要的特征。没有了关系，数学将会成为仅有"数"而没有"学"（寻求规律）的东西；正是因为有了关系，才能让"数"不仅仅是数（量），而且可以变数、模式等，从而使得数学的内涵深刻且丰满。

与其他系统一样，数学系统不仅在于"维持"它的关系，更在于开发、创造关系。利用关系，人们可从已知推未知、从有限推无限、从旧的关系推新的关系，从而使得数学系统日益复杂、完善。

数学中的关系多得不可一一枚举，但其中最根本、最重要也是最容易把握的则是二元关系。下面我们将从二元关系出发，介绍认识（研究）数的过程中要遇到的几种最基本的关系。

2.2.1 二元关系

在这一片段中，我们将介绍二元关系的定义及其相关概念。二元关系的三种表示方法、关系的某些特殊性质、等价关系及序关系。

2.2.1.1 二元关系的定义

1) 关系

设 A、B 是非空集合，笛卡儿积 $A \times B$ 中的一个子集 k 称作从 A 到 B 的一个关系。如果 $(a,b) \in R$，则称 a 与 b 有关系 R（或 R 相关），记作 aRb；如果 $(a,b) \notin R$，则称 a 与 b 没有关系 R，记作 $a\overline{R}b$。特别地，当 $A=B$ 时，则称 R 是 A 上的关系。

2) 定义域与值域

集合 $\{a \mid 存在 b \in B 使得 aRb\}$（$\subseteq A$）称为关系 R 的定义域，记作 $\mathrm{Dom}(R)$；集合 $\{b \mid 存在 a \in A 使得 aRb\}$（$\subseteq B$）称为关系 R 的值域。

3) 象集与原象集

若 $A_0 \subseteq A$，集合 $\{b \mid 存在 a \in A_0 使得 aRb\}$（$\subseteq B$）被称

为集合 A_0 对于关系 R 而言的象集，记作 $R(A_0)$；若 $B_0 \subseteq B$，集合 $\{a \mid$ 存在 $b \in B_0$ 使得 $aRb\}$ 被称为 B_0 对于关系 R 而言的原象集，记作 $R^{-1}(B_0)$。

4）逆关系

若 $R \subseteq A \times B$，那么集合 $\{(b, a) \mid aRb\}$ ($\subseteq B \times A$) 就是从集合 B 到 A 的一个关系，称它为 R 的逆，记作 R^{-1}。

5）复合关系

设 $R \subseteq A \times B$ 是从 A 到 B 的一个关系，$S \subseteq B \times C$ 是从 B 到 C 的一个关系。那么集合 $\{(a, c) \mid$ 存在 $(a, c) \mid$ 存在 $b \in B$ 使得 aRb 且 $bSc\}$ ($\subseteq A \times C$) 是从 A 到 C 的一个关系，并称它为关系 R 与关系 S 的复合，记作 $S \circ R$。

关于二元关系，我们补充下述两个细节：

(1) $A \times B \subseteq A \times B$ 与 $\varnothing \subseteq A \times B$ 是 A 到 B 的两个特殊（极端）关系。

(2) 设 A、B、C、D 是集合，$R \subseteq A \times B$，$S \subseteq B \times C$，$T \subseteq C \times D$，那么由定义（即集合相等）可验证关于逆关系与复合关系具有下述性质：

（ⅰ）$(R^{-1})^{-1} = R$

（ⅱ）$(S \circ R)^{-1} = R^{-1} \circ S^{-1}$

（ⅲ）$T \circ (S \circ R) = (T \circ S) \circ R$

2.2.1.2 二元关系表示

二元关系可用序偶枚举、序偶性质描述以及矩阵的形式来表示。例如，数集 $A = \{1, 2, 3, 4, 5, 6, 7, 8, 9, 10\}$ 上的整除关系 R 可用序偶枚举法表示如下：

$R = \{(1, 1), (1, 2), (1, 3), (1, 4), (1, 5),$

$(1, 6), (1, 7), (1, 8), (1, 9), (1, 10),$
$(2, 2), (2, 4), (2, 6), (2, 8), (2, 10),$
$(3, 3), (3, 6), (3, 9), (4, 4), (4, 8),$
$(5, 5), (5, 10), (6, 6), (7, 7), (8, 8),$
$(9, 9), (10, 10)\}$

这里的关系 R 共用 27 个序偶来表示。很显然，当集合 A 的元素个数很多时，这种表示方法是不可取的。

又如，$A=\{x \mid x$ 是平面上的三角形$\}$，同一平面 A 上的三角形相似关系 R 是 A 上的一个关系，这里的 R 可用序偶性质描述的方法表示如下：

$$R=\{(x,y) \mid x, y \in A \text{ 而且 } x \text{ 与 } y \text{ 相似}\}$$

再如，设 A 为平面上所有直线 l 的集合，B 为同一平面上所有圆 c 的集合。那么直线与圆相切为 A 到 B 的关系 R：

$$R=\{(l,c) \mid l \in A, c \in B \text{ 而且 } l \cap c \text{ 为单点集}\}$$

易见 $R^{-1}=\{(c, l) \mid 圆 c 与直线 l 相切\}$。在这里，给定直线 $l_0 \in A$，l_0 的象 $R(l_0)$ 就是所有与 l_0 相切的圆族；给定圆 $c_0 \in B$，c_0 的原象 $R^{-1}(c_0)$ 就是圆 c_0 的所有切线组成的包络。

二元关系用矩阵表示仅适用于关系的定义域与值域都是有限集（或可列集）的情形（可列集的概念后面将介绍）。

设 $A=\{a_1, a_2, \cdots, a_n\}$，$B=\{b_1, b_2, \cdots, b_m\}$，$R$ 是 A 到 B 的一个关系。令

$$c_{ij}=\begin{cases} 1, & (a_i, b_j) \in \mathbf{R}, \\ 0, & (a_i, b_j) \notin \mathbf{R}, \end{cases}$$

第 2 章 ◎ 认识数的前楼梯

称矩阵 $M(R) = \begin{bmatrix} \phantom{c_{11}} & \phantom{c_{12}} & & \phantom{c_{1n}} \\ c_{11} & c_{12} & \cdots & c_{1n} \\ c_{21} & c_{22} & \cdots & c_{2n} \\ \vdots & \vdots & & \vdots \\ c_{m1} & c_{m2} & \cdots & c_{mn} \end{bmatrix} \begin{matrix} a_1 \; a_2 \; \cdots \; a_n \\ b_1 \\ b_2 \\ \vdots \\ b_m \end{matrix}$

为关系 R 的表示矩阵,也称它是关系 R 的矩阵表示。

例如,$A = \{1,2\}$,$B = \{1,2,3\}$,那么 A 到 B 的"小于"关系"$<$"的表示矩阵为

$$m(<) = \begin{bmatrix} 0 & 0 \\ 1 & 0 \\ 1 & 1 \end{bmatrix} \begin{matrix} 1 \; 2 \\ 1 \\ 2 \\ 3 \end{matrix}$$

又如 $A = \{2,3,5,6,15\}$ 上的整除关系 R 的表示矩阵为

$$M(R) = \begin{bmatrix} 1 & 0 & 0 & 0 & 0 \\ 0 & 1 & 0 & 0 & 0 \\ 0 & 0 & 1 & 0 & 0 \\ 1 & 1 & 0 & 1 & 0 \\ 0 & 1 & 1 & 0 & 1 \end{bmatrix} \begin{matrix} 2 \; 3 \; 5 \; 6 \; 15 \\ 2 \\ 3 \\ 5 \\ 6 \\ 15 \end{matrix}$$

2.2.2 关系的某些特殊性质

设 R 是集合 A 上的关系,$I(A) = \{(x,x) \mid x \in A\}$ 是 A 上的恒同关系,下面陈述的关系的特殊性质将要在后面介绍的等价关系与序关系的讨论中被引用:

(1) 自反性   对所有的 $x \in A$ 有 xRx,即 $I(A) \subset R$。

(2) 对称性   只要 xRy,就有 yRx,即 $R = R^{-1}$。

(3) 反对称性   若 xRy 且 yRx,则 $x = y$。换句话说,若 x

$\neq y$，则$(x,y)\in R$与$(y,x)\in R$不能同时成立。

（4）传递性　若xRy且yRz，则xRz，即$R\circ R\subset R$。

（5）可比性　若$x\neq y$，则xRy与yRx必有一个成立。

（6）三歧性　对任意$x,y\in A$，或$x=y$或xRy或yRx，三者中有且仅有一个成立。如果R在A上满足三歧性，则称R是A上的一个联络）。

关于关系的特性，有以下三个细节需要作说明：

（1）按字面看，R非自反是指存在$x\in A$使得$(x,x)\notin R$，如果从不自反，即对任何$x\in A$有$(x,x)\notin R$，即$I(A)\cap R=\varnothing$，则称R反自反。

（2）由定义，R非对称是指$R\neq R^{-1}$，即存在$(x,y)\in R$但$(y,x)\notin R$。有的书上把反对称性定义作$R\cap R^{-1}=\varnothing$，按上述的反对称性定义看，推不出是否有(x,x)属于R，因此这两种说法是有差别的。

（3）可以由定义证明三歧性与自反性、反对称性、可比性同时成立是等价的。

2.2.3　等价关系与等价类

在这一片段中，我们将介绍等价关系、等价类及商集的基本知识。

2.2.3.1　等价

设R是集合A的一个关系。如果关系R同时具备自反性、对称性、传递性，则称R是A的等价关系，通常把等价关系R简记作"$\sim$"。此时，若有xRy，则简记作$x\sim y$。

"等价关系"是数学中"相等关系"的自然推广。"等价"

第 2 章 ◎ 认识数的前楼梯

实际上也是从日常生活中含义不是很清楚的通俗术语"一样"提炼出来的精确数学术语。"等价"的思想在生活中、科学中的应用是很广泛的。常见的等价关系的例子有：同一个集合中的子集相等关系、给定平面上的直线平行关系、给定平面上的三角形全等及相似关系、整数集上的同余关系都是等价关系，这些例子可用定义直接验证。

2.2.3.2 等价类

如果 R 是集合 A 上的等价关系，对于每个 $x \in A$，称 A 的子集类 $\{y \mid y \in A \text{ 且 } yRx\}$ 为 x 的等价类，记作 $[x]$。任意的 $y \in [x]$ 都被称作等价类 $[x]$ 的代表元素；由关系 R 确定的等价类所组成的集合（簇）$\{[x] \mid x \in A\}$ 被称为集合 A 关于等价关系 R 的商集，简记作 A/R。

"商集"在代数学研究中是一个非常重要的概念。由集合的等价关系求集合的商集有时候是比较困难的，我们这里仅举两个简单的例子。例如，在整数集 Z 中定义关系 R：aRb 当且仅当 $a-b$ 为偶数，易证 R 是 Z 中的等价关系，而且 Z 关于 R 分类，其元素分为两类：一类是偶数其代表可以是 0，记作 $[0]$；另一类是奇数其代表元可取 1，记作 $[1]$。这样 $Z/R = \{[0], [1]\}$。又如，设 $B(\theta, 1)$ 为三维空间中球心在坐标原点半径为 1 的球，在 $B(\theta, 1)$ 中定义关系 R：$(M_1, M_2) \in R$（这里 $M_1, M_2 \in B(\theta, 1)$）当且仅当 $\rho(M_1, \theta) = \rho(M_2, \theta)$（这里的 $\rho(M_1, \theta)$ 表示 M_1 到原点 θ 的距离）。易见 R 是 $B(\theta, 1)$ 中的一个等价关系，而且

$$B(\theta,1)/R = \{\Sigma_M \mid M \in B(\theta,1)\}$$

其中，$\Sigma_M = \{p \mid p \in B(\theta, 1), \rho(p, \theta) = \rho(M, \theta)\}$ 是

球面。

此外，若 R 是集合 A 上的等价关系，由自反性可知，对任何 $x\in A$，$[x]\neq\varnothing$，由传递性可知，若 xRy，则 $[x]=[y]$；再由传递性可知 A 中的每一个元素只能属于一个等价类；把这两条结合起来就是说，对任何 $x,y\in A$ 或者有 $[x]=[y]$ 或者 $[x]\cap[y]=\varnothing$。因此，按集合的等价关系对集合的元素分类满足通常分类必满足的"不漏不重"原则。

2.2.4 序关系

设 R 是集合 A 的一个关系。如果 R 同时具备自反性、反对称性、传递性，则称 R 是 A 上的一个半序（或偏序）；如果半序关系 R 还满足可比性，则称 R 是 A 上的一个全序。半序、全序统称序关系。集合 A 的序关系通常用"<"表示，并记 $(a,b)\in R$ 为 $a<b$，读作 a 在 b 的前面。

关于序关系，有以下几个细节需作说明：

（1）"半序"与"全序"的差别是很大的，在大多数场合下只有半序关系。例如，给定集合 A，按子集的包含关系"$\subset$"幂集 $P(A)$ 是半序集，但不是全序集。

（2）关于半序的定义，在不同的书本上有很大差异，如有的书本把仅满足传递性的关系称作半序；有的书本规定半序必须是反自反的。这里所给出的半序公理是由康托尔与戴德金建立的，康托尔建立半序理论的出发点是实数集中的"$\leqslant$"（即"不大于"），而戴德金建立半序理论的出发点是整数的整除关系。如果人们把半序理论建立的源头追溯到实数集中的通常关系"<"（即"严格小于"）那里，那么这种"半序"必须是反

自反的。

(3) 通常把自反性、反对称性、传递性、可比性合在一起称作全序公理。在前一段的注记中，我们已经提到，自反性、反对称性、可比性同时满足与三歧性满足是等价的。因此，可以把传递性、三歧性合在一起称作全序公理。

(4) 序关系是现代数学中最重要的概念之一，时至今日，序关系已被高度发展与推广，公理化的序数理论为其标志性成果。序关系在日常生活及科学研究中的应用也是非常广泛的。例如，一个词、一句话，字的先后顺序至关重要，"中华"与"华中"是大不一样的。音乐中靠几个简单的音符通过先后排序不同，变出各种各样的优雅乐曲。如果没有序关系，门捷列夫是不可能发现化学元素周期表；如果没有序关系，开普勒不可能发现行星运行三规律；如果没有序关系，日常生活中最简单电话号码本及字典就无法查阅了。生活中的"序关系"升华到数学中，可以极大地丰富数学的内容。例如，我们可以找"字典序"的方法给平面上的点排序（与通常的比大小有区别），可以给自然数集 $N=\{2^k(2j+1) \mid k, j=0, 1, 2, \cdots\}$ 按"字典序"的方法排出与通常的"大小序"差别很大的序来。

2.3 映 射

"映射"是数学中非常重要的一个概念，也是数学研究中的一种重要工具。学习数学与研究数学的人都要与映射打交道，甚至连日常生活中要处理一些复杂的问题也离不开映射。在数学中，映射不是别的东西，只不过是一种特殊的关系罢了。本节将介绍映射的概念极其简单应用。

2.3.1 映射的定义

设 R 是集合 X 到 Y 的一个关系。如果对任一 $x \in X$（简记作 $\forall x \in X$），存在唯一的 $y \in Y$（简记 $\exists ! y \in Y$）使得 xRy，即 $R(x)$ 是单元素集，那么称 R 为集合 X 到 Y 的一个映射。如果对于每个 $y \in Y$，$R^{-1}(y)$ 都是非空集，则称 R 是 X 到 Y 上的满射；如果对每个 $y \in Y$，$R^{-1}(y)$ 至多含有一个元素，则称 R 是 X 到 Y 的单射；如果 X 到 Y 的映射 R 既是单射又是满射，则称 R 是 X 到 Y 的双射。

人们也称集合 X 到 Y 的双射 R 为一一映射。从关系的语言说，就是对任一 $x \in X$，有且仅有一个 $y \in Y$ 使得 xRy；反之，对任一 $y \in Y$，也有且仅有一个 $x \in X$ 使得 $yR^{-1}x$。因此 R 是一一映射当且仅当 R^{-1} 是一一映射。"一一映射"既是一种数学概念，又是一种数学思想方法，更重要的还是研究数学的一种工具，其重要性在后续内容中将会陆续发现。

关于映射有以下几个细节须作说明：

（1）符号"$\forall$"与"$\exists$"，"任意一个"的英语词是"any"，首个字母 a 的大写"A"的上下对称便是"$\forall$"；"存在"的英语词是"exist"，首个字母 e 的大写"E"的左右对称便是"$\exists$"。因此，"$\forall$"可记忆作"倒 A"，"$\exists$"可记忆作"反 E"。这一有趣的解释方式是王祖樾先生告诉笔者的，他说自己没有去考证历史，但在几十年的教学生涯中都是这样对学生说的，学生们对此很感兴趣。

（2）映射，作为集合 X 到 Y 的一种特殊关系，一般记作 $f: X \to Y$，并用 $f(a)=b$ 来代替 $(a, b) \in f$ 或 afb。此时我们规定 X 是映射 f 的定义域。因为映射是一种特殊的关系，

第 2 章 ◎ 认识数的前楼梯

因此对关系有效的所有陈述都自动传承给映射，如逆映射、像集、原象集等。

（3）函数是一种特殊的映射（数集到数集的映射），大家很熟悉，还有一种特殊的映射，称之为泛函映射，它在科学（包括社会科学）研究中具有非常重要的地位。尽管大家不时遇见，但对大多数人来说都会感到陌生。所谓泛函映射 F 就是指函数集合 X 到数集 R 的映射，即 $F：X \to R$，简称泛函。

泛函的核心思想是，为了把纷繁复杂的对象变成可算计（特别是可比较）的数集。以达到预期目的，人们得采取一些"手段"（如"赋值法"、"标量化"）把需研究的对象映射到数集中，这里的"手段"，在实践中并不是很容易寻找出来的。例如，管理科学中的评价映射，尽管专家们研究出各种量化的手段，但在不少场合很有可能是由专家凭经验作心理"赋值"的，尽管它是一种映射，但这种映射往往很难表示出来。

（4）映射在现实生活中的应用很广泛。例如，两个陌生的人见面，想打听对方的姓名时，往往问：你贵姓？中国人都一个人都有一个姓（包括双姓），有了姓氏称呼起来就方便多了。那么姓氏的实质是什么呢？其本质只不过是一种对应，即给每个人一个确定的符号而已。如果用集合 A 表示中国人，集合 B 表示中国的百家姓，那么姓（用 S 表示）就是集合 A 到集合 B 的一个映射，即 $S：A \to B$，例如，S（鲁迅）=周、S（李四光）=李等。

一个人的姓，更全面一点的话，每个人的姓名有什么用呢？其实只不过是为识别用，没有姓名，张三李四怎样区分呢？从数学意义层面看，姓名就是把具体的实物（人）映射到抽象符号，这样做的目的是为了便于识别。也许从这里我们已经初步看到映射在现实生活中的重要性吧！

（5）从定义出发，不难验证，关于映射的象及原象运算具有下述性质：

（ⅰ）设 $f: X \to Y, A, B \subset X$，则有
$$f(A \cup B) = f(A) \cup f(B)$$
$$f(A \cap B) \subset f(A) \cap f(B)$$
$$f(A \backslash B) \subset f(A) \backslash f(B)$$

（ⅱ）设 $f: X \to Y, C, D \subset Y$，则有
$$f^{-1}(C \cup D) = f^{-1}(C) \cup f^{-1}(D)$$
$$f^{-1}(C \cap D) = f^{-1}(C) \cap f^{-1}(D)$$
$$f^{-1}(C \backslash D) = f^{-1}(C) \backslash f^{-1}(D)$$

（6）设 $f: X \to Y$，那么以下命题成立：

（ⅰ）f 是单射当且仅当对任意 $A \subset X$，有 $f^{-1}(f(A)) = A$；

（ⅱ）f 是满射当且仅当对任意 $B \subset Y$，有 $f(f^{-1}(B)) = B$。

2.3.2 映射的简单应用

"映射"在数学中的应用很广泛。我们这里仅介绍映射在两个方面的简单应用，其一是映射在分类中的作用，其二是映射在数学方法论（RMI）中的应用。

2.3.2.1 映射在分类中的应用

我们先看一个趣味题（详见张景中院士著的《漫话数学》）：

"中国象棋棋盘上有一匹马，跳 2001 步，能回到它的出发点吗？"

第 2 章 ◎ 认识数的前楼梯

如果不具备一定的数学才能，也许你要具体地去试这 2001 步的各种跳法吧！数学上可以计算跳法的总数是一个非常巨大的数字，任何一个人在有生之年是不可能把各种跳法都试过的。如果运用数学中的分类方法，这个问题的解决可是最简单不过的事情。如右

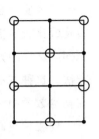

图所示：把棋盘的交叉点交替地染成黑色和白色，按照中国象棋的约定，马走日字，从白只能跳到黑，从黑只能跳到白。这样，跳两步不变色，跳一步变色。2001 是奇数，如从黑点出发跳 2001 步只能跳到白点，因此不可能跳到原处。这是一个从表面看起来很复杂的问题，运用映射的方法，把马步的落脚点映射到黑点或白点上（分两类！），就把问题顺利解决了。其实把映射运用到分类中，在数学中可以解决很多困难的问题。例如，同余理论、抽屉原理、拉姆赛理论等应用非常广泛的数学理论就是映射（观点）在分类中的灵活运用，由于篇幅关系，我们这里不展开讨论。

2.3.2.2 关系映射反演方法

关系映射反演方法的英文全称是 relation mapping inversion，简称 RMI，它是由我国数学家徐利治先生在 20 世纪 80 年代初提出来的。该方法的核心思想如下：

给定一个含有目标原象 x 的关系结构 S，如果能够找到一个可定映射 φ，将 S 映入或映满 S^*，通过一定的数学方法，从 S^* 中把目标映象 $x^* = \varphi(x)$ 确定出来，进而通过反演 φ^{-1}，又把 $x = \varphi^{-1}(x^*)$ 确定出来。这样，原来的问题就得到了解决。

数的家园

从本质上看，关系映射反演方法就是把一种要解决的问题转化成比较简单的或已解决了的问题，通过后者的解决来获得原问题解决的方法。这是数学中一种基本的具有方法论意义的方法。这种方法在解析几何、微积分高等数学中有广泛应用，在初等数学中（如求高次幂）应用也很广。

现在，我们举一个简单的例子予以说明。

例如，我们要解决代数问题，如要证明条件不等式：若 $a>0$，$b>0$ 且 $a+b=1$，则 $\sqrt{(a+2)^2+(b+2)^2} \geqslant \frac{25}{2}$（*）

我们可以转化为解析几何问题：

求证平面上的点 $(-2,-2)$ 到直线段 $a+b=1$（$a>0$，$b>0$）的距离是 $\frac{5}{2}\sqrt{2}$。 （**）

如果问题（**）得到解决，那么问题（*）也得到解决；反之亦然。

接下来，我们再介绍 RMI 的一个特殊情形（$S=S^*$）的应用例子。我们要在实数范围内对 x^4+4 进行因式分解，通常的做法是：

$$x^4+4=x^4+4+4x^2-4x^2=(x^2+2)^2-(2x)^2$$
$$=(x^2+2x+2)(x^2-2x+2)$$

现在，我们运用 RMI 观点对该题的解题过程再作审视。设 φ 为有理多项式集合到自身的映射，即 $\varphi(A)=A+4x^2$，这里 A 是有理多项式。特别地有 $\varphi(x^4+4)=x^4+4+4x^2$，易见反演 φ^{-1} 也是有理数式集合到自身的映射，而且 $\varphi^{-1}(A)=A-4x^2$。这样我们就得到

$$\varphi^{-1}(\varphi(A))=\varphi^{-1}(\varphi(x^4+4))=x^4+4+4x^2-4x^2$$

然后通过对 $\varphi^{-1}(\varphi(A))$ 的分解便得到了原问题的解。从上

所述，我们可以看到，由 $A \to \varphi(A) \to \varphi^{-1}(\varphi(A))$ 是一次完成的，如果 A 加上一个对象，便同时要减去一个对象，这一特点显然源自于 $A \to \varphi(A) \to \varphi^{-1}(\varphi(A))$ 这一否定之否定的过程；从方法论层面看，刚好是 RMI 的特殊情形。其实，这种方法在初等数学中比起 RMI 方法应用还要广泛，常用的"加零法"、"乘一法"就归属它的门下。

2.4 运 算

大家知道，运算是数学中最基本、最普遍的概念与方法，而且对小学数学中学过的数的加、减、乘、除四则运算比较熟悉。我们这里谈论的是一般的运算，一般的运算到底是怎么回事？万变不离其宗，实际上，一般运算就是数的加、乘两种运算的抽象升华。所谓运算，简单地说，就是从给定的东西出发，施行确定的操作手段以获得确定的结果。更明确地说，运算的实质是映射。由此可见，映射进而集合论有多么重要就不言而喻了。在这一节中，我们将介绍代数运算的基本知识。

2.4.1 运算与代数系统

设 A 是给定的非空集合。称集合 $A \times A$ 到 A 中的一个映射 φ 为 A 上的一个运算，并且称 φ 在 A 上封闭。更具体地说，φ 是集合 A 的运算，就是指对 A 中的任意元 a 与 b，存在唯一的元素 $c \in A$ 使得 $\varphi(a, b) = c$。习惯上，人们用 "$\circ$" 代替 φ，即 $c = a \circ b \, (= \varphi(a, b))$，而称 "$\circ$" 是 A 上的一个运算。

如果 "$\circ$" 是 A 上的一个运算，作为一个整体 $\{A, \circ\}$ 被称为具有一个运算的代数系统（简称代数）。如果 "$\circ_1$" 与

"$\circ_2$"都是 A 的运算,作为一个整体,$\{A,\circ_1,\circ_2\}$ 被称为具有两个运算的代数系统。习惯上,一个具有两种运算的代数系统,通常把其中的一个运算"$\circ_1$"叫做加法,并记作 $\oplus$;而把另一个运算"$\circ_2$"叫做乘法,并记作 $\otimes$。

关于运算,有两个细节需要交代:

(1)我们这里仅讨论二元运算。从更广泛的意义上说,还应该有一元运算与多元运算,如在正实数集上的取对数运算及集合的取余运算都是典型的一元运算的例子。

(2)把运算放在很广阔集合框架下讨论,势必应用非常广泛。通常集合的"并"、"交"运算就是地道的代数(二元)运算。如果集合 A 只有有限个元素,A 上的任何运算都可以在表格中进行。

下面我们举几个与常规运算有所差别的例子。

例 1 设 A 是整数集上模 3 的同余类集(即整数被 3 除,余数相同的归在一类),易见 $A=\{[0],[1],[2]\}$。在 A 上可以定义同余类的加法"$\oplus$"与乘法"$\otimes$",其运算结果可列在下述的表格中:

$\oplus$	[0]	[1]	[2]	$\otimes$	[0]	[1]	[2]
[0]	[0]	[1]	[2]	[0]	[0]	[0]	[0]
[1]	[1]	[2]	[0]	[1]	[0]	[1]	[2]
[2]	[2]	[0]	[1]	[2]	[0]	[2]	[1]

例 2 设 $A=\{$立正,向左转,向右转,向后转$\}$;在 A 上规定运算"$\circ$"就是相继喊两次口令,其运算结果可列在下表中(每个口令简化为一个字):

第 2 章 ◎ 认识数的前楼梯

◦	正	左	右	后
正	正	左	右	后
左	左	后	正	右
右	右	正	后	左
后	后	右	左	正

例 3 设 $A=\{1,2,3,4,5,6\}$，在 A 上规定运算"∘"就是把两数相乘，所得的积再除以 7，其余数就是运算的结果。例如，3∘4 的含义就是 3 乘 4 再除以 7 余 5。我们可以把运算结果列在下表中：

∘	1	2	3	4	5	6
1	1	2	3	4	5	6
2	2	4	6	1	3	5
3	3	6	2	5	1	4
4	4	1	5	2	6	3
5	5	3	1	6	4	2
6	6	5	4	3	2	1

2.4.2 运算律

大家知道，在数的运算中加法与乘法都具有结合律与交换律，而且加法与乘法结合在一起满足分配律。这三条运算律对一般运算来说也是最基本的，此外，还有幂等律与消去律等，下面将对这些运算律给出界定。

设 $\{A,\circ\}$ 是给定的具有一元运算的代数系统，通常所说的运算律是指：

(1) 结合律 $\forall a,b,c \in A$，$(a \circ b) \circ c = a \circ (b \circ c)$

(2) 交换律　$\forall a, b \in A, a \circ b = b \circ a$

(3) 幂等律　$\forall a \in A, a \circ a = a$

(4) 消去律　$\forall a, b, c \in A,$

若 $a \circ b = a \circ c$，则 $b = c$（左消去律）

若 $b \circ a = c \circ a$，则 $b = c$（右消去律）

(5) 分配律　设 $\{A, \oplus, \otimes\}$ 是具有二元运算的代数系统，$\forall a, b, c \in A$ 成立，

$a \otimes (b \oplus c) = (a \otimes b) \oplus (a \otimes c)$（左分配律）

$(b \oplus c) \otimes a = (b \otimes a) \oplus (c \otimes a)$（右分配律）

关于运算律，还需要注意以下两个细节：

(1) 很多代数运算不满足交换律，因此消去律与分配律都有左右之分。另外，大家熟悉的实数集中的指数运算 $a \circ b = a^b$（$a > 0$ 且 $a \neq 1$）不仅交换律不成立，而且结合律也不成立。

(2) 如果运算"$\circ$"满足结合律，那么由数学归纳法可以把结合律推广到 n 个元结合的情形，对于分配律也有类似的情况。

2.4.3　群、环、域

对数系的深入研究中，要涉及具备结构特殊的某些代数系统，最常见的有三种：群、环、域。以下对它们作陈述性介绍。

2.4.3.1　群

设 $\{G, \circ\}$ 是具备一元运算的代数系统。如果"$\circ$"满足结合律，则称 G 为半群。

如果半群 G 还满足下列条件：

第 2 章 认识数的前楼梯

(1) 有单位元 存在单位元 $e \in G$,使得 $\forall a \in G$ 都有 $e \circ a = a \circ e = a$;

(2) 有逆元 $\forall a \in G$,都存在逆元素 $a^{-1} \in G$ 使得 $a^{-1} \circ a = a \circ a^{-1} = e$。

则称 G 为群。如果群 G 还满足交换律,则称 G 为阿贝尔(Able)群,也称可交换群。并称结合律、交换律、有单位元、有逆元为可交换群的四公理。

要理解群的概念,还需注意以下三个细节:

(1) 单位元、逆元深入讨论的内容很丰富,通常把阿贝尔群 G 中的运算称作加法,单位元 e 用"0"表示,称为零元;a 的逆元用"$-a$"表示,称为负元,此时 G 就称为加群。

(2) 自然数系对于加法和乘法都构成半群(不是群),有理数系对加法构成加群,非零有理数系关于乘法也构成阿贝尔群。

(3) 可以从群的定义出发证明群中的单位元、逆元都是唯一的,而且消去律一定成立。

2.4.3.2 环

设 $\{A, \oplus, \otimes\}$ 是具有两种运算的代数系统。如果下述 3 条同时满足:

(1) $\{A, \oplus\}$ 是加群,

(2) $\{A, \otimes\}$ 是半群,

(3) A 关于 $\oplus$ 与 $\otimes$ 满足分配律,

则称 A 为环。如果 A 关于"$\otimes$"满足交换律,则称 A 为交换环。

注 前面例 1 中的 $\{A, \oplus, \otimes\}$ 是环,称其为剩余类

环，整数集 Z 关于通常的加法与乘法构成可交换环，详细讨论在后续内容中进行。

2.4.3.3 域

设 $\{F, \oplus, \otimes\}$ 是环，而且 F 中存在非零元。如果下述 3 条同时成立：

(1) F 关于"$\otimes$"具有单位元，

(2) F 中的每一非零元关于"$\otimes$"都有逆元，

(3) F 关于"$\otimes$"满足交换律，

则称 F 为域。

补充以下两个细节，对理解域的概念是有帮助的：

(1) 域其实就是环中的非零元关于乘法构成阿贝尔群。简言之，域 F 就是指具有"$\oplus$"与"$\otimes$"两种运算的代数系统，同时满足下述三个条件：

(ⅰ) F 关于"$\oplus$"构成阿贝尔群；

(ⅱ) $F \setminus \{\theta\}$（这里的 θ 是 F 的零元）关于"$\otimes$"构成阿贝尔群；

(ⅲ) F 关于"$\oplus$"与"$\otimes$"满足分配律。

(2) 从上所述，我们可以看到对域的要求是很高的。但有理数集 $\mathbf{Q}$ 关于有理数的加法与乘法构成域，称其为有理数域。数学中关于域的讨论，其内容是很丰富的，而且不少经典难题的解决离不开域的理论。

2.4.4 同构与扩张

对数系深入讨论中，要涉及代数中的同构与扩张的知识。在这一小段中，我们仅介绍同构与扩张这两个基本概念。

第 2 章 ◎ 认识数的前楼梯

2.4.4.1 同构

设 A 与 B 是具有加法和乘法两种运算的代数系统，如果存在一个一一映射 $\varphi: A \rightarrow B$，使得 $\forall a, b \in A$ 都有

(1) $\varphi(a \oplus b) = \varphi(a) \oplus \varphi(b)$，

(2) $\varphi(a \otimes b) = \varphi(a) \otimes \varphi(b)$，

则称代数系统 A 与 B 同构；映射 φ 被称为 A 与 B 之间的一个同构映射。

进一步，如果 A 与 B 同时又是全序集，而且同构映射 φ 还满足

(3) 若 $a < b$，则 $\varphi(a) < \varphi(b)$，

那么称代数系统 A 与 B 保序同构。并把映射 φ 被称为 A 与 B 之间的一个保序同构映射。

注 上述陈述对于只具有一种代数运算的代数系统仍然有效。由于两个同构的代数系统具有同样的代数性质，因而它们之间除了元素的表示形式不同之外，其代数构造完全相同。在数学中，通常人们对两个同构的代数系统不加以区别。

2.4.4.2 扩张

设 A 是一个代数系统，如果 A 的子集 B 关于 A 的运算仍然构成一个代数系统（在 B 中运算封闭），则称 B 是 A 的一个子代数系统（如子群、子环、子域等）。

如果代数系统 A 与代数系统 C 的一个子代数系统代数同构，则称 C 是 A 的一个扩张。

注 "扩张"在数系研究中是一个非常重要的概念。说得更具体一些，对数系的研究其实质就是研究数系的扩张。

后记　从前面的介绍中,我们已经看到,二元关系是一个特殊的乘积(直积)集的子集,映射是一种特殊的关系,运算又是一种特殊的映射。这样我们有足够的理由说,代数的相关概念都是以集合的直积(子集)概念为基础的。因此,我们说集合的直积是全章的核心概念。

第3章 自然数与整数

本章分3节，即自然数、"0"、负数与整数。第1节重点是对自然数定义加以解读，并添加一些趣味性话题，在写作过程中，作者本人对自然数定义解读的感受较深（体现在正文的评论与附录部分的追问自然数诞生的源头中），企盼能引起阅读者的共鸣；第2节有点像小品文，罗列与"0"相关的事项；第3节主要介绍负数与整数的构造方法及其数系扩张的一般原则，安排在这一节附录中的关于人们对负数认识所存在的误区是有一些借鉴意义的。

3.1 自然数

如果不明白自然数这潭水有多深的人，也许会问：对自然数这么几个干巴巴的数字能弄出什么高深的学问吗？朋友，你是否了解历史上曾经有毕达哥拉斯学派的"万物皆数"的哲学观统领着学术界很长时期吗？这里所说的数就是指自然数与分数。实际上，从古希腊以来，世界上不知有多少绝顶有才华的人投身到这门看似简单却深奥无比（极具诱惑力！）的研究数的学科——数论中，至今还有像"1+1"（哥德巴赫猜想）、孪生数猜想那样的世界级的数学难题困惑着人们。数学王子高斯曾经说过："数学是科学的皇后，数论是数学的皇后。"美国数学家贝克霍夫（G. D. Birkhoff）也说过"有关整数提出的简单

的难题曾经是几个世纪以来振兴数学的一个源泉"。我们这里的开场白关于数论的话题说得那么多,并不是想把读者的注意力吸引到《数论》这门学科中,而是想激发他们对了解自然数本身的兴趣。在这一节中,我们将介绍自然数的定义、自然数的运算及性质、自然数的顺序。此外,我们将自然数诞生的历史背景及若干自然数趣味问题(应用题及难题)安排在附录中。

3.1.1 自然数的定义

形如1,2,3,…这样的数字叫自然数,我们大家读小学的时候都已经知道,现在还提给自然数下什么定义,难道不是多此一举吗?产生这样的疑问,是非常自然的事情。因为自然数对于大多数人来说,真是太基本、太熟悉、太自然了,像1,2,3,…,10不就是人们用手指头数出来的吗?这当然是自然不过的事情!根本不需要去下什么定义,只要一提到它,人们心里就自然明白!一直到19世纪末都没有数学家认真考虑过要给自然数下定义,足以说明人们并没有意识到给自然数下定义的重要性。问题是我们现在回过头认真审视一下开头关于自然数的那句描述,是否只是一种空洞的直观表白(1,2,3为何物?),根本没有说出有什么实质性的东西?在数学发展的历史进程中,也只有在集合论诞生以后,数学家们才开始注意到要用集合论的观点(方法)给自然数下严格的定义。以下我们把自然数的各种定义罗列出来,并用实变函数论的观点简单地加以点评,仅作一家之言供大家参考。

3.1.1.1 自然数的序数定义法

1889年,意大利数学家佩亚诺(G Peano,1858~1932

第 3 章 ⊚ 自然数与整数

年),从"集合"、"后继"及"1"(形式符号)这 3 个原始概念和 5 条公理出发(即皮亚诺自然数公理系统),运用公理化方法建立起自然数的序数理论。以下是皮亚诺给出的自然数的定义(这里把"1"作为首元):

非空集合 N_+ 中的元素叫做自然数。如果 N_+ 中的元素 a 及它的后继 a^+ 满足下述的 5 条公理:

(1) 首元存在　$1 \in N_+$;

(2) 后继存在　若 $a \in N_+$,则存在 $a^+ \in N_+$;

(3) 后继唯一　若 $a^+ = b^+$,则 $a = b$;

(4) 特殊性　1 不是 N_+ 中任何元的后继;

(5) 归纳公理　若 $M \subset N_+$ 满足下述两个条件:

(i) $1 \in M$,(ii) $\forall a \in M$,有 $a^+ \in M$,

则 $M = N_+$。

这是人类历史上第一个用数学公理化方法给出的自然数定义。如果不深入探讨,人们根本难以发现这个普通的数学定义中会含有什么特别的东西。实际上,这个伟大的定义蕴涵着人类最伟大、最深刻的哲理——"…"。"…"——一切尽在不言中,如果用通俗话语把它说穿的话,那就是"就这样继续下去"。再与定义对照一遍,"后继"就是"继续下去"的意思,其他公理一加盟就变成"就这样"继续下去。世界著名数学教育学家弗赖登塔尔曾经说"就这样继续下去"就是数学,而且是最伟大、最重要的数学,也是最深奥的数学。对弗赖登塔尔的话,我们以后再作详细解释。我们首先粗浅地回顾一下,数学归纳法(即归纳公理)、数列求和、数列求极限、函数求极限等数学事项,如果没有"就这样继续下去"给予支持,不是寸步难行吗?

数的家园

顺着时间、按部就班一步一步地走下去，是计数的最基本行为，也是人类的自然本性。喜爱探索是人类的天性，期待（希望）又是人活着的最大动力。其实，这一点与享受音乐是很相似的。听音乐的时候，人们的最佳享受是一种期待的感觉。喜爱音乐的人们都有一种体会，我们听过一首好乐曲之后，会喜欢一遍又一遍地反复聆听，因为心里期待下一个音或下一串音出现。而听到所期待的音之后，我们就体验到一种完成的喜悦。伟大的音乐是我们第一次听到之时，就能立刻爱上的音乐，因为其中的旋律我们能立即接受并开始期待，许多伟大的古典音乐具有简单的主题旋律，于乐曲中再三出现，令我们立即愉悦并期待。

朋友，从自然数定义与音乐享受密切联系这个角度看，我们可以相信佩亚诺的自然数定义中蕴藏着非常丰富的珍宝了吧！我们再换一个角度看，与其说佩亚诺是给出自然数公理化定义的第一人，倒不如说是他第一次给出了构造自然数的方法。他所给出的构造自然数的方法，就是指在一套公理系统的指引与约束下，把自然数一个接一个地造出来。这里首先要假设有一个"1"（抽象符号），然后接着一个一个地加"1"（从稍后的自然数加法定义中马上可以看到"后继"就是加"1"）。于是，运用这种"后继有人"的高明手段就可以把所有的自然数构造出来。这样看起来，德国数学家克罗内克（L. Kronecker）的那句经典名言"自然数是上帝给的，其他一切都是人造的"要改写成"上帝什么事情也没有做，就连自然数也是人造的"。

现在，你是否觉得佩亚诺这样的天才数学家真是了不起？其实，在佩亚诺之前不知有多少默默无闻的数学工作者为之付出艰辛的劳动，他们当中的大多数人都没有得到显性回报。实

第 3 章 自然数与整数

际上,成功者的喜悦往往是建立在失败者的无私奉献的基础上。不管怎样说,像自然数公理化定义这种瑰宝永远值得人类珍惜与发扬光大。

3.1.1.2 自然数的基数定义法

直观地说,自然数的基数定义,就是小学里学过的那种用数"个数"的方法给自然数下的"定义"。这里的定义两字用了引号,言下之意还不是真正的定义。抽象基数只是一种形式上的符号,有限集的基数通常是指有限集的元素的个数。何谓有限集?通常又说元素个数有限的集叫做有限集。绕了一圈把你弄糊涂了吧,由于知识储备不够,在中小学数学里只能这样绕圈子。然而,这在中小学的数学基础上恰恰是说不清楚的。其实,伟大的人类在康托尔创建集合论(1876年)之前都没有真正说明白什么叫有限、什么叫无限,是康托尔首次把可以与自己的真子集对等(即建立一一对应)的集合叫做无限集,无限集总算正式有个名分。随后,在康托尔的基础上,戴德金又把不能与自己的真子集对等的集合叫做有限集,从而有限集也有了自己的正式名分。

以上仅仅是要介绍自然数的基数定义的开场白。像有限集的元素个数,直观上看起来这么简单的东西,数学上要说清楚真的很不容易。19世纪末,康托尔开创的集合论总算把这件事情说清楚了。基数理论(自然数的基数定义作为其特例)的详细内容我们将留在第6章介绍,这里我们想提前介绍一下隐藏在自然数的基数定义之后的伟大宝藏。自然数的基数定义(见第6章)是建立在"一一对应"这个最伟大、最深刻的数学原理之上的,"一一对应"这个法宝是人类智慧的结晶,是人类祖先留传下来的最宝贵的财富（见附录E）。其实，"一一对应"既是人类认识世界的伟大理性思维工具，也是人类创造世界的伟大准则之一。如果没有"一一对应"，人们就根本无法认识世界（混沌一片）；如果没有"一一对应"，人类也根本无法创造出新的世界（不知从何处着手）。通常，人们把"就这样继续下去"与"一一对应"视作是具有同等地位的伟大数学思想，而自然数的两种不同的定义方式正是从不同的角度把它们囊括进去了，真是人间奇迹！

言犹未尽，我们还想关于"一一对应"说几句话。其实，"一一对应"远远不止是一个数学概念。从人文关照角度看，"一一对应"更是为人处世的一个最基本的准则。"一一对应"说穿了就是按规则办事。按规则办事说起来容易做起来难，你我都不可能例外。如果这个世界上多一点"一一对应"的思想，那么贫富差距就不会那么悬殊，从而整个世界要平和许多；如果官场上多一点"责任"与"利益"一一对应的观念，那么贪官污吏就会少许多、国家就会繁荣富强许多、老百姓就会幸福许多……

3.1.1.3 自然数的集合后继定义法

这种定义方法是在自然数的序数定义法的基础上发展起来的，它的观点更高（建立在公理化集合论的基础之上），其代价是理解起来较困难，这里的素材主要来自沈钢编著的《高观点下的初等数学概念》。下面，首先介绍大数学家们发明的用集合表示自然数的方法。

所谓用集合表示自然数，简单地说，就是要把自然数从0开始计起的各数0，1，2，3，…看成各个集合，并形式地表

第 3 章 自然数与整数

示为 $\tilde{0}, \tilde{1}, \tilde{2}, \tilde{3}, \cdots$，并且要求这些集合本身及相互之间的关系都能反映自然数产生的规律。大家知道，自然数产生于"数个数"，而"数个数"每次总是把前面所数过的个数包含在里面。自然数有两个重要特性：每一个自然数不但说明它是第几个，而且还要反映出它包含了多少个。前者是集合论中序数的概念，后者则是集合理论中基数的概念（0 在"数个数"的意思中代表没有）。

以上所述，是集合表示自然数的基本出发点。1908 年，策墨罗（Ernst Zermelo）给出一种表示法：

$$\tilde{0} := \varnothing (\varnothing \text{表示空集}), \tilde{1} := \{\varnothing\}$$
$$\tilde{2} := \{\{\varnothing\}\}, \tilde{3} := \{\{\{\varnothing\}\}\}, \cdots$$

策墨罗的这种表示法存在明显的缺陷，这种表示法只说明了前者为后者的元，也就是 $\tilde{0} \in \tilde{1}, \tilde{1} \in \tilde{2}, \tilde{2} \in \tilde{3}, \cdots$，但"属于"这个逻辑概念未必有"传递性"。由 $\tilde{1} \in \tilde{2}, \tilde{2} \in \tilde{3}$ 未必有 $\tilde{1} \in \tilde{3}$。这样，策墨罗表示自然数的方法就不能使自然数有"属于"的传递性。没有这种传递性就失掉了自然数原有的性质。

无疑，用集合表示自然数是策墨罗首先想到的，但他的表示方法不完善，有待改进。1924 年，匈牙利数学家冯·诺伊曼提出下述表示方法：

$$\tilde{0} := \varnothing, \tilde{1} := \{\varnothing\}, \tilde{2} := \{\varnothing, \{\varnothing\}\},$$
$$\tilde{3} := \{\varnothing, \{\varnothing\}, \{\varnothing, \{\varnothing\}\}\}, \cdots$$

其中 $\varnothing$ 是空集，这样又可重记作：

$$\tilde{0} := \varnothing, \tilde{1} := \{\tilde{0}\}, \tilde{2} := \{\tilde{0}, \tilde{1}\},$$
$$\tilde{3} := \{\tilde{0}, \tilde{1}, \tilde{2}\}, \cdots$$

这里的前者恒属于后面发展出的各个数的集合，也就是有"属于"的传递性，即从 $\tilde{0} \in \tilde{1} \in \tilde{2} \in \tilde{3} \in \cdots$，也有 $\tilde{0} \in \tilde{2}, \tilde{0} \in \tilde{3}, \cdots$，

$\tilde{1}\in\tilde{3}$，…这种可传递性的由来是因为诺伊曼表示法具有"包含"关系：$\tilde{0}\subseteq\tilde{1}\subseteq\tilde{2}\subseteq\tilde{3}\subseteq$…而包含关系总具有传递性。

这样，用冯·诺伊曼给出的自然数的表示方法能够从"个数"和"次序"两个方面刻画各个自然数之间的关系。这种刻画方法的本身说明，我们可以对自然数从构造的观点来阐明它的意义。此外，诺伊曼表示法可写为：$\tilde{0}=\varnothing,\tilde{1}=\tilde{0}\cup\{\tilde{0}\},\tilde{2}=\tilde{1}\cup\{\tilde{1}\},\tilde{3}=\tilde{2}\cup\{\tilde{2}\},$…

受自然数表示的这种一般规律的启示，人们可以建立一般集合的后继定义：

给定任何集合 a，a 的后继集合定义为 a 与 $\{a\}$ 的并，用 a^+ 表示，即 $a^+=a\cup\{a\}$。

集合的后继是公理化集合论中的重要概念，不能用通常（朴素）集合论的观点去理解。于是，运用冯·诺伊曼关于自然数的表示法，我们可以用集合的后继给自然数下定义：

规定 $0:=\varnothing$，$1:=0^+$，$2:=1^+$，一般的，$(n+1):=n^+$，…

这样定义之后，我们就视 0，1，2，…不单是书写的自然数符号，而且也是用后继与空集表出的各个集合。我们把自然数全体组成的集合记为 **N**。

从定义出发，可以证明自然数的后继是唯一的，即命题"对任何 a，$b\in\mathbf{N}$，若 $a^+=b^+$，则 $a=b$"成立。证明的基本思路如下：

因为 $a^+=b^+$，所以 $a\in b^+=b\cup\{b\}$，则 $a\in b$ 或 $a=b$。另外，$b\in a^+=a\cup\{a\}$，则 $b\in a$ 或 $b=a$。故 $a=b$。

从上述介绍中，我们可以看到，用公理化集合论的观点给自然数下定义，实际上就是把佩亚诺的"就这样继续下去"与

第 3 章 ◎ 自然数与整数

康托尔的"一一对应"这两大数学思想有机地统一在一个定义中。其实,"就这样继续下去"与"一一对应"不是别的东西,刚好就是在数学界、哲学界长期争论不休的"潜无穷观"与"实无穷观"的理论基础。冯·诺伊曼的工作真是了不起!这样,自然数的定义在逻辑上讲就是很严密了,但它与一般人的距离却远了。看起来这种理论只能让数学专家们品味,很难走进寻常百姓家。

另外,从哲学层面看,由"∅"出发给自然数下定义,是否刚好应了哲学中那个"虚无生万有"的著名哲学观点。现在大家把"0"作为自然数,其源头就来自这里。在数学界里,曾经对"0"当自然数好还是不当自然数好争论不休,其实争来争去有什么意义呢?人为约定的东西,只要前后不自相矛盾,大家使用起来觉得习惯就行了,根本不存在什么好坏之分!

3.1.1.4 自然数的最小归纳集定义法

这种定义方法又是在前一种方法的基础上提炼出来的。其特点是观点更高,简明扼要(用很短的语句就把很复杂的事情概括进去),其缺点也是理解起来较困难。我们这里仅介绍大概思想。

这里,先建立归纳集的概念,所谓 A 是归纳集,就是指 A 满足以下两个条件:

(1) $\emptyset \in A$;

(2) 对于任何 x,如果 $x \in A$,则 $x^+ \in A$(这里 x^+ 是 x 的后继)。

接着,要给出无穷公理:归纳集是存在的。

然后,再证明存在定理:存在一个最小的归纳集。

有了上述准备,就可以给自然数集下定义了:

最小的归纳集称为自然数集。

在这种情形下,归纳原理的叙述非常简明:N 的任何一个归纳子集与 N 重合。

3.1.1.5 题外话

以上我们介绍了 4 种自然数的不同定义方法,有必要那么哆嗦吗?我们认为:针对不同的阅读对象群应该有不同的回答方式。

对于不专门研究数学的人们而言,根本不需要了解得那么细,什么序数、后继、基数、归纳集,都不是"好东西",这些"货色"不经过仔细琢磨,离生活太遥远了。我们这里所说的话当然是针对抽象理论而言的,但千万不要把隐藏在它们背后的那些非常深刻又浅显的伟大真理跟"污水"一起泼出去呀!像"就这样继续下去"、"一一对应"这些伟大而深刻的思想能用则尽量地用,你如果能用得上,一点都不会让我们吃亏。

对于中小学生来说(大学生不同),认识自然数还是采用"老祖宗"的高招合适。也就是说,利用"有限集"的元素"个数"来理解自然数不会有太多的坏处,真正去追问什么叫 1,2,3? 太困难了! 中小学生们在求学期间应该把宝贵的时间投身到其他更需要应急的东西上,等到将来有一天对这类问题有兴趣了,再慢慢探究也不迟! 但话又得说回来,作为中小学生也必须明白自然数具有基数与序数两重性质的基本道理。

对于创造与传承数学文化的各个阶层的数学老师来说,我

第 3 章　自然数与整数

们建议你至少要认认真真地去了解上述自然数定义中的一种（其实都是相通的！），否则一旦碰到"天才"学生要追根问底，如果我们不能给他说出个所以然来，那么我们自己心里会感到不踏实而紧张的！

此外，还有一点需要给大家交代清楚。上述形形色色的自然数定义已经很复杂了，但最本质的事情还是回避了，那就是无穷集是否存在的问题，这个问题全世界至今都没有解决。数学家们只不过用了一个无穷性公理，假设了无穷集存在。关于这一点，我们可以借用庞加莱那句非常经典的名言"已用篱笆把狼围在羊群外，但不知道羊群内是否有狼"来设问：数学家们已经假设了无穷集存在，但不知道人们如何去认识无穷集？

3.1.2　自然数的运算

有了自然数的公理化定义之后，要定义自然数的加法与乘法是举手之劳的事情。在小学里学的自然数的加法与乘法，其实质是基数意义上的加法与乘法，非常直观，因而很容易理解，但其明显的局限性是从理论上推导运算性质的合理性却非常繁琐（经常要用数学归纳法）。如果用序数意义的归纳原理来定义加法与乘法，其运算性质推导就非常方便。以下我们介绍自然数加法与乘法的归纳定义。

自然数加法是定义在自然数集 N_+（这里假设 $0\notin N_+$）上满足下述性质的二元运算"+"：

(1) $\forall a \in N_+$，有 $a+1=a^+$；

(2) $\forall a, b \in N_+$ 有 $a+b^+=(a+b)^+$。

通常把上述定义中的 $a+b$ 叫做自然数 a 和 b 的和。

自然数乘法是定义在自然数集 N_+ 上满足下述性质的二元

运算"·":

(1) $\forall a \in \mathbf{N}_+$,$a \cdot 1 = a$;

(2) $\forall a, b \in \mathbf{N}_+$,$a \cdot b^+ = a \cdot b + a$。

通常把上述定义中的 $a \cdot b$ 称为自然数 a 与 b 的积。

由定义与归纳原理不难证明：$(\mathbf{N}_+, +)$ 与 $(\mathbf{N}_+, \cdot)$ 都是可交换半群；而且在 $(\mathbf{N}_+, +, \cdot)$ 中满足分配律：

$(a+b) \cdot c = a \cdot c + b \cdot c$ $a \cdot (b+c) = a \cdot b + a \cdot c$

关于自然数的运算，还有以下几点说明需要补充：

(1) 加与乘联系。这可由归纳公理证之。

$\forall a, b \in \mathbf{N}_+$ 有 $a \cdot b = a + a + \cdots + a$（即 b 个 a 相加）

(2) 自然数的减法是加法的逆运算。设 $a, b \in \mathbf{N}_+$ 而且 $a > b$。如果存在 $x \in \mathbf{N}_+$ 使得 $b + x = a$，则称 x 为 a 减去 b 的差，并记作 $a - b$。由定义易见 $b + (a - b) = a$ 成立；但是，$\mathbf{N}_+$ 关于减法运算是不封闭的，也就是说"−"不是 $\mathbf{N}$ 上的二元运算。

(3) 自然数的除法是乘法的逆运算。设 $a, b \in \mathbf{N}_+$，若存在 $x \in \mathbf{N}_+$ 使得 $b \cdot x = a$，则称 x 为 a 除以 b 的商，记作 $a \div b$。由定义易见 $b \cdot (a \div b) = a$ 成立；但是 $\mathbf{N}_+$ 关于除法运算是不封闭的，即"÷"不是 $\mathbf{N}_+$ 上的二元运算。

(4) 今天我们大家普遍采用的数学符号"+"与"−"是由德国数学家魏德曼在 1489 年所著的数学书中首先使用。加号"+"直到 16 世纪之后由德国数学家韦达的提倡与宣传后才开始普及。减号"−"直到 1630 年后才获得大家认可。

(5) 乘号"×"由英国数学家奥特雷德于 1631 年在他的著作中开始使用，而乘号"·"由德国数学家莱布尼茨在 1698 年才开始使用，采用哪个乘号作为通用符号，英德数学

第 3 章 ◎ 自然数与整数

家相持不下。因此,一直到今天,两种符号都继续使用着。此外,今天还多了一种什么都不用的省略乘号,即 $a \cdot b = ab$,很显然省略乘号不宜用于具体数字的运算,而且两个具体的数字相乘只能用"×",如你不能把 3×4 写作 3·4 或 34。使用数学符号时务必要注意使用符号的本来目的,而不要被采用什么记号这种表面现象所迷惑!

(6) 今天,大家所熟悉的除号"÷"是由瑞士数学家拉恩在 1659 年提议使用的。英国数学家奥屈特 1631 年曾经使用":"表示"除"或"比",德国数学家莱布尼茨也曾经提出用":"表示除,当时有人主张用除线"—"表示相除,拉恩提出把两者合二为一。德国数学家德·摩根在 1845 年提议采用斜线"/"代替除线"—",这样做有利于排版,少点篇幅。今天在很多书本中还这样使用。

(7) 今天大家熟悉的等于号"="是由英国数学家雷科德在 1540 年开始使用的,他认为"最相像的两件东西莫过于两条平行线",但直到 17 世纪以后,等号"="才真正被大家普遍使用。

(8) 曾记得有人把数学中的四则运算符号及等号用在人生修养中,很有启发性,现摘录如下:

名利面前不用"+",困难面前不用"—",
是非面前不用"×",朋友之间不用"÷",
付出回报不讲"=",干群关系要用"="。

(9) 最后我们指出:自然数集上的乘法与除法由两条重要定理支配其发挥更大的效能,其中一条是算术基本定理(又名素因子分解定理),另一条是带余除法定理(可由最小数原理推出),这里不再详述。

3.1.3 自然数的顺序

设 $a, b \in \mathbf{N}_+$（我们这里假设 $0 \notin \mathbf{N}_+$）。如果存在 $k \in \mathbf{N}_+$ 使得 $a = b + k$，则称 a 大于 b，记作 $a > b$（或称 b 小于 a，记作 $b < a$）。

自然数集 $\mathbf{N}_+$ 上按定义的顺序关系，在 $\mathbf{N}_+$ 上具有下述性质成立：

(1) 传递性　若 $a, b, c \in \mathbf{N}_+$，而且 $a > b, b > c$，则 $a > c$。

(2) 全序性　若 $a, b \in \mathbf{N}_+$，下面三种关系有且仅有一种成立：
$$a > b, \ a = b, \ a < b$$

(3) 单调性　若 $a, b \in \mathbf{N}_+$ 且 $a > b$，则 $\forall c \in \mathbf{N}_+$，有
$$a + c > b + c, \ ac > bc$$

(4) 离散性　$\forall a \in \mathbf{N}_+$，不存在 $b \in \mathbf{N}_+$ 使得 $a < b < a^+$。

(5) 阿基米德性质　$\forall a, b \in \mathbf{N}_+$，必存在 $k \in \mathbf{N}_+$ 使得 $ka > b$。

(6) 良序性　$\mathbf{N}_+$ 的任何非空子集必有最小数。

上述性质中的 (1)、(3)、(5) 由定义直接可得，(4) 由定义反证可得，(2) 中的仅有一种成立由定义反证可得，有一种成立可用归纳原理证之，思路如下：

任取 $a \in \mathbf{N}_+$，令 $M = \{b \in \mathbf{N}_+ \mid a < b, a = b, a > b$ 中有且仅有一个成立 $\}$。

先证 $1 \in M$；若 $a = 1$ 已证；若 $a \neq 1$，取 $k \in \mathbf{N}_+$ 使得
$$a = k^+ = k + 1 = b + k > b$$

假设 $b \in M$，欲证 $b^+ \in M$，分以下三种情况讨论：

(ⅰ) 若 $a<b$，则有 $a<b<b+1=b^+$ 成立；

(ⅱ) 若 $a=b$，则有 $a<a^+=b^+$ 成立；

(ⅲ) 若 $a>b$，则有 $k\in \mathbf{N}_+$ 使得 $a=b+k$，此时若 $k=1$，则 $a=b+1=b^+$，若 $k\neq 1$，则又有 $m\in \mathbf{N}_+$ 使得 $k=m^+=m+1$，于是有 $a=b+k=b+m+1=b^++m>b^+$ 成立。这样，我们证得 $b^+\in M$。于是由归纳原理有 $M=\mathbf{N}_+$。

良序性证明的基本思想如下：

设 A 是 $\mathbf{N}_+$ 的子集，而且 $A\neq \varnothing$。令 $M=\{b\in \mathbf{N}_+\mid \forall x\in A, x\geq b\}$，易见 $1\in M$，又 $A\neq \varnothing$，任取 $x\in A$，则 $x^+\notin M$。因此 $M\neq \mathbf{N}_+$，由归纳公理可知，必有 $a\in M$ 使得 $a^+\notin M$。下证 $a\in A$。

若 $a\notin A$，则由 $a\in M$ 可知，$\forall x\in A$ 有 $x>a$，从而有 $x\geq a^+$，即 $a^+\in M$ 这与 $a^+\notin M$ 矛盾！因此 $a\in A$，这样 a 就是 A 中的最小元。

我们还可以构造性的方法证明归纳原理与良序性（最小数）原理等价，留给读者自己完成。

3.1.4 追问自然数诞生的源头

追问自然数诞生的源头？话题太难！我们无法保证能提供让大家满意的答案。但是，我们仍然坚持认为做追问尝试性的探索是很有必要的。英国有位数学史家说过："任何一门学科，尤其是数学，如果把历史割断了，其损失是不可想象的。"的确是这样，如果我们不了解自然数在历史发展过程中有那么多轰轰烈烈的故事，那么去学那些干巴巴的数字的理论肯定会觉得很没有趣味。了解一点自然数诞生的历史背景，了解一些关于自然数的人文轶事，也许可以激发学生学习自然数理论的兴趣。

3.1.4.1 先有基数还是先有序数?

世界上只要有数学研究存在,必然有人研究数学的历史,研究数学的历史必然涉及人类计数的历史。因此,全世界对计数历史有所研究的人的数目肯定不是小数目。但是,到目前为止,还没有人确切地知道人类什么时候开始计数,即以数量的方式来计算数目。此外,目前在数学界,甚至还有人在争论到底是先有1,2,3,…这些基数,还是先有第一、第二、第三、……这样的序数(详见马利奥·维利奥的著作《φ的故事》)。基数简单确定了物品的数量多少的品质,如一群孩子的个数;序数却说明了一组具体事物的排列次序,如一个月中的日期或者电影院中的座位号。如果假设人们计数来自简单的日常生活需要,这就说明先产生基数;如果有数学家认为数字可能最初起源于和仪式有关的历史场所,需要在仪式上先定好次序,那么序数概念要比基数概念早产生。按照现代心理学家马斯洛的需求层次分析的观点看,人的生存需要是最基本的需要,尊重需要则是建立在生存需要满足的基础之上。把马斯洛的观点应用到这里,我们倾向于赞同先有基数然后才有序数的观点。

3.1.4.2 基数概念诞生的前奏曲——数觉

追问基数概念诞生的源头并非易事,最早应追溯到事关人类生存的"有"与"无"这两个概念那里,中途经"数觉"概念过渡,最终才慢慢地到达"基数"这个地方。

远在原始社会,人类以狩猎、捕鱼和采集果实为生,人们生存的第一需要是觅得食品,他们捕到鱼、打到猎物,就

第 3 章 ◎ 自然数与整数

"有"了食物，饱餐一顿，一旦运气不佳，捕猎无获，便忍受饥饿。所以，人类对数的最早认识应当是"有"与"无"的概念的形成。"有"便是人们眼中可以看到、手里可以触摸到的所需要的东西。"无"便表示一个与之相反的状况。但是，只有"有"与"无"的概念还不足以解决日常生活中所遇到的问题。例如，食品"有"，但还不够部落成员的需要，于是"有"的概念又进一步发展到了"多"与"少"的概念。这里的"多"与"少"还没有真正涉及事物的数量特征，充其量只不过是有了当今的数学家们所说的"数觉"而已。

"数觉"这个概念，最早由美国数学家丹齐克（T. Dantzig）在一本名为《数，科学的语言》的著作中首先提出。他在该书中开头说道："人类在进化的蒙昧时期，就已经具有一种才能，因为没有更恰当的名字，我姑且叫这种才能为数觉"。

后来，又有数学家把数觉视作是一种"当在一个小集合里增加或减少一样东西的时候，尽管他未直接地知道增减，但能辨认到其中的变化"的才能。

丹齐克本人对靠近澳大利亚的一个土著部落作调查研究，得出人的数觉一般不超过4，同时他还对鸟类做实验，其结果表明有些鸟类也有数觉4。以下是丹齐克讲的故事（详见《φ的故事》）：

"一位乡绅决心射下一只在他领地的瞭望塔上筑巢的乌鸦，他几次想偷袭它，但是都没有成功。每当他准备靠近，乌鸦就离开了它的巢，飞到邻近的一棵树上，警惕地等待。直到乡绅离开塔楼后，它才回到巢内。有一天，乡绅想出了一个主意，让两个人走进塔楼，然后一个人留在里面，另外一个人出来。

但是乌鸦没有受骗,它没有回巢,直到另一个也走出来。第二天实验又继续进行,起初先进去两个人,然后3个、4个,都失败了。最后,让5个人进去,和以前一样,他们进了塔楼后,留一个在里面,其他4人出来后走开。这次乌鸦数错了,它不能区分4和5,于是便迅速地飞回巢内。"

无疑,数觉是人们学会计数的最初始的一种本能。但是,如果人类停留在数觉这个水平上,那么在计算方面,就不会比鸟类有多少进步。可喜的是,伟大的人类终于慢慢地学会应用"一一对应"(今日用语)的技巧来计数,这正是基数概念诞生的前奏曲。

3.1.4.3 "一一对应"是建立基数概念的基础

"一一对应"思想的源头最早可追溯到远古时代。我们先回顾一下与计数有关的两个经典故事。

第一个是关于原始部落族长分配食物的故事。故事的大意是这样的,一个原始部落的族长分配一天所捕获的野兔时,先是给每个人分一只,如果有人没有分到,他就知道今天捕获的野兔太少了;如果每人分得一只还有剩余,他就很高兴地说:"嘿!今天的兔子可真够多的!"要是每人分两只仍有剩余,那他一定会惊叫起来:"啊!今天的兔子实在太多了!"

第二个是古希腊荷马史诗中记载的一个故事。该故事说,波吕斐摩斯被俄底修斯刺瞎后,以放羊为生。他每天坐在山洞口照料他的羊群,早晨母羊出洞吃草,出来一只,他就从一堆石子中捡起一颗石子儿;晚上母羊返回山洞,进去一只,他就扔掉一颗石子儿,当把早晨捡起的石子儿全部扔光后,他就放心了,因为他知道他的母羊全都平安地回到了山洞!

第 3 章 ◎ 自然数与整数

从这两个故事里，我们可以发现，古代人就是运用一一对应的方法来确认事物对象的"多"和"少"的，真是非常了不起。"一一对应"这一最原始、最朴素又最伟大的计数思想是人类祖先留给世人的最宝贵的文化遗产。这种表面看起来如此简单，但背后却隐藏着伟大数学思想的文化宝藏，直至今天，人们也决不能漠视它的存在。

数学历史已经表明，人类发展出基数概念已经很不容易，要追问人类从何时开始发现基数更不容易！不管怎么说，"一一对应"思想是建立基数概念的基础，这是不争的事实。我们可以这样说，没有"一一对应"，就没有基数，没有基数就没有计数，没有计数就没有自然数；没有自然数以及在自然数的基础上发展起来的各种数学，就没有人类文明所取得的所有进步。

3.1.4.4 人类"期待"的天性是序数概念诞生的催生剂

"不满足于现状"，是人类探索大自然、探索人类自身的主要动机，而"期待"却是人类的希望所在。正是这两种人类发展的最基本准则指导着人类对计数的方法作更加深入的探索。作为一种计数方法来说，"基数"是好东西，如果只停留在"基数"的计数水平上，人们老是要找一个标准集合（准则）去做"一一对应"，那不是太麻烦了吗？有人说，成功是由失败堆积起来的，科学也应该不例外吧。经过长期摸索（试错），人们逐渐形成"数"的概念，而这些"数"都是由"石子"一个一个地堆积起来的，而每次添加一个"石子"，"数"都会大起来。一旦这种规律被发现，人们从基数转到序数就是自然而然的事情。例如，人们在数 5 头猪的集合时，"1，2，3，4，

5：5头猪"，这不仅数出猪的数目是5，而且最后一头猪就是第五头猪。在这里，不仅得到基数5，而且还得到序数第五，而且两者好像是同一样东西。进一步，现代集合论已经证明：对于有限集来说，基数与序数是一样的。这样，在基数的基础上，人们自然而然地发展出序数的概念。序数比起基数来，其优点主要体现在序数具有"加法构成"的特点，也就是说所有数字都是通过其他数字相加构成的。我们把这里所谈论的东西实际上就是追问自然数序数定义的历史背景。

3.1.4.5 "一一对应"与"就这样继续下去"并驾齐驱

在前面的论述中，我们仅仅讨论了基数与序数两种计数概念产生的背景。数的概念形成了，如果没有好的表示方法，那么数的理论（尤其是计算方面）就不可能有大的进展。各种记数（书面表达）方法的发现，又是数学史上的另一重大进展，由于篇幅关系，这里不再详细展开。我们认为，争论基数与序数谁先诞生或者基数与序数相比哪个重要，这种问题是没有什么意义的。实际上，数系的发展甚至包括整个数学的发展都是它们共同作用的结果，基数所依靠的是"一一对应"原理，序数所依靠的是"后继"（直观说法是"就这样继续下去"）生成原理，而"一一对应"与"就这样继续下去"这两大数学原理已经深深地渗透进全部数学中，它们为数学这棵苍天大树各自源源不断地奉送养料。这个话题值得深入讨论，但内容非常广泛，我们将另文处理。

综上所述，从最原始的"有"与"无"的概念出发，途经"数觉"这个中间站，沿途发展出"基数"与"序数"两种计数概念，最后发展到把数字作为抽象的数量去理解事物。历时

第 3 章 ◎ 自然数与整数

数千年,而且每个阶段都需要思想上的大飞跃作向导,真不容易啊!

3.1.5 有趣的自然数赋值计算式

"生活处处有数学,处处留心皆学问。"最近,我们偶尔在街头杂志摊上买到一本消遣性杂志《精品文集》,从中看到一篇名为"有趣的计算"的小品文,该文给几组英语单词及词组(金钱、名利、爱情、好运、态度等)赋值得出有趣的数学计算式,颇有趣味。我们将其改编并增加了不少内容(与日常生活密切相关)使其能体现更深刻的人文学意义,与感兴趣的读者共享。

如果给英文字母 $A, B, C, D, \cdots, X, Y, Z$ 这 26 个字母分别赋以自然数值 $1, 2, 3, 4, \cdots, 24, 25, 26$,那么我们可以从几组不同的英语词组中得出非常有趣而且人文意义很深刻的数据(假设 100 为理想值)。

3.1.5.1 金钱、名利、地位

(1) money 的赋值 $= m+o+n+e+y$
$$= 13+15+14+5+25 = 72$$

(2) fame and gain 的赋值 $=$
$$f+a+m+e+a+n+d+g+a+i+n$$
$$= 6+1+13+5+1+14+4+7+1+9+14 = 75$$

(3) standing 的赋值 $= s+t+a+n+d+i+n+g$
$$= 19+20+1+14+4+9+14+7 = 88$$

(注:position 的赋值为 117,超过 100。)

3.1.5.2 爱情、家庭、事业

(1) love 的赋值＝12＋15＋22＋5＝54

(2) family 的赋值＝6＋1＋13＋9＋12＋25＝66

(3) vocation 的赋值＝22＋15＋3＋1＋20＋9＋15＋14＝99

(注：occupation 的赋值为 119，超过 100。)

3.1.5.3 兄弟、朋友、同事

(1) brother 的赋值＝2＋18＋15＋20＋8＋5＋18＝86

(2) friend 的赋值＝6＋18＋9＋5＋14＋4＝56

(3) colleague 的赋值＝3＋15＋12＋12＋5＋1＋7＋21＋5＝81

3.1.5.4 知识、能力、信息

(1) knowledge 的赋值＝11＋14＋15＋23＋12＋5＋4＋7＋5＝96

(2) ability 的赋值＝1＋2＋9＋12＋9＋20＋25＝78

(3) message 的赋值＝13＋5＋19＋19＋1＋7＋5＝69

(注：information 的赋值为 134，超过 100；形容词 informed 的赋值为 84。)

3.1.5.5 权力、领导力、合作

(1) right 的赋值＝18＋9＋7＋8＋20＝62

(2) leadership 的赋值＝12＋5＋1＋4＋5＋18＋19＋8＋9＋16＝97

(3) cooperate 的赋值＝3＋15＋16＋5＋18＋1＋20＋

5＝98

3.1.5.6 好运、努力工作、态度

(1) luck 的赋值＝12＋21＋3＋11＝47

(2) hard work 的赋值＝8＋1＋18＋4＋23＋15＋18＋11＝98

(3) attitude 的赋值＝1＋20＋20＋9＋20＋21＋4＋5＝100

有兴趣的读者不妨再找找其他词组的赋值,并解释其人文学意义。

3.1.6 用自然数堆积的"金字塔"与"宝塔诗"

古埃及的法老们为了自己在死后仍能显示其高贵、尊严和威望,驱使千千万万奴隶修建的金字塔,成为人世间最壮观的奇迹,至今包含着无数未解之谜,又令世人叹为观止。亲爱的读者,你也许已经知道在数学王国中数学家们也建造了许许多多的"金字塔"。我们选其中的两座予以解说。

"金字塔"一:

$$1\times 9+2=11$$
$$12\times 9+3=111$$
$$123\times 9+4=1111$$
$$1234\times 9+5=11111$$
$$12345\times 9+6=111111$$
$$123456\times 9+7=1111111$$
$$1234567\times 9+8=11111111$$
$$12345678\times 9+9=111111111$$
$$123456789\times 9+10=1111111111$$

数 的 家园

这座"金字塔"是如何形成的呢?我们把上述系列等式的等号左侧改写成如下的一般表达式并化简即可推得

$(10^{k-1}+2\times 10^{k-2}+\cdots +k\times 10^{k-k})\times (10-1)+(k+1)$
$=10^k+10^{k-1}+\cdots +10+1=(10^{k+1}-1)/9$

"金字塔"二:

$$9\times 9+7=88$$
$$98\times 9+6=888$$
$$987\times 9+5=8888$$
$$9876\times 9+4=88888$$
$$98765\times 9+3=888888$$
$$987654\times 9+2=8888888$$
$$9876543\times 9+1=88888888$$
$$98765432\times 9+0=888888888$$

这座"金字塔"是如何形成的呢?推导方法与"金字塔"一类似,这里略。

进一步,恭请读者自己造出更多的"金字塔"。

颇有趣味的事情是盛唐有一批大诗人,写了不少"宝塔诗",酷似数学中的"金字塔",现摘录其中几首供欣赏。

《会真记》(《西厢记》的母体)的作者元稹关于"茶"写了一首"宝塔诗",诗云:

茶
香叶,嫩牙。
慕诗客,爱僧家。
碾雕白玉,罗织红纱。
铫煎黄蕊色,碗转曲尘花。
夜后邀陪明月,晨前命对朝霞。

说尽古今人不倦,将如醉后岂堪夸。

唐代大诗人白居易关于"诗"写了一首"宝塔诗",诗云:

诗

绮美,瑰奇。

明月夜,落花时。

能助欢笑,亦伤别离。

调清金石怨,吟苦鬼神悲。

天下只应我爱,世间唯有君知。

自从都尉别苏句,便到司空送白辞。

唐代诗人刘禹锡的《莺·赋春中一物》,写得也极好,堪称宝塔诗中的上品,诗云:

莺

解语,多情。

春将半,天欲明。

始逢南陌,复集东城。

林疏时见影,花密但闻声。

营中缘催短笛,楼上来定哀筝。

千门万户垂杨里,百啭如簧烟景晴。

晚唐文人杜光庭(浙江晋云人)有一首名叫《怀古今》的宝塔诗,把宝塔堆砌到十五层之高,堪称奇迹。诗云:

古,今。

感事,伤心。

惊得丧,叹浮沉。

风驱寒暑,川注光阴。

始炫朱颜丽,俄悲白发侵。

嗟四豪之不返,痛七贵以难寻。

> 夸父兴怀于落照，田文起怨于鸣琴。
> 雁足凄凉兮传恨绪，凤台寂寞兮有遗音。
> 朔漠幽囚兮天长地久，湖湘隔别兮水阔烟深。
> 谁能绝圣韬贤餐芝饵龙？谁能含光遁世炼石烧金？
> 君不见屈大夫纫兰而发谏，君不见贾太傅忌鹏而愁吟。

附录 E　关于自然数的两个话题

E.1　自然数趣味应用题集锦

以下是我们从众多的参考书中挑选出来的自然数趣味性应用题，供有兴趣的阅读者练练拳脚。

应用题 1（四位数翻跟斗）　这里有一段顺口溜："有个四位数，将它乘以九，前后各数字，翻个大跟斗。请君试身手，随即把它揪。"这段顺口溜里的四位数是 1089，你能利用自然数的算理推导出它吗？

应用题 2（叠字诗）　杭州西湖有一处著名景点，叫做九溪十八涧。清代文学家曲园有一首叠字诗，称颂九溪十八涧的妙处：

> 重重叠叠山，曲曲环环路；
> 叮叮咚咚泉，高高下下树。

这首诗的四句，用字规律相同，可以概括成一种形式：

$$AABBC$$

如果在 AA 之间插入一个加号，BB 之间插入一个等号，那么就变成一个十进制数的一个算式：

$$A+AB=BC$$

第 3 章 自然数与整数

你能把 A、B、C 赋以不同的数码,使其算式成立吗?答案是有 4 种不同赋值法,请你试试身手。

应用题 3(宽撒网慢拉绳) 出生在水乡的人可能知道,渔民兄弟常常在河里撒网捕鱼。通常是网撒得很宽,网绳收得很慢,才有可能捕到更多的鱼(前提是河里有鱼!)。这里有一道数字游戏,也需要用撒网捕鱼的方法(比喻)获得更多的答案。这道游戏题是这样的:

请你把数码 1,2,3,4,5,6,7,8,9 这九个数码分成两组,第一组 5 个数码组成五位数,第二组 4 个数码组成四位数,并要求五位数是四位数的 2 倍。在规定的时间内,谁给出的分组方法最多,谁就是这场游戏的得胜者。

你可以动笔试一下,总共只有 12 种分组方法,你能把所有的 12 种方法都找出来吗?进一步,如果把 2 倍换作 5 倍,结论又如何?

应用题 4(一千零一夜) 大家知道,有一本名叫《一千零一夜》的故事书,让世界上多少母子(女)入迷。从数学的角度看,1001 的质因数是 7、11 与 13,即 $1001 = 7 \times 11 \times 13$。

现在请你利用 1001 这个数的特点,把下述大数字中被 □ 盖住的数码找出来:

$$\underbrace{88\cdots 88}_{50 \text{个} 8} \square \underbrace{99\cdots 99}_{50 \text{个} 9}$$

答案是 5,你能详细地给出推导过程吗?

应用题 5(经销商承包) 这是一道速算题。某服装企业有 13579 件服装,分给 9 个经销商承包销售,请你快速算一算,这些待销服装能不能在 9 个经销商中均摊。如果一下子算不出,你在草稿纸上用笔算的方法列出算式就可以了。题目的问题并不在这个具体的数字里面,而是要你给出能被 9 整除的自然数的特征,你能行吗?如果把"9"换作"11",结论又如何?

应用题 6(颠倒相减总是 9) 任给一个两位数,把它们的数码颠倒一下,然后让其中大的数减去小的数,这个程序重复几次,最后得到的数字必是 9。例如,取原数为 92,操作过程为:$92-29=63$,$63-36=27$,$72-27=45$,$54-45=9$。

你能否说出理由?对两位数的一般情形,你认为操作过程至多用几步完成?

应用题 7(一道专栏征题) 1976 年,在美国举行了建国 200 周年纪念活动。在某中学的黑板报的《一日一题》专栏征题中有这样一道题目:1776^{200} 的最后两位数字是什么?你能用自然数的运算方法算出其答案吗?

应用题 8(数学博士猜心术) 某数学博士与一位小学生朋友玩猜数字游戏。游戏玩法如下:

数学博士让小学生朋友心里想好一个大于 3 的任何素数,然后加上 17,最后再除以 12,让小朋友算好所得的余数。小朋友说一声"好了"。数学博士马上问小朋友,你所得的余数是否是某个数?

你知道这个余数是什么数吗?数学博士又是怎样猜中呢?

E.2 自然数趣味难题集锦

到目前为止,研究自然数的数学学科——《数论》中还有许多非常有趣,但不知道怎样征服它们的世界级难题吸引着数学爱好者的眼球,我们从中选择几道初看起来容易接近的趣味问题供有兴趣的阅读者玩玩。

趣味题 1(平方镜反数) 所谓平方镜反数是指这样的一

第 3 章 ◎ 自然数与整数

对数 x 与 y：y 是 x 的镜像数（高位低位转个向）而且 x 的平方数的镜像数刚好就是 y 的平方数。例如，

$$(12)^2 = 144 \qquad\qquad 441 = (21)^2$$
$$(13)^2 = 169 \qquad\qquad 961 = (31)^2$$
$$(112)^2 = 12544 \qquad\qquad 44521 = (211)^2$$
$$(113)^2 = 12769 \qquad\qquad 96721 = (311)^2$$
$$(1112)^2 = 1236544 \qquad\qquad 4456321 = (2111)^2$$
$$(1113)^2 = 1238769 \qquad\qquad 9678321 = (3111)^2$$

这种数的特点由美国一位固态物理学家在 1979 年发现的。试问，你能不能把所有的两位数与三位数的镜反数都找出来呢？位数更高呢？

趣味题 2（数字世界里的黑洞——角谷静游戏） 第二次世界大战期间，美国有一个名叫叙古拉的小镇流行着一种数字游戏：任何一个自然数（不为 0），如果它是偶数，那么就除以 2；如果它是奇数，则将它乘以 3 再加 1。这样反复运算，最终殊途同归得到 1。后来这种游戏传至欧洲，日本人角谷静把它带回日本，称为角谷静游戏。我们可以用分段函数

$$f(n) = \begin{cases} n/2, & n \text{ 为偶数}, \\ 3n+1, & n \text{ 为奇数} \end{cases}$$

来表示这种游戏规则（其中 $n \in \mathbf{N}_+$）。

例如，取 $n=6$，按游戏规则得 $f(6)=3$，对 3 再按游戏规则操作得 $f(3)=10$，如此不断地用函数迭代式计算并用有向线段表示上述过程为

$$6 \to 3 \to 10 \to 5 \to 16 \to 8 \to 4 \to 2 \to 1$$

从上述可见，要从 6 到 1 一共要操作 8 步。

又如取 $n=7$，则有

数的家园

$7 \to 22 \to 11 \to 34 \to 17 \to 52 \to 26 \to 13 \to 40 \to 20 \to 10 \to \cdots \to 1$

从这里可以看到，从 7 到 1 一共要操作 16 步。

如果把 1 视为"黑洞"，它将吸收一切非零自然数，数字世界里的黑洞因此而得名。角谷静猜想是否成立？到目前为止还没有人给出证明。你能否可以在某些特殊情形（加一些限制性条件）下发现一些规律性的东西呢？

趣味题 3（回文诗与回文数字）　所谓回文诗就是一首诗从头到尾念，再从尾到头念，也念出另一首意境很优美的诗来。最令人回味无穷的是苏东坡写过的一首《题金山寺》的回文诗：

潮随暗浪雪山倾，远浦渔舟钓月明；
桥对寺门松径小，巷当泉眼石波清；
迢迢远树江天晓，蔼蔼红霞晚日晴；
遥望四山云接水，碧峰千点数鸥轻。

让我们把这首七律由后往前读下去，就成了：

轻鸥数点千峰碧，水接云山四望遥；
晴日晚霞红蔼蔼，晓天江树远迢迢；
清波石眼泉当巷，小径松门寺对桥；
明月钓舟渔浦远，倾山雪浪暗随潮。

倒过来念的这首诗的意境也很优美吧？

如果把回文诗的含义引申到数学中，就产生出回文数。所谓回文数就是不论从左念到右还是从右念到左都是同一个数。例如，22，686，7337，92529 等都是回文数。只要你花上一定的时间就可把三位、四位数中的回文数都找出来，而且还不难发现有以下的规律：

当 n 位偶数 $2k$ 时，n 位的回文数共有 $9 \times 10^{k-1}$ 个；

第3章 自然数与整数

当 n 为奇数 $2k+1$ 时,有回文数 9×10^k 个。

关于回文数,比较有趣而后很难的问题是下述的回文数猜想:

> 任取一个自然数,与它的倒序数相加,若其和不是回文数,再与其倒序数相加,重复这一步骤,必在有限步内得到一个回文数。

对于具体的数字,请看下面的例子:

83:$83+38=121$。因此 83 经过一步运算就能得到回文数;

68:$68+86=154$,$154+451=605$,$605+506=1111$。这样,68 需要经过 3 步才能得到回文数;

195:$195+591=786$,$786+687=1473$,$1473+3741=5214$,$5214+4125=9339$。这样,195 需要经过 4 步才得到回文数。

趣味题 4(持续步数) 这是一个数字操作问题。人们把某自然数坍缩到个位数所要经历的步数叫做持续步数,操作程序就是把各个数码相乘,把所得到的乘积按同样的程序重复下去。

例如,对 969,第一步,$9\times 6\times 9=486$;第二步,$4\times 8\times 6=192$;第三步,$1\times 9\times 2=18$;第四步,$1\times 8=8$。这样,969 这个数字的持续步数是 4。

现在要问的问题是:你是否可以把所有的两位数、三位数的持续数都找出来?有什么规律吗?进一步要问的问题是:持续步数分别是 1 到 6 的所有数中的最小数分别是什么?你能找出规律吗?

趣味题 5(亲和数) 所谓亲和数是指满足下述条件的甲、乙一对数:

甲的约数之和等于乙，乙的约数之和等于甲。亲和数的最早研究要追踪到毕达哥拉斯时代。

例如，220 的约数是：

1，2，5，11，4，10，22，20，44，55，110

284 的约数是：

1，2，71，4，142

220 的约数之和为：

1+2+5+11+4+10+22+20+44+55+110=284

284 的约数之和为：

1+2+74+4+142=220

因此 220 与 284 是一对亲和数，这也是历史上发现最早的一对亲和数。毕达哥拉斯学派的人曾经说"朋友即另一个自我，恰如 220 和 284 一样"。

亲和数虽然不像完全数那样美妙（等于自己的全体因素之和），但交替后则能两全其美。因此研究亲和数是一件挺有趣的事情。目前，世界上已经找到 1000 多对"亲和数"。但"亲和数"是不是有无穷多对？它们的分布是否有什么规律？至今还没有答案。

趣味题 6（孪生素数） 所谓孪生素数是指一对相邻的素数，即它们的差是 2。例如，3 和 5、5 和 7、11 和 13、41 和 43 等都是孪生素数。孪生素数是否有无穷多对？孪生素数有什么分布规律？这是《数论》中未解决的最困难的问题之一。此外，《数论》中还有完全数、勾股数等经典话题，由于篇幅关系，这里不再介绍。

第 3 章 自然数与整数

3.2 "0"

"0"作为一个数码,如此简单,用一节的篇幅谈论它,是否小题大做?世界上最深刻的哲理往往是最简单的,这从自然数的定义中已可见一斑。世界上最简单的事情,往往最不容易说明白。如"时间",大家都说时间宝贵,那么时间到底是什么呢?大神学家圣·奥古斯丁曾经说"什么叫时间,如果没有人问我,我倒还知道;但是如果我要向问我的人解释什么是时间,那我就不知道了"。数码"0"或者说数字"0",跟"时间"很相似,把它解释得很明白,真的无法做到。有一点是无疑的,"0"在数学中的地位非常特殊非常重要(有人说零的哲学意义要超过数学意义),恩格斯在他的《自然辩证法》一书中曾经说过"零比任何一个数的内容都丰富"。小试牛刀,如果没有"0",自然数的减法运算实施起来很别扭,因为像简单的"$a-a$"等于什么就没有着落;如果没有"0",负数理解起来就很困难;如果没有"0",日常生活中有些量就无法刻画;如果没有"0",近现代数学中的方程概念就无法建立;如果没有"0"……

"0"很特殊、又很重要,但又不像其他数字那样拥有高深的数学理论,"0"完全是人类为了自己方便而硬造出来的,这么不起眼的"小东西"能发挥出那么大的功能,堪称人间奇迹之一吧!本节我们将以轻松愉快的小品文形式向大家推荐数学中"大写"的"0"。

3.2.1 好事多磨的"0"

在 0,1,2,…,9 这 10 个数字中,0 是最晚出现的一个

数的家园

数，比其他数字大约晚了5000年。"0"是一个难以认识的数，当然有其实际背景的。一头牛，两只羊，三棵树都是实实在在的东西，看得见，也摸得着。1，2，3，…，9就是与相应实物相对应的数，从实用的意义上说，它们的产生是自然而然的。而"0"这个非常特殊的数，最初人们只是把它理解为"没有"，既然是"没有"，也就不需要用数字来表达了。

通常认为，现在用的扁圆零的符号"0"是由印度人发明的。而且印度是第一个承认零是一个数而且把零当作数来使用的国家。印度人不把零当作"一无所有"，这是印度人对世界文明的贡献。

印度人在长期的实践中发现：如果计数没有零，将会遇到很多的麻烦。他们开始的时候是由"空"表示零，由于"空"的相隔距离比较难统一，他们便发明了用一个点"·"表示"空"，接着又由"·"演变到空心小圆。然后又经过漫长岁月，又把空心小圆变成当今使用的扁圆零的"0"。英国科学史家李约瑟曾经说：公元876年的瓜廖尔石碑上出现的那小圈就是当今的零的符号。

中国古代没有"0"这个数码，采用不写或空位的方法解决。"零"这个字，中国原来并不表示空无所有的"0"，而是表示"零头"、"零丁"、"零碎"等意思。公元13世纪40年代，中国数学家李冶、秦九韶开始把"0"当一个数码用。

随着阿拉伯数字传入欧洲，数字"0"也很自然地进入欧洲。但罗马教皇认为用罗马人创造的罗马数字来记任何数都绝对够用，而且完美无缺。他们甚至宣布"罗马数字是上帝创造的，今后不允许"0"存在，这个邪物进来会玷污神圣的数"。据传说，第一个使用"0"的学者竟被钉在十字架上，活活被折磨死,其罪名就是否定了"上帝创造物"。

然而,科学的发展自然有其自身的规律,并不是依罗马教皇的意志为转移的。不准使用"0"的禁忌最终还是被打破。

世界上,最早把"0"归在自然数集中的第一个人是策墨罗,时间是 1908 年,他的动机是出自数学科学研究的需要。中国在 1993 年颁布的《中华人民共和国国家标准》中的《量和单位》里规定自然数包括"0"。在中国数学教育界,曾经对"0"作不作自然数的利弊有过不少争论。其实,"0"当不当自然数都是人为约定的,数学王子高斯说得好"在数学中重要的不是符号,而是概念"。如果硬把数学的"规定"死搬到现实生活中,有时候是要闹出笑话的。以下是一则关于波兰数学家谢尔品斯基的真实故事:

有一天,他要搬家,他的夫人把行李拿出来以后对他说:"我去叫辆出租车,你在这看好行李,总共有 10 个箱子。"

过一会儿,他的夫人回来了,他对夫人说道:

"刚才你说有 10 个箱子,可是我数了只有 9 个箱子。"

"不对,肯定是 10 个。"

"说什么呢,我再数一遍,0,1,2,3,…"

从这个故事里,我们能悟出点什么东西吗?

3.2.2 多姿多彩的"0"

关于"0"的地位重要性及其应用广泛性,内容很丰富。我们这里换一种与以往有所不同的叙述方法,即大部分的话题点到为止,而不去作详细点评。

3.2.2.1 数学学科中的"0"

(数位) 数字 88,右边加一个 0 变成 880,扩大 10 倍;中间加一个 0 变成 808，扩大 9 倍；左边加个 0 变成 088，没有意义。

（辅助）"1"是万有，"0"是虚无。一百万个一相加等于 1 后面添六个"0"；没有虚无的"0"辅助，万有的"1"后面要长出很长的尾巴。

（限制）"0"不能作指数和对数的底，"0"不能作对数的真数。

（方程）方程 $ax^2+bx+c=0$ 中的"0"表示平衡。

（代数）零元、零向量、零函数、零矩阵、……

（数论）"0"是模 m 的一个剩余类。

（布尔代数）"0"是与"1"相反的状态。

（概率论）"0"是不可能事件的概率。

（解析几何）"0"数轴原点的坐标。

（微积分）"0"是无穷小量的极限。

……

3.2.2.2　数量界限中的"0"

温度 0 摄氏度；

北京时间 0 点整；

某地海拔 0 米；

……

这里的"0"作为量的界限，有其专门意义。

3.2.2.3　日常生活中的"0"

你身边有多少钱？0 元；

你每月工资结余多少钱？0 元；

第 3 章 ◎ 自然数与整数

你这个月存银行多少钱？0 元；

足球比赛结果如何？0∶0。

这里所有的"0"，其意义解释都不相同。

3.2.2.4 工程技术中的"0"

甲零件加工的要求长度为 18 厘米；乙零件加工的要求为 18.0 厘米。前者的合格范围为 17.5～18.4 厘米，后者的合格范围为 17.95～18.04 厘米。

3.2.2.5 宇宙学中的"0"

宇宙的角动量为 0，总电荷为 0，总能量为 0。

3.2.2.6 数学家（哲学家）眼中的"0"

卡鲁斯·保罗说："无穷是数学魔术的王国，而零这个魔术师是国王。当零乘以任何数时，不论该数之值多大，都把该数变成无穷小；反之，当零作为除数，则又把任何数变成无穷大。在零的领地中，曲可变直，圆可变方。在这里，所有的等级都被废除了，因为零把一切都降到同等水平，在零的统治下，整个王国总是无比快乐。"

数理哲学家罗素说："零涉及下述三个问题：即有关无穷、无穷小和连续性的问题……过去的每一代最聪明的学者都试图攻克这些问题，但是没有成功……直到由维尔斯特拉斯、戴德金、康托尔等德国数学大师的努力才解决了这些问题，并且解决得非常清楚，似乎没有留下任何值得怀疑的地方，这一成就堪称时代的骄傲。"实际上，上述学者们眼中的零并不是真正的零，而是微积分中的无穷小量。否则，在逻辑上将会说不通。

数 的 家 园

3.2.2.7 一则小寓言中的"0"——大零与小零

有一次,一个小的"0"字掉到了一个大的"0"字里,大的"0"字说:"小东西,看,我不知要比你大多少倍!"小的"0"字回答说:"你再大又有什么用呢?还不是跟我一样等于"0"。"

3.2.2.8 "0 的争论"

我国当代著名作家叶永烈(浙江温州人)写了一篇人文寓意很深刻的科普寓言《"0"的争论》(详见欧阳维城著的《寓言与数学》),现将其核心部分摘录如下:

意想不到,一个小小的"0",掀起了一场轩然大波……

风波是由一位化学家引起的。他写了一本关于氧气的书,封面上印着一个巨大的"0"。

化学家在书中写道:"0 是氧的化学元素符号。没有氧就没有生命,0 是一切生物的命根子。"

数学家对此提出异议,认为"0"明明表示什么都没有!但也有数学家说:一切从 0 开始,没有 0 就没有一切!

英文教师对此加以否定,肯定 0 是英文字母,也就是 OK 中的 O,没有 OK,世界哪里还有诗意。

运动员的见解更加新颖:他指出这是运动场中的跑道。任何一个运动场里,都有一个巨大的"0"!

天文学家也许更为高瞻远瞩:他发现"0"是地球绕太阳公转,寒来暑往,在浩瀚的太空中画出的轨迹。

学者们的争论,惊动了鸡和鸭,它们虽然不懂什么化学、数学、天文和外语,但它们可以肯定:"0"是它们刚生下的

第 3 章 自然数与整数

蛋,如此而已,岂有它哉？

鸡的咯咯声和鸭的呷呷声,惊醒了沉睡多年的先圣昔贤们。

15世纪著名的意大利画家达·芬奇发现,"0"原是他当年学画,苦练基本功时画了成千上万次的圆圈。

鲁迅笔下的阿Q很不以为然:"0"是他斩首之前所画的圆圈嘛！令人有点遗憾的是圈而未圆。

这时几何学家发言了:"阿Q没有念过几何学,不懂圆圈的几何原理。其实,即使你的圆圈画得很圆,别人看上去还是不圆,是个'0'。在几何学上,'0'叫做椭圆……"

争论无休无止、旷日持久地进行着。

各有各的一番宏论,谁都以为唯我正确。

争吵声不断传入作曲家的耳朵,他正在构思一首小夜曲。正当UFO专家发表高论,引经据典论证"0"即飞碟的时候,作曲家不得不站出来说话了:"在我看来,'0'是休止符！"说也真灵,作曲家的话竟有那么大的威力,给这场"马拉松"式的争论画上了休止符!

不过,0的争论虽然停止了。但是当作家写出了《0的争论》的文章后,这篇文章的寓意是什么,又引起了新的无休无止的争论。每一位读罢《0的争论》,都可以尽情地依据自己的理解发表宏论……

3.2.3 "0"的特异功能

0是唯一不能做除数的数;

0是唯一没有倒数的数;

0是唯一的既不是正数也不是负数的中性数;

0 是唯一的相反数等于它本身的数；

0 是唯一的平方不是正数的数；

0 是唯一的绝对值不是正数的数；

0 是最小的非负数（不是最小的正数！）；

0 是任意两个互为相反数的和；

0 比任何负数都大，比任何正数都小；

任何数加上 0 或减去 0，结果还是原来的数；

任何数乘以 0，其结果都是 0；

0 被任何数（自身例外）除还是 0；

……

3.3 负数与整数

整数如何构造？说白了就是把"0"与负数很自然地"添加"到正整数集中去。从人类认识"负数"比"自然数"足足晚了几千年这件事情来看，就足以说明要把"负数"人为地加到自然数集中去是很困难的。大家知道，在中学里通常是用描述法定义负数的，如把在自然数前面添一个负号"—"的数叫负整数。又如利用在日常生活中经常遇见同一类意义完全相反的量的具体例子作版本，如果把其中一种量规定为正的，那么与其相对的那种量就规定为负的，正的量用正数表示，负的量用负数表示。仔细听听这些话，似乎有点像牧师在传道。这是一种情景，另外还有一种情景，那就是某些大学老师们写的高观点下的初等数学的书本中，却用与原来的整数面目相差甚远的等价类来讲整数的构造、整数的运算，让那些数学道行不是很高的"门外汉"们听得云里雾里根本找不着北。在这一节中,我们企图在"知识通俗"与"理论高雅"之间寻找合适的平衡点,让数学基础层次不相同的人都能找到一点愿意阅读的感觉。

3.3.1 数系扩充的基本原则与方法

将数系(广义)扩充是数学家的特长与爱好。"扩张"是一般人的天性,但数学家的"野心"特别大,数学家一直在做"扩张"的工作,巴不得地盘越大越好。

现在,让我们看一看数系是如何扩充吧!按照逻辑(理论)的程序,从自然数扩充到实数系的途径(从简单到复杂)应该是:

"自然数" $\xrightarrow{\oplus "0"}$ "非负整数" $\xrightarrow{\oplus 负数}$ "整数" $\xrightarrow{\oplus 分数}$ "有理数" $\xrightarrow{\oplus 无理数}$ "实数"。

但数学历史上,从自然数系扩充到实数系所走的路径却是:

"自然数" $\xrightarrow{\oplus 分数}$ "正有理数" $\xrightarrow{\oplus 个别无理数}$ "正有理数$\oplus$部分无理数" $\xrightarrow{\oplus "0" \oplus 负数}$ "有理数$\oplus$部分无理数" $\xrightarrow{\oplus 无理数构造}$ "实数"。

从这两张不同的表格里,我们可以看出,要完成数系扩充的任务真不容易。幸亏我们今天可以躺在前人的功劳簿上,选择相对轻松的路(即逻辑程序)来观赏数系扩充的全景。

数系扩充有两大指导思想,其一是服从问题解决需要(包括实际应用问题与数学内部问题),满足这种需要完成的数系扩充方法称之为自然扩充法;其二是服从理论潜在可能性(逻辑)需要,相应的,按照逻辑程序完成的数系扩充法称为逻辑扩充法。历史上,从自然数扩充到整数,先是服从实际问题解决需要（又是先实际问题后数学内部问题）进行的，后来又用逻辑扩充法来解释自然扩充的合理性；从整数扩充到有理数，所走的路也是一样的，但更加复杂；唯有从有理数扩充到实数是走逻辑扩充法的路，其中还经历了要解决数学危机必须强加进象$\sqrt{2}$这样的"替代品"到数系里的这种事情。

不管数系扩充走哪一条路，每次扩充时，必须遵循以下三条基本原则：

（1）新数系较原有数系在保证运算通行方面，功能更完备；

（2）新数系的元素，是以原有数系的元素为基础，并以某种特定可行的方法构作而成；

（3）原数系整个地"嵌入"新数系，并和谐地作为其子系统。

3.3.2 整数的自然扩张（生成）法

前面我们已经讲到，自然数的减法是自然数加法的逆运算，有一个很不舒服的地方就是$b-a$仅限于$b>a$时有意义，而且$a-a$是什么无法定义。于是，人们引进符号"0"，规定：$a-a=0$。这样，就把减法的适用范围扩大到$b-a$对$b\geqslant a$有意义，这本身已经是一个很大的进步。受此启示，因为$b<a$就是$a>b$，两个数的顺序前后换一下，不等号刚好相反，因此想到利用$a-b$，但前面说的不等号"反一下"是什么意思，不妨用一个符号"-"添加在$(a-b)$的前面，表示与$(a-b)$相反的意思，即$b-a=-(a-b)$。这样就把减法定义中"$b<a$"无意义这一限制去掉了！再让a取0，b取自然数便引进符号-1，-2，-3，…。现在留下来的问题是：如何在新得到的

第 3 章 自然数与整数

"数"集中定义运算,能保证新运算把关于自然数运算的所有东西都继承下来,而且对新成员也有效?经仔细推敲,焦点将会集中在$(-1)(-1)=?$上,容易猜测应该有$(-1)(-1)=1$。很简单的理由,如果$(-1)(-1)=-1$,那么在保持分配律的前提下将会导出$-2=0$。早期的数学家们都试图证明$(-1)(-1)=1$,甚至伟大的欧拉也曾通过一个不完全令人信服的讨论来证明$(-1)(-1)$ "必须" 等于$+1$。他的理由是:这两个数的乘积必须$+1$或-1,而由$(-1)=(+1)(-1)$,所以$(-1)(-1)\neq -1$。数学家们花了很长的时间后,才意识到这条规则是不能证明的,即无法从自然数运算的三条运算基本规律中推出。它必须是人们为了保证数的运算基本规律(即结合律、交换律、分配律)在新得到的数集仍然有效而创造出来的。实际上,有了$(-1)(-1)=1$这条新规定,并注意到由运算律可推出$0\times a=0$对于任何"整数"都成立,就可以放心地说,把自然数系扩充到整数系的任务已经基本完成了。

3.3.3 整数的逻辑扩张(生成)法

这里所给出的逻辑扩张法是数系扩张的大法,早期的人们并没有用这种方法去构造新的数系。而是现代人把现代代数学的研究成果移植过来的,利用其解释用自然扩张法生成的整数理论的合理性,因此在大学(师范)初等代数研究课程的教学中要注意这个事实,不要偏离背景一味去追求所谓的高观点。

下面我们介绍整数的逻辑构造法大意。

设$M=\{(a,b)|a,b\in \mathbf{N}_+\}$,在$M$中定义关系"$\sim$"如下:
$(a,b)\sim(c,d)$当且仅当$a+d=b+c$

易见"$\sim$"是$\mathbf{N}_+$上的等价关系。

数 的 家 园

与 (a,b) 等价的所有数对记作 $\overline{(a,b)}$，并记 $Z_0=M/\sim$，其中 $M/\sim$ 是 M 关于"$\sim$"的商集，即
$$M/\sim=\{\overline{(a,b)}\mid (a,b)\in M\}$$

在 $M/\sim$ 中规定加法"$+$"与乘法"$\cdot$"及顺序"$\leqslant$"如下：
$$\overline{(a,b)}+\overline{(c,d)}=\overline{(a+c,b+d)}$$
$$\overline{(a,b)}\cdot\overline{(c,d)}=\overline{(ac+bd,ad+bc)}$$
$$\overline{(a,b)}\leqslant\overline{(c,d)} \text{ 当且仅当 } a+c\leqslant b+d$$

容易证明：等价类的运算与代表选取无关，而且加法"$+$"与乘法"$\cdot$"满足数的基本运算律（即结合律、交换律、分配律）；$(M/\sim,\leqslant)$ 是全序集。

这里用到的数学观点很高，要把这里的事情都搞清楚，必须用第 2 章中介绍的相应知识作基础，现代数学基础不够强的阅读者可以跳过这一部分。

接着，我们记
$$N_1=\{\overline{(a,b)}\mid (a,b)\in M, a>b\}$$
$$[0]=\{\overline{(a,a)}\mid (a,a)\in M\}$$
$$N_2=\{\overline{(a,b)}\mid (a,b)\in M, a<b\}$$

又当 $\overline{(a,b)}\in N_1$ 时，任取代表 $(a,b)\in\overline{(a,b)}$，由 $a>b$ 可得 $a=b+c$，这里 $c\in\mathbf{N}_+$，令 $f(\overline{(a,b)})=c$，可以证明 f 的取值与 $\overline{(a,b)}$ 的代表选择无关，而且 f 是 $(M/\sim,\leqslant)$ 的全序子集 $(N_1,\leqslant)$ 到 $\mathbf{N}_+$ 上的保序同构映射。用同样的方法可以找到 N_2 到负整数集 $\{-1,-2,-3,\cdots\}$ 上的保序同构映射。

再令 $\mathbf{Z}=\mathbf{N}_+\cup\{0\}\cup\{-1,-2,-3,\cdots\}$，由刚才所说，我们可以找到 $Z_0=M/\sim$ 到 $\mathbf{Z}$ 上的保序同构映射。这样，我们就获得了整数集 $\mathbf{Z}$ 的构造，而且整数集 $\mathbf{Z}$ 的一些常规运算性质

第 3 章 ◎ 自然数与整数

都成立（在 $M/\sim$ 中或在 $\mathbf{Z}$ 中验证都无妨）。

特别地，在整数自然构造法中提到的乘法规定 $(-1)(-1)=1$，在这里很容易验证，为什么前面要规定，这里可以验证呢？因为这条规定已含在上面的定义（规定）中。此外，从定义出发不难证明：$\mathbf{Z}$ 是全序集但不是良序集；$\mathbf{Z}$ 是有单位元的整环（它的单位元就是自然数 1，0 是加群的零元）；$\mathbf{Z}$ 的任何非空有上（下）界的子集有最大（小）元；带余除法原理在 $\mathbf{Z}$ 上成立，算术基本定理即素因子分解定理（不计因数 ± 1 及素因子的顺序）在 $\mathbf{Z}$ 上仍然成立。同样理由，现代数学基础不够强的阅读者可以用对详细论证予以回避的策略应对之。

上述所做的一切，其宗旨就是解释了通常大家一直在运用的整数运算及其性质的合理性。

3.3.4 为什么人们认识负数那么困难？

由印度人早期（据传是公元 500～600 年）引进的负数，当时的人们为什么那么难理解它？尤其在欧洲，人们不是反对它，就是尽量回避它（见附录），一直等到笛卡儿创立了解析几何（引进今天大家所熟悉的数轴）之后，才给"负数"赋予数的"公民权"。日本数学家小室直树认为，近代资本主义诞生，财产绝对所有权的出现，特别是簿记（记账方式）研发出来之后，才使得"负数"这个英雄有了用武之地。但是，用负债来解释负数，人们还是不能很好地理解其真正含义。债务可以相加是不难理解的，今天我们两个人出去玩，我代你垫了 25 元出租车费，又为你付了公园门票 20 元，这样你就欠我 45 元；债务可以相减也是可以理解的，出租车的钱我代你垫了 25 元，如果公园门票你代我付了 20 元，那么你只欠我 5 元钱了。现在问这两笔债务相乘：$(-25)\times(-20)=25\times20$，又怎么解释呢？直到今天，不少人对商品的负价格（城市垃圾、工业废弃物、废船等棘手东西的价格）以及负收入（企业的折旧大于收入）仍然没有真正理解，甚至连负产出这种概念有不少官员都不明白是怎么回事，不然怎么会有那么多"政绩工程"不计一切后果在上马呢？

"负数"，对普通人来说，难以真正理解是不争的事实。国外有数学家认为，造成负数理解困难的最根本原因之一是负数没有数量感，生理学家对人类大脑构造的特点研究结果表明，人类是通过数量感（只有多少没有方向）认识数的，一旦问题中出现了负数，不仅要考虑其多少，而且还要考虑其方向，这对通常人来说尤其是儿童，就是一件非常困难的事情。尽管这是一家之言，这种观点也许对数学教师的教学活动来说多少有点启示吧！

此外，王祖樾先生对这个问题也有独到之见。他认为：人们之所以在很长历史时期内不能认识负数，是因为人们自身受绝对量观念的长期禁锢与束缚，不能去设想比0还小的数，比"没有"还少的"东西"。只有当这种禁锢与束缚被打破，"负数"才能真正被解放出来。那么打破这种禁锢与束缚的力量是什么呢？他认为："一是外部的社会经济日益发展带来多样化计算的实际需要；二是数学内部动力——减法逆运算的长期冲击。'小数'减'大数'，不能减，减不动，但是滴水可以穿石，为什么不能减出一个新数来呢？一次又一次失败的堆积，最后终于迎来了成功，这个堆积的顶尖处闪耀着一颗'新星'，它就是负数。负数的诞生分两步走：第一步是冠以负数的符号，如婴儿取了名字；第二步是有运算能力即正负号运算法

第 3 章 自然数与整数

则,犹如婴儿慢慢长大学会走路而且独立活动一样,也只有当第二步完成了,才能说真正意义上的负数诞生了,长期被抑制的负数终于被'解放'出来了。历史是如此的巧合,笛卡儿与费尔马创建的解析几何也为负数准备了得以安身立命的家园——数轴的负半轴。再向前走,对负数实施开平方的逆运算,这又孕育了虚数,还有求原函数等。从这里,我们还可以看到,数学上的逆运算是发现新事物的一种内在动力,功不可没啊!"

3.3.5 关于"+,—"符号的逸闻趣事

德国数学家约翰内斯・韦德曼(J. Widmann)在 1489 年出版的《适合所有商业的漂亮敏捷的计算法》中首次使用"+"与"—"这两个符号。起初,这两个符号并不是表示运算符号的加号(+)和减号(—),而是用来表示量的多少,如+1 表示多 1 个,—2 表示少 2 个。

"+"和"—"这两个符号具有两种不同的含义。一种是像+7 的"+"、—8 的"—",表示数字的正值和负值。另一种是作为运算符号在计算中使用。

在 2+3 中,"+"是表示"2 和 3 相加"的运算符号。而在算式 9—5 中,"—"却是表示"从 9 中减去 5"的运算符号。但是,在像 2—5=—3 这样的算式中就不那么简单了。等号左边的"—"是运算符号的减号,等号右边的"—"是代表负值的符号。

一般情况下,正数前的"+"号是被省略的。例如,正 7 写成 7 而不是+7,也不会写成 2+5=+7。由于数学基本上是以"简单最好"为原则的(the simple is the best),在不造

成混淆的前提下，能省略的部分都可以被省略，因此，只要能够明确表明正数和负数的区别，写上"−"作为负数的符号，也就没有必要再一个一个地写上"＋"号了。

在履历表之类的表格中，经常出现"在男或女中选其一画圈或打钩"。从印刷方便的角度来看，只要在两者之间选一种来印刷。与自己的性别不同时，在上面画个叉就行了。可是这样一来，最终会因为选哪种性别来印刷而引发针锋相对的辩论。可见，在这种情况下，"简单最好"就不是一种明智的做法了。

"简单最好"在数学中也不是万能的灵丹妙药，如"2＋3"不能写成23或者"二十三"。作为运算符号的"＋"和"−"是不能被省略的。很有趣的事情是只要在"−"号上添上一笔，它就会摇身一变，变成"＋"号。老师们在批阅试卷时，扣5分记作−5，可转眼之间变成＋5。如果在−100元前加一笔就变＋100元，明明是负债，转眼变成了收入，真高兴！

朋友，对待最简单不过的"＋"与"−"，你可千万要小心啊！一不留神你就可能占了大便宜，一转眼说不定你又要吃大亏！

最近，笔者在 H. W. 伊弗斯的著作《数学圈》中看到坦桑尼亚的一位名叫拉费尔（Raphael Mwajombe）的数学家给了一个绝妙的"负负得正"的证明，现将其大意摘录如下：

假定有个小城，好人进进出出，坏人也进进出出。显然，好人为正而坏人为负。同样，进来为正，出去为负。另外也很清楚，对小城来说，好人进来为正，好人出去为负；坏人进来为负，坏人出去为正。"负负得正"，在这里得到了绝妙的诠释。

第3章 自然数与整数

附录 F 与负数相关的两个话题

F.1 奇言共欣赏——著名数学家论负数

1484 年，法国数学家许凯（Nicolas Chuquet）在《算术三篇》中曾给出了二次方程的一个负根，却又另眼看待，坚决不承认它，说它是荒谬的。

1544 年，意大利数学家卡尔达诺 G. Gardano，1501～1576 年）在《大术》一书中承认方程可以有负根，但又认为是不可能解，负数是"假数"，仅仅是一些记号，只有正数才是真数。

法国大数学家笛卡儿对负数的态度是矛盾的。他开始只部分地接受了它们。他把方程的负根称为假根，因为他们代表比没有还要少的数，但是，他又指出给定一个方程，可以得到另外一个方程，使它的根比原方程的根大任何一个数量。于是一个有负根的方程就可以化成一个有正根的方程了。因而他指出：既然我们可以把假根转化为真根，那么负数也是可以勉强接受的。后来，他又从他自己发明的解析几何中的数轴那里，给"0"赋予在数学中的公民地位。但他始终没有与负数交好。

大思想家帕斯卡则认为从 0 中减去 4，纯粹是胡说八道。他在《思想录》中说到："我了解那些不能明白为什么从零中取出四后还剩零的人。"

众所周知，在正数运算中，分数的分子不变，分母变小，则分数值变大。于是，英国数学家沃利斯在《无穷算术》（1655 年）中尽管承认负数，但他却闹出一个大笑话。他认为

$$负数 = \frac{正数}{-1} \geqslant \frac{正数}{0} = \infty \ (\because -1 < 0)$$

因此负数比无穷大还要大。在今天看来是如此荒唐的结论，在当时，的的确确还是发生了。这表明当时的数学家们并不是很清楚，正数的一切性质及运算规律都不能无条件地搬到负数头上。

帕斯卡的密友，法国数学家兼神学家阿尔诺（A. Arnaula，1612～1694 年）还举出例子进行古怪论证，振振有词地反对负数。他说，若承认

$$\frac{-1}{1}=\frac{1}{-1}$$

而 $-1<1$，那么较小数与较大数的比，怎能等于较大数与较小数之比呢？这个责难引起了许多数学家的争论，如德国莱布尼茨也认为这个责难有道理，因为这种计算形式是正确的。

历史的车轮已经滚进 20 世纪，欧洲数学界仍然有人反对负数。英国的德·摩根（A. De Morgan，1806～1871 年）在《论数学的研究和困难》（1831 年）中，又举出一个具有"说服力"的例子：父亲活 56 岁，他的儿子 29 岁，问什么时候，父亲的岁数将是儿子的 2 倍，他列出方程，设 x 年父是子岁数的 2 倍，即 $56+x=2(29+x)$，解得 $x=-2$。

他由此说，这个结果是荒唐的（事实上，今天来看 $x=-2$ 可以理解为父、子年龄往前退两年便是问题的解）。

方程的负根（涉及负数记号）这个幽灵，弄得欧洲一些数学家晕头转向，处在混沌之中的他们，思维一直没有清醒过来，使得争论达 500 年左右，尽管他们在解方程中不断遇到出现负根这个事实，却自相矛盾地、不公正地对待负数。这称得上是欧洲数学界的"家丑"吧。

第 3 章 自然数与整数

F.2 中国是世界上最早认识负数的国家

中国人对负数的认识和应用比外国早得多,早在 2000 多年前,我们的祖先在筹算中就已经引入了负数,他们用红色算筹表示正数,用黑色算筹表示负数。

《九章算术》对正负数的加减法作了规定,其法则概括如下:

"同名相除,异名相益,正无入负之,负无入正之。"这里所说的是正负数的减法法则。

"异名相除,同名相益,正无入正之,负无入负之。"这里所说的是正负数的加法法则。

句中"同名"是指同号两数;"异名"是指异号两数;"除"是减,"益"是加;"无入"是指没有被减(加)的对方。

我们可以对照一下现代的表达形式。

现代正负数减法法则是:

若 $a>b\geqslant 0$,则 $(\pm a)-(\pm b)=\pm(a\mp b)$;

若 $a>b\geqslant 0$,则 $(\pm a)-(b)=\pm(a\mp b)$;

若 $b>a\geqslant 0$,则 $a-b=-(b-a)$;

若 $b>a\geqslant 0$,则 $-a-(-b)=+(b-a)$。

现代正负数加法法则是:

若 $a>b\geqslant 0$,则 $(\pm a)+(b)=\pm(a\mp b)$;

若 $a>b\geqslant 0$,则 $(\pm a)+(-b)=\pm(a\mp b)$;

若 $b>a\geqslant 0$,则 $(-a)+b=+(b-a)$;

若 $b>a\geqslant 0$,则 $a+(-b)=-(b-a)$。

可见这两条正负数运算法则与我们今天掌握的一样。

公元 263 年,著名数学家刘徽(225~295 年)在给《九

数的家园

章算术》做注解时，曾给负数下过一个确切的定义："今两算得失相反，要令正负以名之。"古代人对负数的理解竟与现代毫无二致。

众所周知，中国古代科技向来都是重应用，而中国作为世界文明古国，在当时已经相当发达，从史料中可以看出，在经济生活中人们经常使用"少多少"、"负多少"这样的概念，有了负债、亏损、盈不足等这些生活经验，从中领会正负数的概念就没有多大困难了。所以，中国人把与正数相反的量叫做负数是有其深刻的社会背景的。

负数概念的提出在数学发展进程中是一个重要的里程碑。中国人很早就提出负数并深刻地认识了它，这在中国数学发展史上也是一件大事，它大大促进了中国数学的进一步发展。

非常遗憾的事情是中国人并没有发明出一种比较先进的数学符号表示负数，从而没有在负数理论研究的进程中作出更大贡献，这是导致负数"发明权"落到了印度人手中的最大原因吧！

第 4 章 有理数与无理数

本章共分 3 节：有理数，无理数与连分数。第 1 节介绍有理数的基本理论及其应用，其中比较深刻的内容是关于有理数的实际应用。第 2 节是本章的重中之重，详细介绍了无理数的三种构造方法，介绍了实数的公理化定义，最后较详细地介绍了无理数 $\sqrt{2}$ 所蕴涵着深刻的数学理论以及它在现实生活中的巧妙应用。第 3 节介绍连分数的基本知识及其连分数在天文学常识中的应用。此外，我们还把与人类的生命意义密切相关的计时源头及计时方法安排在本节附录中介绍。

4.1 有理数

在本书第 1 章中，我们已经提到日常生活中最重要的是度量的数，而度量的数的角色恰好是有理数担任的。因此，我们可以把有理数称作生活的数。既然是生活的数，其地位何等重要就不言而喻了！

现在，人们通常把既约分数（包括正、负分数与零）称作有理数，分数又可表示为有限十进制小数及无限循环小数[①]。因此，有理数理论通常包括分数理论与小数理论两大块。分数

[①] 为节省篇幅，我们把无限循环小数放到下一节讨论。

特别是百分数，在日常经济活动中是经常要与它们打交道，如银行利率、投资收益率、经济增长率、税收增长率、物价指数、股价上涨的百分比等都离不开百分数。因此，作为现代公民掌握分数的基本知识是一种最基本的素质。另外，在全球经济泡沫程度越来越高的背景下，小数在日常生活中的作用似乎越来越小，有不少西方国家的学生根本不喜欢学习令人讨厌的小数。前几年，日本文部省甚至作了规定，只要求学生学好一位小数。实际上，学一些简单的小数理论还是有益处的，某些场合用小数表述要比用分数表述清楚许多。目前世界上，即使历史上一直对小数不太重视的欧美国家，也把掌握简单的小数知识当作公民必须具备的基本素质之一。美国学校数学教育原则和标准中指出："使初中学生达到能进行分数、小数和百分数的灵活等量转换及用不同的策略比较有理数的大小并进行有理数排序的水平。"

我们认为，有理数理论自身不太困难，有理数知识的应用非常重要。因此，在这一节中，我们对有理数的基本理论只作简单的回顾，而把重心放在有理数应用的介绍上。

4.1.1 分数

人们通常对分数（包括整数）与有理数不加区别，因为既约分数（不能再约分）是有理数的主要表现形式。因此，分数讨论好了，有理数的理论也就差不多构建好了。

4.1.1.1 分数的意义及概念

分数产生很早，各文明古国的文化中都有关于分数的知识，特别是古埃及人与中国人在分数创建方面贡献最大。古代

第 4 章 ◎ 有理数与无理数

的中国人不仅采用分数而且对分数的计算作过系统研究,详见后面的背景介绍。

分数产生于测量过程。它被看做是整体或一个单位的一部分,这在数学史中是得到大部分人认同的。分数也可以产生于计算过程,两整数相除,除不尽时就得到分数。正如负整数和零的引入,为没有限制的减法运算开拓了道路,分数引进其目的就是为除法运算扫清类似的算术障碍。两个整数的商 $x=b/a$,由整数的运算等式 $ax=b$ 确定,而且仅当 a 是 b 的因子时,x 才为整数,否则就得引入新的记号 b/a,人们称之为分数,而且把 b 叫做分子,a 叫做分母。分数的引入,使得整个有理数系(包括整数和分数)得以构成,为方便起见,人们把有理数系记作 **Q**。

4.1.1.2 分数的运算

在分数概念构建好的基础上,人们可以很自然地想到要把整数集 **Z** 中的运算延拓到 **Q** 中,而且能保证原有的运算律照旧有效。令人愉快的事情是这样做了之后,不仅四则运算可以无条件地进行,而且其运算结果始终越不出 **Q** 的范围,这就是通常所说的有理数系关于四则运算封闭。用现代数学术语来说,具有四则运算封闭的 **Q** 称为有理数域。

为方便起见,人们通常先在正有理数集(记作 $\mathbf{Q}_+$)中定义运算及顺序。

事实上,正分数的相等、大小比较、四则运算最终都可以归结到自然数的相应事项上,即

$$\frac{b}{a}=\frac{d}{c} \text{当且仅当} ad=bc$$

$$\frac{b}{a} > \frac{d}{c} \text{ 当且仅当 } bc > ad$$

$$\frac{b}{a} < \frac{d}{c} \text{ 当且仅当 } bc < ad$$

$$\frac{b}{a} \pm \frac{d}{c} = \frac{bc \pm ad}{ac}$$（其中减法只能在 $bc > ad$ 的条件下进行）

$$\frac{b}{a} \cdot \frac{d}{c} = \frac{bd}{ac}$$

$$\frac{b}{a} \div \frac{d}{c} = \frac{b}{a} \times \frac{c}{d} = \frac{bc}{ad} \quad (c \neq 0)$$

在上述约定之下，我们从定义出发可以证明 $\mathbf{Q}_+$ 有下列特性：

$(\mathbf{Q}_+, +)$ 与 $(\mathbf{Q}_+, \cdot)$ 都是阿贝尔群；$(\mathbf{Q}_+, \leqslant)$ 是良序集；阿基米德性质在 $(\mathbf{Q}_+, \leqslant)$ 上成立；$(\mathbf{Q}_+, \leqslant)$ 还具有稠密性，即任何两个正有理数之间都有一个有理数，这是因为：

若 $\frac{b}{a} < \frac{d}{c}$，则易推得 $\frac{b}{a} < \frac{b+d}{a+c} < \frac{c}{a}$。

前面几个结论涉及第 2 章中介绍的现代代数学的知识，仅仅出于了解目的的阅读者可以不去推敲详细的证明过程。

然后，我们很容易把 $\mathbf{Q}_+$ 上的算术性质自然地拓展到 $\mathbf{Q}$ 上，而且所采用的手法与 $\mathbf{N}_+$ 上的算术性质自然地拓展到 $\mathbf{Z}$ 上去的做法完全类似。

4.1.1.3　分数的基本性质及分数的逻辑构造

在这里，我们有必要特别地提出，支撑分数理论的基础就是分数的基本性质：

> 分数的分子、分母同时乘以（或除以）不为零的相同的数，分数的值不变。

第 4 章 ◎ 有理数与无理数

实际上,讨论分数的所有事项,都离不开分数的基本性质。也正是由于有了分数的基本性质,才使得分数理论如此丰富多彩。如果我们大家仔细审视一下,就不难发现分数(即有理数)的逻辑构造的核心思想完全是从分数的基本性质里抽象升华上来的。我们这里回顾一下分数的逻辑构造方法:

设 $E = \mathbf{Z} \times \mathbf{Z}_* = \{(a,b) | a \in \mathbf{Z}; b \in \mathbf{Z}_*\}$,其中 $\mathbf{Z}_* = \mathbf{Z} \setminus \{0\}$。在 E 上定义关系"$\sim$"为 $(a,b) \sim (c,d)$ 当且仅当 $ad = bc$。从定义出发,不难证明"$\sim$"是等价关系。

作商集 $\mathbf{Q}^* = E/\sim$,$\mathbf{Q}^*$ 中的元即为所有 $(a,b) \in E$ 的等价类组成,每个 (a,b) 的等价类可以用其中的一个代表(与代表选取无关,仍记作 (a,b))表示,并简记作 $\frac{a}{b}$,这里的 $\frac{a}{b}$ 就称作分数(即有理数),其中 a 为分子,b 为分母。然后,人们再在 $\mathbf{Q}^* = E/\sim$ 规定加法与乘法运算、规定顺序(全部在等价类的代表上实施)。从定义出发可以证明 $(\mathbf{Q}^*, +)$、$(\mathbf{Q}^*, \cdot)$、$(\mathbf{Q}^*, \leqslant)$ 与前面讲过的 $(\mathbf{Q}, +)$、$(\mathbf{Q}, \cdot)$、$(\mathbf{Q}, \leqslant)$ 具有完全类似的性质,而且从保序同构的观点看,它们是一模一样的。因此这里的 $\mathbf{Q}^*$ 就是前面的 $\mathbf{Q}$。

4.1.1.4 分数相加不止一种方法——"$\frac{1}{2} + \frac{1}{3} = \frac{2}{5}$"正确吗?

这得从一个小故事谈起。张小明同学在读小学,平时的数学成绩非常好。故事发生在学校里正在学分数相加的那个学期。有一个星期天晚上,张小明与爸爸一起看足球比赛。比赛的双方球队风格差异很大,其中一方喜欢打进攻足球,攻门次数很多,但命中率很低,上、下半场合起来只有一个进球。另

数 的 家 园

一方则喜欢打防守反击,上半场攻门两次,就有一次攻入球门,因此上半场的命中率是 1/2;下半场攻门三次,就有二次攻破球门,因此下半场的命中率是 2/3;上半场与下半场合起来,全场的命中率是 3/5,即 $\frac{1}{2}+\frac{2}{3}=\frac{3}{5}$。第二天早晨到学校上课,老师刚好有一道算术题 $\frac{1}{2}+\frac{2}{3}=$? 请张小明做,张小明当然毫不犹豫地就写出答案 $\frac{3}{5}$。课后,老师把张小明叫到办公室骂了一顿,这么简单的分数加法题目都不会做,你是怎样学数学的。张小明把前一天晚上看足球比赛的事情告诉了老师,并且说"$\frac{1}{2}+\frac{2}{3}=\frac{3}{5}$"是他爸爸告诉他的。老师听过之后,一时也回不过神来,不知道该向张小明怎样解释,只能强词夺理地对张小明说:"足球是足球,数学是数学,你怎么能把足球跟数学扯在一起。"朋友,你认为张小明的老师的话有道理吗?如果没有道理,你可以帮助这位老师解释疑惑吗?

不妨我们再来看一个例子。从甲地到乙地路程是 120 千米。有一辆汽车出去的时候是上坡,路途上用了 3 个小时,因此速度是 $\frac{120}{3}=40$ 千米/小时;回来的时候是走下坡,回程只用了 2 个小时,因此其速度是 $\frac{120}{2}=60$ 千米/小时。现在你是否可以得出该辆汽车来回的平均速度是 50 千米/小时。这个答案错了,错在哪里呢?其实真正的答案是 $\frac{240}{5}=48$ 千米/小时,那么是否可以得出 $\frac{120}{3}+\frac{120}{2}=\frac{240}{5}$ 呢?这里又出现类似前面足球命中率的同样算法。你能说出这种算法正确的理由吗?

第 4 章 有理数与无理数

我们再回过头来看前面足球命中率的例子。在算术中,我们知道 $\frac{1}{2}=\frac{2}{4}$,在前面的例子中 $\frac{1}{2}+\frac{2}{3}=\frac{3}{5}$,如果用 $\frac{2}{4}$ 代替 $\frac{1}{2}$,则得 $\frac{2}{4}+\frac{2}{3}=\frac{4}{7}$,很显然 $\frac{3}{5}\neq\frac{4}{7}$。你能解释造成这种差错的原因吗?

我们想告诉大家,在统计学中有一个计算非常麻烦而且对初学者来说很难理解的倒数平均数的概念,我们在上面提出的这些问题与倒数平均数有很大关系,如果用这里的算术去学"倒数平均数"不是更容易吗?

进一步,请问大家在日常生活中碰到过类似的现象吗?篮球投篮命中率、捧球命中率、排球扣球命中率等与足球射门命中率是同样的。我们建议你去寻找与这里所说的内容有差异的其他有实际生活背景的"新算术"。

4.1.1.5 分数的人文教育意义

在这里,我们还想建议小学数学老师在数学教学活动中,不要忽视分数的人文教育意义。我们认为分数对培养孩子"利益不要一个人独霸、好处要大家分"的为人处世原则是有益处的。另外,俄国大文豪托尔斯泰把分数用来比喻人的真实价值,很值得我们大家借鉴。有一次,托尔斯泰在评价他朋友的儿子辛格尔时说:"辛格尔,他是分子很大,分母很小的人,这就是他成为著名人物的原因之一。"托尔斯泰在这里,把别人对一个人的评价比作分子,这往往比较符合客观实际;把一个人自己对自己的评价比作分母,这往往是容易被夸大的,分子越大则分数的值越大,分母越大,则分数的值越小。这是多么发人深省的至理名言!

4.1.1.6 对现行中学数学教材中有理数处理的看法

现行中学教材中通常的做法是在 Q 中引进绝对值的概念，通过距离把数与形紧密地联系在一起（由数轴实现），然后通过简单的符号处理，就可以把有理数的运算及大小比较归结到正有理数（绝对值）的相应事项上。我们认为，这种处理的手法非常好，这样做不仅很好地体现了现代数学教育中"少而精"的教学理念（即不要学太多重复的东西），而且能让学生很好地接受数学思想熏陶（数形结合思想、分类思想、化归思想等）。这里顺便提及，绝对值符号"||"是由德国数学家魏尔斯拉斯（K. Weierstrass, 1815～1897 年）在 1841 年首先引用，他还指出复数的绝对值就是模。在 20 世纪初，又有人把模的概念引申到一般的向量上，进而再引申到泛函分析中（范数）、引申到格论中。因此，把数学符号"||"引进数学，其意义是很大的，它是一个"去符号、去方向、取事物绝对量"的运算操作。

4.1.2 有限小数

最早使用小数的是中国人，人们通常把有限小数与无限小数统称为小数。稍后，我们将会发现，分数转化为小数将会出现两种情况，一种是有限小数，另一种是无限循环小数。我们在这里只介绍有限小数，而把无限循环小数推迟到下一节介绍。

4.1.2.1 有限小数的定义与性质

所谓小数就是指按十进位制位置区原则，把十进分数写成

第 4 章 有理数与无理数

不带分母的简写形式的数。例如，

$$\frac{9}{10}=0.9, \frac{17}{100}=\frac{10}{100}+\frac{7}{100}=\frac{1}{10}+\frac{7}{100}=0.17$$

$$\frac{3127}{1000}=\frac{3000}{1000}+\frac{100}{1000}+\frac{20}{1000}+\frac{7}{1000}=3+\frac{1}{10}+\frac{2}{100}+\frac{7}{1000}=3.127$$

小数中的圆点叫做小数点。小数的通常说法是把它分成两部分，整数部分按整数读，小数与整数之间加读"点"，然后再按顺序读出小数部分每个数位上的数字，如 35.25 读作三十五点二五，又如 0.0125 读作零点零一二五。

小数的基本性质是：

(1) 在小数的末尾添上或去掉几个零，不会改变小数值的大小（整数可不能这样干！）。

(2) 把小数点向左（右）移动 n 位，小数的值就扩大（或缩小）10^n 倍。例如，5.278 的小数点右移动两位，变成 527.8，实际上就是 $5.278\times 10^2=527.8$；又如把 5.278 的小数点向左移动两位，得到 0.05278，这就是 $5.278\times 10^{-2}=0.05278$。

此外，正的小数可按字典序的方法比大小，这里略。

4.1.2.2 有限小数的四则运算

小数的加（减）运算是比较容易的，只要把小数点对齐，把数位对齐就可以按整数的加减方法进行即可。

小数的乘法运算先按整数乘法法则计算，然后记上小数点，使积的小数部分的位数等于被乘数和乘数里小数位数之和。

小数的除法运算稍许复杂一些，如果是小数除以整数，可先按整数除法法则进行，然后使商的小数点与被除数的小数点对齐；如果是小数除以小数，那么得先把分母中的小数点去掉

(分子的小数点向右移动相应的位数),然后再按小数除以整数的方法进行即可。

4.1.2.3 分数(百分数)、有限小数的相互转化

首先,我们介绍分数可以转化为有限小数的充要条件:

> 一个既约分数能化成有限小数当且仅当
> 这个分数的分母不含 2 和 5 以外的质因数。

事实上,如果既约分数的分母只含 2 和 5 两种类型的因子,能通过配对法(分子分母乘以相应 2 的幂与 5 的幂)把分母直接化成 10 的幂即把分数化为小数;如果既约分数能化成有限小数,即分母是 10 的幂的形式,可以用反证法推得分母不含 2 及 5 以外的质因数。这样,能化成有限小数的既约分数就可以用配对法进行转化,如

$$\frac{7}{40}=\frac{7}{2^3\times 5}=\frac{7\times 5^2}{2^3\times 5^3}=\frac{175}{10^3}=0.175$$

当然还可用直接求商的方法转化。

有限小数化成分数是比较简单的,只要分子、分母各乘以相应次数的 10 的幂,

然后再约分就可以。例如

$$0.125=\frac{125}{10^3}=\frac{1}{8},\ 5.08=5+\frac{8}{100}=5+\frac{2}{25}=5\frac{2}{25}$$

有限小数化成百分数也是比较简单的,只要把原小数的小数点向右移两位再在后面添加百分号"%"即可。例如,

$$0.38=38\%,\ 0.875=87.5\%,\ 5.135=513.5\%$$

分数化成百分数分两种情况处理。如果分母只含 2 与 5 的质因数,那么可以直接用配对法转化;如果分母含有其他质因数,通常要先把分数化为小数,再把小数化为百分数。例如,

第 4 章 有理数与无理数

$$\frac{2}{5}=\frac{2\times 5\times 2^2}{5^2\times 2^2}=40\%, \quad \frac{3}{4}=\frac{3\times 5^2}{2^2\times 5^2}=75\%, \quad \frac{1}{3}\approx 0.33=33\%$$

4.1.3 估算与近似计算

在现实生活与科学研究中,近似计算与估算都非常重要。近似计算与估算的关系非常密切,它们都是以有理数知识为基础的,我们在这里把它们看作是有理数知识的具体应用。

4.1.3.1 估算与近似计算的意义

在计算机普及的时代,学会使用计算机是每个公民的基本素质,而且学会估算对一直在使用计算机(包括计算器)的人来说又是特别地重要。为什么呢?因为你在使用计算机的过程中,输入的信息可能是错误的,信息输入方式可能不正确,操作程序有可能出差错,所有这些事项之一发生都将导致计算机显示的答案是错误的。当你无法确定计算机输出的答案是否适合实际问题需要的情况下,具备一定的估算能力及估算知识,就显得非常重要了!

估算能力,很大程度取决于近似计算能力的高低,更详细地说,就是取决于有效使用近似数的能力。近似数那么重要吗?不是说,学数学的人喜欢精确,喜欢"一丝不苟"吗?实际上,在很多场合下,"近似"比"精确"还要重要得多。为什么要这样说呢?

首先,绝对精确是不存在的,即使是数人数这么简单的事项,在很小的范围内,人数是可以做到精确的(人们不能说大约是 19.5 人),但人数多到一定的范围就不能精确了,如全世界的人口、中国的人口等,你只能说目前世界上大约有 60 亿

数的家园

人，中国大约有 14 亿人。还有一个简单的例子是国土面积，尽管现在的测量技术非常先进（可以利用最先进的航天技术），人们只能说出它的近似值。其实，只要是人为的东西（包括使用最先进的仪器）必然有误差，一切用度量方法得到的数据都是近似值，这是人们必须承认的基本事实。

其次，在有些场合下，人们只需要近似值就够了。例如，有人问你年龄多大，你如果回答说，我现在已经 32 岁又 108 天 9 小时 22 分 18 秒，人家听完后不仅觉得好笑，而且认为你的神经不正常。又例如，一辆汽车用 3 小时（可能相差 1~2 分钟）行驶了 200 千米（可能相差 0.5 千米），能推算出该汽车的行驶速度是 67 千米/小时就已经是够准确了。如果你说该车速度是 66.67 千米/小时就有点画蛇添足了，如果你再说该车的速度是 66.666667 千米/小时，就显得滑稽可笑了。

关于近似数，还有一种实情不能忽视，那就是近似在不同的场合下，有不同的解释，不同的人对近似计算有不同的理解。下面我们先看一则笑话，大意如下：

年关到了，某权威机关召集知识精英们开茶话会，畅谈一年中所取得的成就。为了让茶话会的气氛轻松一些，主持人在会前提出一个趣味数学问题请大家回答：

问题：2×2 等于几？

工程师：根据数学的多种理论来看约为 3.99。

物理学家：其解在 3.98 和 4.02 之间。

数学家：虽不知道正确的答案，但肯定存在。

哲学家：首先要知道 2×2 意味着什么。

逻辑学家：为了知道 2×2 是怎么回事，有必要给 2×2 下一个严格的定义。

第 4 章 有理数与无理数

艺术家：啊！2×2=？多刺激多美妙！

会计师：轻手轻脚地来到主持人身边，小心翼翼地看一下周围没有人，便贴着主持人的耳朵说：你需要答案是多少，我将满足你的要求。

尽管这是一则笑话，但这样的事情很有可能在现实中发生。我们在这里谈论这则笑话的本意是提醒大家不要把"估算"与"毛估估"混为一谈，也不要把"近似"与"差不多"混淆起来。其实，"估算"与"近似计算"是由先进的数学理论作其支撑的。接下来，我们介绍关于"估算"与"近似计算"的数学基本知识。

4.1.3.2 实际应用对估算的基本要求及其估算的局限性

一个人的估算能力培养取决于多方面的因素，首先要具备良好的数量感，掌握近似计算的基本技巧及其相关的背景知识，同时要明确估算的目的及对象的特性。一般说来，对于估算而言以下几个基本要求必须做到：

(1) 要熟悉长度、重量及时间的常用计量单位；

(2) 能粗略估算总和、偏差数、乘积、商数、分数和百分数；

(3) 能掌握简单的比例换算知识（如能使用比例图、地图上的比例尺等）；

(4) 能查找估算值和真实值之间存在较大差异的原因；

(5) 熟悉科学计数法，能列出最接近真实数的 10^n 的值，如要能区分目前世界人口的"数量阶"为 10^9（目前人口接近 $6 \times 10^9 = 60$ 亿）还是 10^{10}（即 100 亿）。此外，还要熟悉两个不同阶之间的换算。

我们务必要注意，估算的使用范围是有局限性的，在不同的场合采用不同的估算误差界限，其估算的方法（技巧）是很不相同的。例如，估计铁轨的长度其误差界限是 1cm，如果估计绣花针的长度的误差界限也是 1cm，那会闹出笑话的。更严重的事件是，若火箭发射是以时间单位"分"作为误差界限，其灾难性后果是不堪设想的。通常说来，对科学研究的估算要求是非常高的（误差界限非常小），尽管如此，不论哪一种计算技术的运用其本质都是估算，其结果总有误差。

特别需要强调的事项：在估算中绝对不能把数位搞错。因为在使用计算机做计算时很容易搞错数位，这样会造成意外的伤害或争端。例如，你实际上欠我 6500 元，如果记账时少了一位即只欠 650 元，你看我有多冤。假如说这件事情后果不是很严重的话，那么再看一个例子。万一用计算器计算用药量，弄错了数位，如果是小数部分出错，也许后果不那么严重，要是个位、十位弄错了，那是会出人命的。

4.1.3.3 近似数与近似计算

所谓近似数，说的就是指按照给定的误差（偏差）范围内最接近真实数的那个数，通常用符号"≈"表示近似等于。例如，我国目前的人口是 14 亿就是我国人口的近似数或近似值（即我国人口≈14 亿）。近似数的截取方法通常有三种：四舍五入法、去尾法与进一位法。

所谓**四舍五入法**，就是指对保留数位后面去掉的多余部分数字的处理方法。如果去掉部分的首位数字不小于 5，就给保留部分的最后一位加上 1（五入）；如果去掉部分的首位数字小于 5，则保留部位的部分不变（四舍）。例如，$\pi =$

第4章 有理数与无理数

3.14159265…，如果保留 2 位小数，则 π＝3.14；如果保留 3 位小数，则 π＝3.142；如果保留 4 位小数，则 π＝3.1416……

通常人们把由四舍五入法截取得到的近似数，从左边第一个不是零的数字起，到末位数字为止的所有数字，都叫做这个数的有效数字。例如，1.57 有 3 个有效数字 1，5，7；43.80 有 4 个有效数字 4，3，8，0；0.00307 也有 3 个有效数字 3，0，7。有效数字这样界定与科学计数法有关。

所谓**去尾法**，就是去掉部分（尾部）全部去掉，不论去掉部分的首位是什么数字。

所谓**进一法**，就是指不论去掉的部分（尾部）的首位数字是多少，都给保留的末位数字加上 1。

我国处理近似数通常用四舍五入法，但后两种处置方法在管理学中偶尔也运用（如投票比例计算）。

所谓**近似计算**，就是指在选定的近似数截取法的基础上，对近似数进行计算，通常包括过程近似与结果近似两部分。现在我们以采用四舍五入法截取近似数的方法为例作说明。近似数的加减计算及乘除计算的本质都是相同的。现以乘法为例，通常做法是先把有效数字较多的那个数采用四舍五入法，使其比有效数字较小的那个数多一个有效数字。然后，再按通常的乘法法则进行计算，最后再把所得的结果采用四舍五入截取法截取有效数字的个数与有效数字较小的那个数的有效数字的个数相同。例如，

$$2.3721 \times 3.52 \approx 2.372 \times 3.52 = 8.34944 \approx 8.35$$

以上所介绍的近似数及其计算常识是针对小数而言的。实际应用中，对大数字的处理还涉及到过剩近似积与不足近似积的概念。我们这里通过具体例子予以说明。例如，$3581 \times 245 =$

877345，如果其结果以万为单位取近似值（四舍五入法），那么得到 3581×245≈880000，这里的 880000 就叫做 3581×245 的过剩近似积；类似地，825×111＝91575，如果也用四舍五入法只取万位近似值，则得 825×111≈90000，这里的 90000 就叫 825×111 的不足近似积。

更深刻的近似计算的内容要在大学数学课程《计算方法》中介绍，这里略。

4.1.4 追问分数与小数诞生的历史源头

在这个片段中，我们将对分数、小数、百分数诞生的源头及其历史演变情况作简单介绍，按先后顺序分三部分介绍。

4.1.4.1 分数诞生的历史源头及其发展

分数产生很早，最早的源头可追溯到古希腊与中国古代。数学史书记载，古埃及人使用分数与他们早期分东西的习惯有关。例如，"两个西瓜，五个人分，怎样分才好？"埃及人的分法是：先将每一个西瓜分三等份，两个共切成六块。五个人各取一块，即五个人各取一块瓜的 1/3，还剩下一块，剩下的这一块再分成五份，五人各取一份（即 1/15）。这样，可以算出每人应分得 $\frac{1}{3}+\frac{1}{15}=\frac{2}{5}$。

古代中国，早在《左传》一书中就有分数的记载。国王分封国家时说"大都不过三周之一，中五之一，小九之一。"意思是说，大的诸侯国，都城不能超过周朝国都的 1/3，中等的不能超过 1/5，小的不能超过 1/9。秦朝的历法制订中也用到分数的知识，这里不再介绍。《九章算术》是世界上最早记载对分数及其运算研究的著作，《九章算术》"方田"章"大广田

第 4 章 ◎ 有理数与无理数

术"中记载:"分母各乘其余,分子从元。"正式给出分母和分子概念。中国古代的分数记法有两种,一种是汉字记数法,一直延续到今天;一种是算筹计数法,早已被历史淘汰。很遗憾,中国人没有发明今天大家在使用的分数符号。

据数学史书记载,最早使用分数线的是阿拉伯人海塞尔,时间大约是 12 世纪。但他当时使用分数线"——"表达的分数相当于现在的繁分数。15 世纪以后,德国数学家们将其逐渐完善。尽管中国人很早很早就用分数的数学概念(分母、分子)隐喻伟大母亲的形象——美丽、端庄、智慧。很遗憾,按今天时髦的说法,没有运用更好的外包装,致使肥水流入外人田。聪明的阿拉伯人添加了一条横线于分子、分母之间,这条美丽的横线并不是把母亲与儿子隔开的鸿沟,而是连接母子心田的彩带,至今没有任何更换,沿用至今。这条美丽的彩带,如今的人们称其分数线。

欧洲人最怕分数。直到 18 世纪,对分数运算仍视若畏途,心有余悸。例如,1735 年,英国一本算术教科书的作者讲了这样一段话:"我们把通常称为分数的破碎数的运算规则单独叙述,部分学生看这些分数时,灰心到不愿学习,他们叫嚷说'不要再往下讲了!'"可见,西方人对分数运算畏惧到何等程度!今天,德国还保留有一谚语"掉到分数里去",就是形容一个人已陷入绝境,束手待毙的意思。

公元 7 世纪,俄国著名数学家阿拉尼在《算术习题课本》一书中,给出 8 个分数相加的习题,就被人们认为他们的知识达到了最高水平。当时英国学者、修士信达说:"世界上有很多难做的事情,但是,没有比算术四则运算再难的了。"当时能懂算术四则运算(包括分数)便可被称为学者了,想想今天的我们能计算远比分数复杂的东西,真够厉害吧!

文艺复兴时期,欧洲有一位名叫托马斯·海利斯的数学老师编了一首非常有趣的顺口溜帮助那些记不住怎样加减分数的人,现摘录如下:

分数加法和减法,要求首先底数同;
通过约分求简化,简化方法同其他,
然后顶部做加减,加上底数就成功。

大家知道,文艺复兴时期的欧洲,所有的文化都很繁荣,尤其是绘画。但从这里可以看出他们的数学水平不见得有多高啊!

一个小小的分数概念的创造及分数符号的创用,在数学发展的历史长河中,不知震撼过多少人的心灵,经过艰难曲折的过程,谱写出那么令人动听的乐曲,不知能让多少仁人志士们如痴如狂,数学这门大学问真是深不可测!

4.1.4.2 小数诞生的历史源头及其发展

现在所说的小数,古代人称之为十进分数或十进小数。其实质就是以 10 的乘幂为分母的分数。全世界各文明古国都是先知道正整数和分数,在很久很久以后才发现小数。十进制小数产生于分数之后,其实它不过是十进制分数的一种简便写法,如

$$550+\frac{6}{10}+\frac{3}{100}+\frac{7}{1000}+\frac{8}{10000}=550.6378$$

由此可见,小数诞生的源头有两个,其一是十进制记数法的使用,其二是分数概念的完善。

历史上最早使用小数的是中国人。公元 3 世纪时刘徽在著《九章算术》时就指出,开方不尽时,可用十进分数(小数)

第4章 ◎ 有理数与无理数

表示。元代刘瑾（大约1300年）在其著作《律吕成书》中给出世界上最早的小数表示法。今人遗憾的是，中国古代并没有形成小数的系统理论，而且也没有发明今天我们大家使用的小数表示法，而是仅仅停留在"成、分、厘"这种文字表述的水平上。例如，0.25称作二成五分，0.1875读成一成八分七厘半等。实际上，这种说法在"文科"味较浓的书本中至今还没有销声匿迹。

比利时工程师斯蒂文（S. Stevin，1548～1620年），在1585年首次明确地阐述了小数的理论（起因于对利息表的研究），但他创立出来的小数符号太复杂了，给小数运算带来很大麻烦。但西方人一直认为斯蒂文是发明小数的第一人。时隔七载，到1592年，欧洲人对小数的改革有了新的突破，朝着向现代通用的小数符号的道路逼近。瑞士有位名叫比尔吉的钟表匠在该年对小数做了很大改进，据传他用一个空心小圆圈把整数部分和小数部分隔开，如现在的"3.518"，按照他的写法是"3。518"。在比吉尔改进小数记法的一年后的1593年，数学符号的天空上突然点缀了颗璀璨的新星，现代意义上的小数点符号"·"奇迹般地出现了。其发明人就是在德国出生但在意大利工作的一位很有才能的名叫克拉维斯（C. Clarius，1537～1612年）的数学教师，他在其高水平的算术书《星盘》（1593年出版）中首先使用了现代意义的小数点，即把小数点作为整数部分与小数部分分界的记号。从此开始，小数点符号"·"逐渐被人们接受。1617年，对数发明人纳皮尔明确地采用了现代小数符号，如以25.803表示$25\frac{803}{1000}$，此后这种用法就变得日益普遍。

但是，欧洲人关于小数符号的使用，一直没有统一。1657

年，荷兰人斯霍腾明确地用"，"（逗号）作小数点，如今天我们用的 58.5 与 638.32，按照他的记法应该是 58,5 与 638,32。这种记法在我们中国人眼里看起来当然很不习惯。实际上，关于小数点符号的使用，国际上如今大致还存在着两大派：欧洲大陆派（德、法等国）用逗号"，"作小数点，而把小圆点"·"作乘法记号；英美派则用小圆点"·"表示小数点，而逗号"，"则用作分节号（每三位一节），大陆派不使用分节号。我们中国使用英美派记法。

为了一个那么不惹眼的小不点"·"，欧洲各国有那么多的数学精英苦苦求索，真是前赴后继，一代又一代的智力棒的交接，让多少人为其绞尽脑汁！我们又怎么能小瞧它呢？实际上，数学上任何一点小小的发明就像小数点那样来之不易！

4.1.4.3 百分数的历史及其意义

"%"是数学上的百分率的符号，读作"百分之"，英文 Percent（百分之）来自拉丁语 Procentum（100），含有关于 100 的意思。百分数，在数学上其实没有新的东西，它只不过是一种特殊的分数（分母为 100），也可以说是提升小数地位（升两位）的一种表示方式，但它在实际生活中的运用却非常普遍而且很受欢迎。

18 世纪以前，人们在计算东西时是以单分数为主。当时，在金钱交易、税金和盈利损失等方面为了便于计算，一般采用 1/10，1/20，1/25，1/100 等容易计算的数。罗马帝国执政期间，对各种拍卖征税，货物征 1/100 的税，被解放的奴隶征 1/20 的税，买卖的奴隶征 1/25 的税。这个时期的人们只会使用单分数体系，不会对分数进行简单的运算。

第 4 章 有理数与无理数

"1/100"就是表示对 100 进行分割时的一个单位。由于它便于计算而被频繁使用。在古罗马,百分率被用来衡量金钱上相对于 100 的亏损和盈利,只在商业上的金钱交易中使用。特别是在 15 世纪,成为商业中心的意大利更是把百分率当作主力军。

从上所述,我们可以看到,百分数无疑是由商业发展催生出来的一个数学名词,至今意想不到地被用到社会经济活动的各个方面。人们太钟爱百分数了,差不多每天都要跟百分数打交道,日常用语中也到处可以听到百分数这个词,如"百分百正确"、"百分百没问题"、"考试分数百分百"比比皆是。无疑,掌握百分数的基本知识是现代公民必须具备的基本素质。如果哪位有兴趣的话不妨搞一个调查,到底"‰"这个数学符号的使用频率有多高,进一步还可以更深层地分析一下人们为什么这么钟爱百分数。

附录 G 分数趣味题集锦

分数用在生活中也包括分数用在数学研究中,会产生出许多很有趣味性的话题,以下我们从各种书刊中挑选一部分有关分数的趣味题供有兴趣者欣赏。

趣味题 1(借羊分羊的故事) 从前有一个老人,他有 3 个儿子,养了 17 只羊。在临终时嘱咐 3 个儿子说:"我死后,17 只羊,分给老大 $\frac{1}{2}$,老二 $\frac{1}{3}$,老三 $\frac{1}{9}$。"然后就咽气了。三个儿子安葬完老人后,便开始分羊了。可是分羊时却遇到了困难,因为 17 这个数,无论以 2、3 或 9 去除都不能除尽,怎么办呢?正在大家冥思苦想的时候,一个老人生前的朋友牵着一只羊过来了,看三个儿子愁成那样,问明原委,想了一想,哈哈大笑，胸有成竹地说："把我的羊借给你们，连它一起分吧。"三个儿子本来觉得不好，可是在无法可想的情况下，只好恭敬不如从命了。于是，老大牵走9只羊，老二牵走6只羊，老三牵走2只羊，老人的好友牵着自己的羊哼着小曲儿又去做自己的事情了。三个儿子想：似乎不用那只羊也能分，可是为什么自己事先不知道该怎么分呢？你能帮助找出其中的奥妙吗？提醒你计算一下"$\frac{1}{2}+\frac{1}{3}+\frac{1}{9}$"的值。

趣味题 2（电阻计算） 大家在中学《电学》里已经知道，若把电阻分别为 x 和 y 的两条导线并联起来，那么这段电路的电阻 z 可以由下述公式计算：

$$\frac{1}{z}=\frac{1}{x}+\frac{1}{y}$$

其中，$x>0$，$y>0$，$z>0$。

试问满足这个等式的 x，y，z 之间应满足什么关系？进一步问：满足前述等式的 (x, y, z) 共有多少组？答案是 [（z^2 的约数个数－1）÷2] 组，你能把这里的答案推导出来吗？

趣味题 3（单位分数分拆难题） 到目前为止，世界上已经发现了 5 个完全数，它们分别是 6，28，496，8128，33550336。所谓完全数就是指该数是它的所有约数（不包括自身）的和。例如，$6=1+2+3$，$28=1+2+7+14$。对前述的两个等式两边分别除以 6 与 28，就可以得到两个单位分数分拆公式：

$$1=\frac{1}{2}+\frac{1}{3}+\frac{1}{6}$$

$$1=\frac{1}{2}+\frac{1}{4}+\frac{1}{7}+\frac{1}{14}+\frac{1}{28}$$

第4章 ◎ 有理数与无理数

一直到1976年才解决的一道分拆难题是：

> 把1分拆成分母为奇数的单位分数之和，最少能分拆为几个数之和？

答案是9个，而且有5组解。你有办法找出来吗？如果你能幸运地找出来，是不是可以发现什么新规律？

趣味题4（单位分拆快速计算公式） 大家很容易发现

$$\frac{1}{n} = \frac{n+1}{n(n+1)} = \frac{1}{n+1} - \frac{1}{n(n+1)}$$

试问你能否可以利用这里的公式快速地找出单位分数 $1/n$ 的3项、4项、5项、……系列单位分数分拆公式？

趣味题5（倒数求和引申） 关于前 n 个自然数的倒数求和问题，在大学《数学分析》课程中有一道很著名的欧拉公式

$$S_n = 1 + \frac{1}{2} + \frac{1}{3} + \cdots + \frac{1}{n} = \ln n + c + r_n$$

其中，c 是大于0小于1的欧拉常数，$\ln n$ 是 n 的自然对数，$\lim_{n \to \infty} r_n = 0$。在这里，我们想请你用整数与分数的知识证明以下两个结论：

(1) S_n 不可能是整数；

(2) 分数 S_{1992} 的分子是质数1993的倍数。

趣味题6（区间分割问题） 设 $0 = x_0 < x_1 < x_2 < \cdots < x_{n-1} < x_n = 1$ 是单位区间 $[0, 1]$ 上的 $n+1$ 个分点（包括端点在内，不一定是等分）。试问你能否找到一个合数（整数）m，使得每个子区间 $[x_i, x_{i+1}]$（$i = 0, 1, 2, \cdots, n-1$）中至少包含一个形如 r/m 的既约分数（提示：考虑最短子区间的长度及质数的性质）。

4.2 无理数（实数）

无理数，似曾相识！讲究理性的人类，怎么研究起"无理"数？简直不可思议！这都是中文翻译惹的祸。据说早期的中国人（也有人说是日本人）把从西方传入的英文数学名词"rational"翻译成"有理数"，而把"irrational"翻译成"无理数"。张景中院士认为，"rational"这个词本来有两个含义，其一是"比"，其二是"合理"。照数学上的原意，分数可以表示成两整数之比，因此把"有理数"翻译成"比数"可能更确切。我们认为翻译成"比数"，有利于避免由"有理"、"无理"的词义表象所造成的无谓错觉。实际上，如果人们把"irrational"翻译作"深奥无比的数"、"不可思议的数"、"难以琢磨的数"，可能会更加贴切些。

将错就错吧！用什么名字是无所谓的，关键是看名字背后隐藏着什么。如果有人把"无理数"比喻作数学宇宙中的"小黑洞"，应该不会夸大其词。别说人类在制服"无理数"这头怪兽的征途上遇到过多少深滩险阻，也不说那至今仍然让大多数人难以琢磨明白的无理数理论有多么高深，就说你我经常遇见的 $\sqrt{2}$、e、π 以及始终在我们身边但没有直接觉察到的黄金数 ϕ，足够让我们吃不了兜着走！比如"悲剧 $\sqrt{2}$"、"不可思议的 e"、"说不尽的 π"、"最美黄金数 ϕ"等，每一个话题都可以写一本很厚的书。因此，人们要读懂"无理数"这本大书，其难度不亚于攀登珠穆朗玛峰。如果你有兴趣涉足无理数这个天地，只要仔细观察一下，很快就会发现"无理数"与几何学结下不解之缘，$\sqrt{2}$ 与 ϕ 直接由几何问题催生，π 本来就是几何大

第 4 章 ◎ 有理数与无理数

家庭中的主角,只有 e 才来自分析数学。我们本来打算把这些话题都聊一聊,但一动笔就发现,在一节的篇幅中要谈那么多的东西简直是螳臂挡车,我们所能做的所有事情只不过是对浮在水面的无理数这座冰山的一角作点考察而已。因此,只好忍痛割爱,把 e 的详细介绍放在即将出版的《函数王国》中,把 π 与 ϕ 的详细介绍放到《形的殿堂》中,我们这里主要涉及带根号的无理数家族。我们还打算把本节的重点放在尽可能"讲清楚"无理数定义这个基本点上。

此外,在本节的标题中还加了实数,而且用括号把实数括起来,这并不是说实数不重要,实际上,我们要讨论的主角是实数。大家知道,实数由有理数与无理数共同构成。因为认识有理数相对而言较容易一些,认识无理数需要克服许多障碍,因此,我们就把着眼点放在认识无理数上。

4.2.1 无理数的意义

前面我们已经提到,有理数是日常生活用的数,那么无理数又是什么呢?我们的观点是无理数主要是用于促进理性思考的数,尽管无理数也能用到实际生活中,如 $\sqrt{2}=1.414213\cdots$;$\pi=3.14159\cdots$;$\phi=1.618\cdots$ 确实与实际生活有着非常密切的联系,但人们往往是与它们的近似值(有理数)打交道的。就无理数本身而言,即使是像 $\sqrt{2}$、π、e、ϕ 这样具体的无理数,其构造都非常复杂,人们要认识无理数只得依靠理性思维。人类研究那么复杂的无理数,意义何在?我们不妨把美国科普作家大卫·布拉特纳写的关于研究圆周率的一首诗改作研究无理数的诗:

数的家园

人类为什么研究无理数,这是人类追根究底的天性。

人类不但要探索宇宙的奥妙,也想探索人类自身心智的极限。

就像攀登珠穆朗玛峰,为什么那么多人去攀登?

不为什么,只因为它就在那里!

这首诗已从哲学层面帮助我们回答研究无理数的目的。从数学的角度看,其意义又如何呢?不妨简单地回顾一下数学史中相关片断的描述。17世纪下半叶,英国大科学家牛顿与德国大学者莱布尼茨各自独立创建的微积分,堪称人类科学史上最辉煌的成就。如果没有微积分,就没有现代科学的高速发展,像卫星上天、宇宙飞船、人类登陆月球等伟大创举就不可能发生。大家知道,微积分这座大厦是建立在实数理论的地基上,由于当时的人们对无穷小(本质上是实数理论)认识不足,引发数学史上闻名的第二次数学危机。要克服第二次数学危机,必须将分析严密化,要将分析严密化的关键是构建完善的实数理论,要创建实数理论的主要难点又是落到认识无理数上。因此,为分析严密化的需要是深入研究无理数的主要动机。另外,还有一个动机就是为了证明数学自身的真实性。19世纪末,非欧几何诞生,摧毁了欧几里得几何为数学真理化身的信念,重建数学真实性,数学家一致认为必须从算术(数系)入手,从数系入手的首要任务是解决数系逻辑合理性问题,而这里最本质的问题又是无理数构造的问题(后来又发现必须解决自然数构造的问题)。因此,要对无理数进行系统研究的重要意义就不言而喻了(关于无理数研究的历史状况见附录H)。

4.2.2 无限小数

我们在第1节中已经介绍,有理数就是既约分数(不能再

第 4 章 ○ 有理数与无理数

约分），而且提到分数 p/q 能化成有限小数的充要条件是分母 q 不含 2 与 5 之外的其他质因数。英国数学家沃利斯（J. Wallis，1616~1703 年）在 1696 年把既约分数与无限循环小数等同起来。这样，无限循环小数就可作为有理数的一个等价定义。德国数学家施笃兹（Otto Stolz，1842~1905 年）在他的著作《一般算术教程》（1886 年出版）中证明了每个无理数都可以表示成无限十进制不循环小数这一重要结论，而这正是现行中学教科书中所说的无理数的定义。人们通常把有理数与无理数合称为实数，把沃利斯与施笃兹的工作结合在一起，就到达实数可用无限小数统一表示的结论。

因为无限小数理论应用最广泛，因此我们有必要费笔墨详细介绍。下面我们首先介绍实数的无限小数表示法（即构造），然后利用实数无限小数表示法构建实数的一些基本性质。

4.2.2.1 实数的无限十进位制小数表示法

讲清实数的无限十进制小数表示的重心落在讲清纯小数的无限十进制小数表示法上，这是因为其他情形都可划归到这种情形，这一片段的主要素材取自赵焕光、林长胜编著的《数学分析》（上册）。

（1）纯小数的无限位十进位制表示法

设 $(0,1] = \{x \mid 0 < x \leqslant 1\}, x_0 \in (0,1]$。把 $(0,1]$ 十等分，必存在 $k_1 \in \{0, 1, \cdots, 9\}$ 使得 $\dfrac{k_1}{10} < x_0 \leqslant \dfrac{k_1+1}{10}$；再将 $\left(\dfrac{k_1}{10}, \dfrac{k_1+1}{10}\right]$ 十等分，必存在唯一的 $k_2 \in \{0,1,\cdots,9\}$ 使得

$$\frac{k_1}{10} + \frac{k_2}{10^2} < x_0 \leqslant \frac{k_1}{10} + \frac{k_2+1}{10} = \frac{k_1}{10} + \frac{k_2}{10^2} + \frac{1}{10^2}$$

......

一般的，存在 $k_i \in \{0,1,\cdots,9\}(i=1,2,\cdots,n)$ 使得

$$\sum_{i=1}^n \frac{k_i}{10^i} < x_0 \leqslant \sum_{i=1}^n \frac{k_i}{10^i} + \frac{1}{10^n} \qquad (*)$$

由数项级数的基本知识可知无穷级数 $\sum_{i=1}^\infty \frac{k_i}{10^i}$ 收敛，在（*）式两边令 $n \to \infty$ 可得 $x_0 = \sum_{i=1}^\infty \frac{k_i}{10^i}$（无穷和）。仿照有限小数的记法，把这里的无穷和简记作 $x_0 = 0.k_1 k_2 k_3 \cdots$，这就是纯小数的无限十进位制表示法。

注 从无限十进位制小数表示法的构造过程可知，当 x 只有有限个分位时，即 $x = 0.k_1 k_2 \cdots k_n (k_i \in \{0,1,\cdots,9\}, i=1,2,\cdots,n)$ 时，则它的无限十进位制表示为 $x = 0.k_1 k_2 \cdots k_{n-1}(k_n - 1)999\cdots$，并称它为有限位十进制小数的正规表示法（即无限循环小数表示法）。特别地，有 $1 = 0.99\cdots = 0.\dot{9}$。为使用方便起见，再规定 $0 = 0.000\cdots$。

(2) 一般实数的十进位制表示法

如果 $x_0 \in \mathbf{R}$（表示实数集），而且 $x_0 > 0$，则规定 $x_0 \in \mathbf{R}_+$（表示正实数集），记 $x_0 = [x_0] + (x - [x_0])$，其中 $[x_0]$ 为 x_0 的整数部分，$(x_0 - [x_0]) \in [0,1)$。

若 $(x_0 - [x_0]) = 0.k_1 k_2 \cdots$，那么实数 x_0 的无限十进位制表示式为 $x_0 = [x_0].k_1 k_2 k_3 \cdots$。

如果 $x_0 \in \mathbf{R}$，而且 $x_0 < 0$，则 $-x_0 \in \mathbf{R}_+$，再在 $-x_0$ 的无限十进位制表示式前面添加一个负号即得 x_0 的无限十进位制表示法。

4.2.2.2 实数大小比较

设 $x = a_0.a_1 a_2 \cdots a_n \cdots$，$y = b_0.b_1 b_2 \cdots b_n \cdots$，其中 a_0, b_0 是

第 4 章 有理数与无理数

非负整数，$a_k, b_k \in \{0,1,2,\cdots,9\}, k=1,2,\cdots$。

如果 $a_k = b_k, k=0,1,2,\cdots$，则称 $x=y$。

如果 $a_0 > b_0$ 或存在非负整数 l，使得 $a_k = b_k (k=0,1,2,\cdots,l)$，但 $a_{l+1} > b_{l+1}$，则称 x 大于 y，记作 $x > y$；或者称 y 小于 x，记作 $y < x$。

如果 x, y 是负实数，且 $-x > -y$，那么规定 $x < y$，任何负实数小于任何非负实数。

4.2.2.3 实数的有理序列逼近

设 $x = a_0.a_1 a_2 \cdots a_n \cdots$ 为非负实数，称有理数 $x_n = a_0.a_1 \cdots a_n$ [实际应为：$a_0.a_1 \cdots a_{n-1}(a_n-1)99\cdots$] 为实数 x 的 n 位不足近似，而称有理数 $x_n^* = x_n + 10^{-n}$ 为 x 的 n 位过剩近似，$n=0,1,2,\cdots$

对负实数 $x = -a_0.a_1 a_2 \cdots a_n \cdots$，其过剩近似与不足近似分别规定为

$$x_n^* = -a_0.a_1 a_2 \cdots a_n, \quad x_n = x_n^* - 10^{-n}$$

关于实数的不足近似与过剩近似有以下两个重要结论（可由定义证之）：

(1) x 的不足近似 x_n 随着 n 增加而增加，即 $x_0 \leqslant x_1 \leqslant \cdots$，而过剩近似 x_n^*

则随着 n 增大而减少，即 $x_0^* \geqslant x_1^* \geqslant x_2^* \geqslant \cdots 10^{-n}$

(2) 实数 x 的不足近似 x_n 与过剩近似 x_n^* 满足 10^{-n}
(ⅰ) $x_n < x \leqslant x_n^*$　(ⅱ) $0 < x - x_n \leqslant 10^{-n}$　(ⅲ) $0 \leqslant x_n^* - x < 10^{-n}$

注　穿插实数的有理序列逼近是很有必要的。我们认为，这样做的最主要理由是让阅读者明白要认识无理数（实数）可通过有理序列逼近这一途径实现。

4.2.2.4 实数大小比较的主要特性

从实数大小比较的定义出发，结合实数的有理序列逼近，不难推出实数具有下述重要特性：

(1) **比较准则** 设 $x=a_0.a_1a_2\cdots a_n\cdots$，$y=b_0.b_1b_2\cdots b_n\cdots$ 为两个非负实数，那么有 $x>y \Leftrightarrow$ 存在非负整数 n 使得 $x_n > y_n^*$。

(2) **稠密性** 对任何开区间 $(x, y) \subset \mathbf{R}$，必存在有理数 a 及无理数 b 使得 $a, b \in (x, y)$。

(3) **阿基米德性质** 对任何两个正实数 $a<b$，必存在整数 n 使得 $(n-1)a \leqslant b < na$。

比较准则可从定义直接证之，稠密性可利用实数的有限序列逼近性质证之，阿基米德性质论证中只取 $n=[a/b]+1$ 即可，详细证明请有兴趣的读者自己完成。

4.2.2.5 无限循环小数及其转化

在形如 $a_0.a_1a_2\cdots a_m b_1 b_2 \cdots b_n$ 的无限小数中，如果存在自然数 r 使得 $b_{k+i}=b_i$，$i=1, 2, \cdots, r-1, r$；$k=1, 2, \cdots$，则称其为无限循环小数，并称 $b_1b_2\cdots b_r$ 为其循环节，并简单地记作 $a_0.a_1a_2\cdots a_m \dot{b}_1 b_2 \cdots \dot{b}_r$。如果 $m=0$，则称其为纯循环小数，否则称其为混合循环小数。瓦里斯证明了每个分母含有 2 和 5 之外的质因数的既约分数都可以表示为无限循环小数（证明太长，这里略去），反之，每个循环小数都可以化为既约分数。例如，

$$0.\dot{1}\dot{6} = 0.16 + 0.0016 + 0.000016 + \cdots = \frac{0.16}{1-0.01} = \frac{16}{99}$$

第 4 章 有理数与无理数

$$0.33\dot{2} = \frac{33}{100} + \frac{2}{10^3}(1 + \frac{1}{10} + \frac{1}{10^2} + \cdots)$$
$$= \frac{33}{100} + \frac{2}{1000} \cdot \frac{10}{9} = \frac{2990}{9000} = \frac{299}{900}$$

这里需要注意到：

$$1 + \frac{1}{10} + \frac{1}{100} + \cdots = \frac{10}{9}$$

对于更一般的情形可作如下推导：

不妨设无限循环小数 $x_* = a_0.a_1a_2\cdots a_m\dot{b_1}b_2\cdots \dot{b_r}$，再令 $B = 0.b_1b_2\cdots b_r$，则

$$x_* = a_0.a_1a_2\cdots a_m + 10^{-m}B\ (1 + 10^{-r} + 10^{-2r} + 10^{-3r} + \cdots)$$

由几何级数求和公式可得

$$1 + 10^{-r} + 10^{-2r} + 10^{-3r} + \cdots = \frac{1}{1 - 10^{-r}} = \frac{10^r}{10^r - 1},$$

这样我们就有 $x_* = a_0.a_1a_2\cdots a_m + \frac{10^r B}{10^m(10^r - 1)}$。

注 如果学习过正项级数的基本知识，那么还可以利用解代数方程的方法把循环小数化为分数。例如，转化 $0.\dot{1}\dot{6}$，令 $x = 0.\dot{1}\dot{6}$，则 $100x = 16.\dot{1}\dot{6}$（这里用到正项级数的知识），因此 $100x = 16 + x$，因此有 $x = 16/99$。

4.2.2.6 后记

在实数的无限小数表示法中，不知不觉地用到无穷级数的知识（或数列极限的知识），因此无限十进位制小数作为实数（主要是无理数）的逻辑构造性定义是不妥当的，我们认为只有在实数的逻辑构造已经完成的前提下，才可以谈实数的无限十进位制小数表示法。我们还认为无限小数作为认识实数的工具具有明显的不可替代作用，因为它非常直观，很容易理解。

某些书本中，把实数（包括无理数）的无限小数表示法当作实数（包括无理数）的定义，在逻辑上说是不完善的，这只能说是一种直观的描述，就如称元素个数的集合为有限集那种直观描述一样。此外，某些书本中还利用实数的无限小数表示给实数规定四则运算，这是很不方便的。特别是乘法（从而包括除法）运算的定义首先要克服复杂度较高的运算技巧障碍（本质上就是数项级数的乘法！），得不偿失。

另外，数学中关于无限循环小数的讨论，内容非常丰富，我们挑选了 3 个趣味性难题放在附录中。

4.2.3 康托尔基本序列说

1872 年，德国数学家康托尔在《数学纪事》杂志上首次发表论述无理数理论的文章，他利用法国数学家柯西首先提出的基本序列概念（柯西本人由于缺乏对实数系结构的清晰理解，不能证明他自己给出的关于序列收敛准则的充分性），证明了任意一个实数 b 都被一个由有理数构成的序列确定，从而使得他成为无理数（实数）理论奠基的三巨头之一（另外两位是魏尔斯特拉斯与戴德金）。下面我们对康托尔基本序列学说作扼要介绍。

4.2.3.1 基本序列与实数定义

康托尔的基本序列学说的出发点是有理数列。设 $\{r_n\}$ 是给定的有理数列，如果 $\forall \varepsilon > 0$，存在 N，当 $n, m > N$ 时就有 $|a_n - a_m| < \varepsilon$，则称 $\{r_n\}$ 是基本序列（注：这里是用现代表述方法，康托尔与柯西当年用序列的一致收敛来表述）。如果 $\{r_n\}$ 与 $\{s_n\}$ 都是基本序列，而且 $\lim\limits_{n \to \infty}(r_n - s_n) = 0$，那么称 $\{r_n\}$ 与 $\{s_n\}$

第 4 章 ◎ 有理数与无理数

等价（易证满足等价关系三公理），并记作 $\{r_n\} \sim \{s_n\}$。例如，$\left\{\frac{1}{n}\right\} \sim \left\{\frac{1}{2n}\right\}, \left\{1+\frac{1}{n}\right\} \sim \left\{1-\frac{1}{n}\right\} \sim \{1\}$（这里的 $\{1\}$ 表示常数列）。由数列极限定义可以证明，如果两个等价的基本序列中有一个极限存在（这里指以有理数为极限），那么另一个基本序列的极限存在而且两者的极限值相同。

接着，按"$\sim$"对基本序列组成的集合 M 进行分类，并把每个等价类称一个实数（新引进的数），并用希腊字母 α，$\beta, \gamma, \cdots$ 表示实数，而且用 $\mathbf{R} = M/\sim$ 表示全体实数。给定 $\alpha \in \mathbf{R}$，等价类 α 中的每个基本序列 $\{r_n\}$ 称为实数 α 的代表，进一步，给定有理数 $r \in \mathbf{Q}$，把与常数列 $\{r\}$ 等价的类记作 $\bar{r}$，在这样的视角下拓展的实数集 $\mathbf{R}$ 把有理数集 $\mathbf{Q}$ 包括了进去。例如，$\{1/n\} \in \bar{0}, \{0.\underbrace{99\cdots 9}_{n}\} \in \bar{1}$，而且 $\{1+1/n\} \in \bar{1}$。如果等价类 α 中的每个代表以某个有理数 a（仍记作 α）为极限，则称 α 为有理数，如果 α 中的代表不以任何有理数为极限，则称 α 为无理数（注：这里的无理数只不过一个形式符号，因为根本不知道不以有理数为极限的基本序列的极限是否存在）。这样，上述的 $\mathbf{R}$ 由两部分数组成，一部分是有理数，另一部分是无理数。

4.2.3.2 实数的四则运算

在等价类意义上的实数的加法是很容易定义的。首先注意到，由定义可以直接证明两个基本序列的和仍然是基本序列，两组等价的基本序列对应相加得到的基本序列仍然是等价的，这样就可以给实数加法下定义：

> 给定 $\alpha, \beta \in \mathbf{R}$，任取 $\{r_n\} \in \alpha$，$\{s_n\} \in \beta$，$\{r_n+s_n\}$ 所在的等价类称为实数 α 和 β 的和，记作 $\alpha+\beta$。

给实数下减法定义是显而易见的。由定义出发，易证 $(\mathbf{R}, +)$ 是一个阿贝尔群。

实数的乘法运算稍许复杂一点，但难度也不大。首先注意基本序列 $\{r_n\}$ 都是有界的（即存在 M 使得 $|r_n| \leqslant M$，$n=1, 2, \cdots$）。利用这个简单事实及插项技巧可以证明两个基本序列的乘积也是基本序列，两组等价的基本序列的对应乘积也是等价的基本序列。有了这些准备，就可以给实数乘法下定义：

> 给定 $\alpha, \beta \in \mathbf{R}$，任取 $\{r_n\} \in \alpha$，$\{s_n\} \in \beta$，$\{r_n s_n\}$ 所在的等价类称为实数 α 和 β 的乘积，记作 $\alpha \cdot \beta$。

要给实数的除法运算下定义，只要给实数 α 的倒数 α^{-1}（逆元）下定义。给定 $\alpha \in \mathbf{R}$，任取 $\{r_n\} \in \alpha$，如果存在 $\varepsilon_0 > 0$ 使得对于任何 n 都有 $|r_n \geqslant \varepsilon_0|$（只需 $\lim\limits_{n \to \infty} r_n \neq 0$ 即可），那么 α^{-1} 就可定义作基本序列 $\left\{\dfrac{1}{r_n}\right\}$ 所在的等价类。

从定义出发不难证明 $(\mathbf{R} \setminus \{0\}, \cdot)$ 是阿贝尔群，而且 $(\mathbf{R}, +, \cdot)$ 是域，详细证明请读者自己补充。

4.2.3.3 实数的顺序与绝对值

要在实数集 $\mathbf{R}$ 上引入顺序，首先得从引入正实数的概念入手。设 $\{r_n\}$ 是基本序列，如果存在正的有理数 ε_0 及自然数 N，使得当自然数 $n \geqslant N$ 时，有 $r_n \geqslant \varepsilon_0$ 成立，则称 $\{r_n\}$ 为正的基本序列，容易证明正的基本序列在等价关系下保持不变。这样，我们就可给正实数下定义：

> 凡是由正有理数基本序列的等价类确定的实数称为正实数。

第 4 章 ◎ 有理数与无理数

正实数全体记作 $\mathbf{R}_+$,用添加负号"—"的方法给负实数下定义,负实数全体记作 $\mathbf{R}_-$,显然 $\overline{0} \notin \mathbf{R}_+$ 而且 $\overline{0} \notin \mathbf{R}_-$。由定义可以证明 $\mathbf{R}_+$ 关于"+"与"·"运算封闭,而且,$\mathbf{R}_+ \cap \mathbf{R}_- = \varnothing$,$\mathbf{R} = \mathbf{R}_+ \cup \{\overline{0}\} \cup \mathbf{R}_-$。

正实数概念引入之后,我们就可以在 $\mathbf{R}$ 上规定序"<"如下:

$\boxed{\beta < \alpha\text{(读作 }\beta\text{ 小于 }\alpha\text{ 或 }\beta\text{ 在 }\alpha\text{ 之前)当且仅当 }\alpha - \beta > 0。}$

由定义可以证明 $(\mathbf{R}, <)$ 是有序域;而且阿基米德性质在 $(\mathbf{R}, <)$ 上成立(即若实数 $\beta > \alpha > \overline{0}$,则存在自然数 N 使得 $\overline{N}\alpha > \beta$);进一步"<"关于"+"及"·"都具有单调性,即若 $\alpha < \beta$,则 $\forall \gamma \in \mathbf{R}$ 有 $\alpha + \gamma < \beta + \gamma$;$\forall r \in \mathbf{R}_+$ 有 $\alpha r < \beta r$。

有了正实数、负实数的概念之后,就可以在 $\mathbf{R}$ 上引入绝对值的概念,而这项工作对于平时与实数有所接触的读者来说是很轻松的,这里略。

4.2.3.4 实数的完备性

实数的完备性是实数理论中最重要的概念,也是最重要的性质。所谓实数完备性,直观地说,就是用实数基本序列代替有理数基本序列施行同样的程序,所得的"新"数系还是实数系(不能再扩大!)。实数完备性由实数完备性定理确保,实数完备性定理是指柯西准则在实数集上成立,即

$\boxed{\text{实数序列 }\{\rho_n\}\text{ 在 }\mathbf{R}\text{ 中有极限当且仅当实数列 }\{\rho_n\}\text{ 是实数基本序列。}}$

该定理的必要性证明是显然的,但它的充分性证明的思想很深刻,我们这里介绍证明的基本思路。从定义出发,作适当的技术处理(插项及常数列构造)可以证明:有理数集 $\mathbf{Q}$ 在

实数集 **R** 中稠密,即任给两个实数 σ 与 ρ(不妨设 $\sigma<\rho$),必可找到有理实数 τ 使得 $\sigma<\tau<\rho$。而且也容易证明:"若有理数基本序列 $\{r_n\}\in\rho$,则 $\lim\limits_{n\to\infty}\bar{r}_n=\rho$"。现设任给 n 可找到 r_n 之后的项 r_m 使得 $r_n\neq r_m$,利用子列取代的技巧(有子列收敛,柯西基本序列自身也收敛)不妨设 $\rho_n\neq\rho_{n+1}$ 对一切 n 成立。由稠密性,任取有理实数 $\bar{r}_n$,使得 $\bar{r}_n$ 介在 ρ_n 与 ρ_{n+1} 之间,由基本序列的定义可以证明 $\{r_n\}$ 是有理基本序列,设 $\{r_n\}$ 所在的等价类为 ρ,再由定义及构造就可推得 $\lim\limits_{n\to\infty}\rho_n=\rho$。

4.2.3.5 附加说明

同在 1872 年,德国数学家魏尔斯特拉斯在他的著作《算术基本原理》中提出用递增有界序列(等价类)定义无理数的方案,也得到同行们的肯定。在 1872 年之前,使用无理数的人都被这样的一种观念支配着,即无理数是一个以有理数为项的无穷序列的极限。然而这个极限,假若是无理数,在逻辑上不知道其存在,除非无理数已经有了定义。康托尔指出,这里的逻辑上的错误,由于没有引起后继的困难,所以在相当长时间内没有被发现。魏尔斯特拉斯与康托尔等人在成功地建立他们自己的无理数学说的基础上,又对前期已经做的确界理论与区间套理论加以完善,给出相互等价的实数的确界定义法及区间套定义法,这些理论至今还是大学数学分析课程的主要内容之一。从分析数学的角度看康托尔的基本序列学说,感觉很舒服,因为这套理论骨子里的东西就是极限的本质思想在起主导作用,而且这套理论也不存在逻辑上的漏洞(假设无穷集存在!)。我们认为,更重要的是这套理论对构建数的运算理论特别方便(极限本质使然),难怪有那么多人钟爱它。但我们也

第 4 章 有理数与无理数

认为,从便于直观理解及使用方便的角度看,这套理论不见得有多少好处。例如,大家最熟悉的"1"就代表有理数序列 $\{r_n\}$（其中 $r_n = 0.\underbrace{99\cdots9}_{n}$）所在的等价类,也是有理数序列 $\{1+n^{-1}\}$ 所在的等价类,这对现代数学很熟悉的人来说当然很容易理解,但对那些数学知识积淀不太多的人来说,还不如 $\sum_{n=1}^{\infty} \dfrac{9}{10^n} = 1$ 来得直观!

4.2.4 戴德金分割说

1872 年,德国数学家戴德金（Dedekind,1831~1916 年）在他的著作《连续性与无理数》中发表了他的无理数理论,但他的思想来源却要回溯到 1858 年。当时他需要开微积分的课程,在上课的过程中,他发现实数系还没有逻辑基础,微积分中的一些最简单的定理都得借助几何直观来论证,甚至许多基本的算术定理都没有得到证明,像等式 $\sqrt{2}\cdot\sqrt{3}=\sqrt{6}$ 从来都没有严格地证明过。

戴德金自己承认,他预先已假定了有理数理论已经建立（事实上,直到 1889 年皮亚诺建立公理化的自然数定义之后,有理数的理论才真正得以建立）。为了达到对无理数的认识,他先提出什么叫做几何的连续性。今天大家都知道,全体实数与直线上的点一一对应,直线是连绵不断的,没有空隙,人们把直线的这一直观性质称为直线的连续性（这在几何学中是一条公理）。可是在戴德金的那个时代和早些时候的数学家们相信所谓连续就是在任何两数之间至少存在一个另外的数。这一性质现在大家都知道是稠密性,但有理数集本身是一个稠密集,因此,稠密性不等于连续性。当年对数学分析理论构建做出很大贡献的 Bolzano 就是因为把稠密性与连续性混为一谈，才导致他在连续函数零点存在定理的证明最关键的地方搞错了。戴德金正是在搞清稠密性与连续性的基础上，把早已出现在欧几里得《几何原本》中关于直线连续性的思想搬到数系中来，创建了他的实数分割学说。

4.2.4.1 戴德金分割的定义

戴德金分割说是从分析稠密性与连续性区别入手的。他认为有理数在直线上的分布是稠密的但不连续，存在着"漏洞"。那么怎样用精确的数学方法来刻画"漏洞"呢？"漏洞"是一个无法从自身的结构来定义的概念，但是"漏洞"在直线上对其他点起到"分割的作用"。这就是戴德金分割说的最初始想法。这里，我们回顾一下戴德金当年的说法。他说：让我们考虑任何一个把有理数系分成两类的划分，它使得第一类中的任一数小于第二类中的任一数。他把有理数系的这样一个划分叫做一个分割。如果用 A 与 A' 表示这两类，则 (A, A') 表示这分割。在一些分割中，或者 A 有个最大的数，或者 A' 有个最小的数；这样的而且只有这样的分割是由一个有理数确定的。但是存在着不是由有理数确定的分割。假如我们把所有的负有理数以及非负的且平方小于 2 的有理数放在第一类，把剩下的有理数放在第二类，则这个分割就不是由有理数确定的。通过每一个这样的分割，"我们创造出一个新的无理数 α 来，它是完全由这个分割确定的。我们说，这个数 α 对应于这个分割，或产生这个分割。"从而对应于每一个分割存在唯一的一个有理数或无理数。

下面，我们正式给出戴德金分割的数学定义：

第 4 章 ◎ 有理数与无理数

所谓戴德金分割（也称有理数的分割）就是指将有理数集 $\mathbf{Q}$ 分为两个非空的子集 A 与 A'，使得 A' 中的任何有理数都大于 A 中的任何有理数，通常把它简记作 $(A \mid A')$，并称 A 为分割的下集，A' 为分割的上集。

从戴德金自己的陈述中我们已经知道，戴德金分割将会出现 3 种不同情况：

(1) A 中有最大数，A' 中没有最小数；如
$A = \{a \in \mathbf{Q} \mid a \leqslant 1\}$，$A' = \{a \in \mathbf{Q} \mid a > 1\}$

(2) A' 中有最小数，A 中没有最大数；如
$A = \{a \in \mathbf{Q} \mid a < 1\}$，$A' = \{a \in \mathbf{Q} \mid a \geqslant 1\}$

(3) A 中没有最大数，A' 中也没有最小数；如
$A = \{a \in \mathbf{Q} \mid a^2 < 2\}$，$A' = \{a \in \mathbf{Q} \mid a^2 > 2\}$

进一步，从戴德金分割的定义中可以推出 A 与 A' 必不相交。因此，不可能出现 A 中既有最大数，A' 中又有最小数的情况。不然的话，由于有理数的稠密性，在 A 中最大数与 A' 中最小数之间还会有另一个有理数存在，这个数既不含在下集又不含在上集，这与戴德金分割的定义矛盾。从戴德金的自述中，我们知道，像上述 (1)、(2) 这两种"有端点分割"是由有理数确定的，而像上述情形 (3) 这种"无端点分割"就定义出一个新的数，称其为无理数。下面给出数学上的正式定义：

> 有理数的戴德金分割称为实数，其全体用 $\mathbf{R}$ 表示；有端点分割称为有理数；无端点分割称为无理数。

此外，著名数学史家 M·克莱因曾经指出，戴德金在叙述引进无理数时所用的语言中，也留下一些不完善的地方，戴德金说无理数 α 对应于这个分割，又为这个分割所定义。但戴

德金没有说清楚 α 是从哪儿来的,他应当说,无理数 α 不过是这一个分割。事实上,Heinrich Weber 告诉过戴德金这一点,而戴德金在 1888 年的一封信中却回答说,无理数 α 并不是分割本身而是某些不同的东西,它对应于这个分割而且产生这个分割。同样,虽然有理数产生分割,它和分割是不一样的。戴德金说,我们有创造这种概念的脑力。M·克莱因还认为,尽管戴德金的理论存在小许毛病,但经上述小修改之后,是完全符合逻辑的。

4.2.4.2 实数集 R 的顺序

戴德金用分割定义了实数之后,紧接着又在 R 上定义序。用现在的语言表述如下:设 $\alpha=(A|A'), \beta=(B|B')$ 为 R 中的两个元素,如果 $A=B$,则称 $\alpha=\beta$;如果 $A \subset B$,则称 α 小于 β,记作 $\alpha<\beta$,或称 β 大于 α,记作 $\beta>\alpha$。

容易证明,R 上的这个顺序关系若限制在有理数集 Q 上,则与原来 Q 上的顺序关系一致。从定义出发不难证明,R 上的顺序">"具有下述性质:

(1) **传递性** 若 $\alpha>\beta, \beta>\gamma$,则 $\alpha>\gamma$;

(2) **全序性** 对于 R 中任何二元 α 与 β,$\alpha<\beta, \alpha=\beta, \alpha>\beta$ 三个关系中有且仅有一个关系成立;

(3) **稠密性** 对于 R 中任何二元 α 与 β,若 $\alpha>\beta$,必存在 $r \in Q$,使得 $\alpha>r>\beta$。

4.2.4.3 实数集 R 上的四则运算

接着,戴德金还定义实数的运算。给定 $\alpha=(A|A'), \beta=(B|B')$,任取 $c \in Q$,如果有 $a \in A, b \in B$ 使得 $a+b \geq c$,则

把 c 放在类 C 中，而把所有其他的有理数都放在 C' 中，这两类数 C 与 C' 构成一个分割 $(C \mid C')$，因为 C 中的每个数都小于 C' 中的每一个数。这新得到的分割 $\gamma = (C \mid C')$ 就称为 $\alpha = (A \mid A')$ 与 $\beta = (B \mid B')$ 的和。他还说，其他运算可以类似地定义。在定义了加法"$+$"与乘法"$\cdot$"运算后，人们就可以从定义出发证明 $(\mathbf{R}, +, \cdot)$ 是一个域，我们认为，在戴德金分割意义下讲实数的运算，很明显不具有优越性，这里不详细展开讨论。

4.2.4.4　实数集 R 具有连续性及题外话

实数集具有连续性是戴德金分割理论中最标志性成果之一。直观地说，就是对新获得的实数系 R 施行像对有理数集 Q 那样所作的那种分割，将不会产生新的数。我们仅把实数集的连续性定理叙述在这里：

> 如果 $(A \mid B)$ 是实数集的一个戴德金分割，那么或者 A 中有最大数，或者 B 中有最小数。

进一步，我们还可以证明康托尔构建的实数集 R 与戴德金构建的实数集 R，从代数同构的观点看，它们是一样的。也就是说，这两种实数的定义是等价的，连续性定理与等价定理的证明难度都不是很大，由于篇幅关系，这里略去，有兴趣的阅读者可到张奠宙先生写的《中学代数研究》中去找。

戴德金创立的分割理论有许多优点：第一个优点是具有一义性，即不同的分割定义了不同的实数；第二个优点是几何直观性很强，没有涉及极限等抽象概念；第三个优点是把直线的连续性与实数的完备性统一起来。因此，这种分割理论简明而深刻,曾被当时的数学界认为人类智慧的创造物。不知什么原因,今天大学数学分析课程中很少讲戴德金的理论,也许与这种理论的实际应用不强有关系吧,还有经常要与集合打交道多麻烦,现在正值某些人都想一夜之间成为千万富翁的浮光掠影时期,哪里有"闲功夫"去理解那种完全由逻辑构造出来的智慧"怪物"。

4.2.5 实数公理化定义

随着戴德金分割理论介绍完毕,沿着综合溪流构建实数理论的任务已经完成(其中还有重复的部分)。希尔伯特当年(19世纪末)称上面所述的处理方式为原生法,他承认这种原生法可能有教学和直观推断的价值。但他认为,运用公理化方法给实数系统下定义,在逻辑上将更为可靠。下面我们首先回顾他的公理化定义的内容,然后作一些简单的点评。希尔伯特的公理化定义由不定义的词。"加法、乘法、顺序"(分别用符号$+$,$\cdot$,$<$表示),用形式符号a,b,c代表数,以及下述的4组公理(共18条)构建(详见 M. 克莱因著的《古今数学思想(四)》)。

Ⅰ 连接公理(6条)

(1)从数a与数b经过加法产生一个确定的数c;用符号表出便是

$$a+b=c \text{ 或 } c=a+b$$

(2)若a与b是给定的两数,则存在唯一的一个数x与唯一的一个数y,使

$$a+x=b, y+a=b$$

(3)存在一个确定的数,记为0,使对每一个a都有$a+$

第4章 有理数与无理数

$0=a$ 与 $0+a=a$。

(4) 从数 a 与数 b 经过另一方法——乘法,产生一个确定的数 c,用符号表示出便是 $ab=c$ 或 $c=ab$。

(5) 若 a 与 b 是任意给定的两数,且 a 不是 0,则存在唯一的一个数 x 与唯一的一个数 y,使 $ax=b$, $ya=b$。

(6) 存在一个确定的数,记为 1,使得对每一个 a 都有 $a \cdot 1=a$, $1 \cdot a=a$。

Ⅱ 运算公理(6 条)

(7) $a+(b+c)=(a+b)+c$

(8) $a+b=b+a$

(9) $a(bc)=(ab)c$

(10) $a(b+c)=ab+ac$

(11) $(a+b)c=ac+bc$

(12) $ab=ba$

Ⅲ 顺序公理(4 条)

(13) 若 a 与 b 是任意两个不同的数,则其中的一个必大于另一个,称后者为小于前者;用符号表出便是 $a>b$ 与 $b<a$。

(14) 若 $a>b$ 与 $b>c$,则 $a>c$。

(15) 若 $a>b$,则下述关系成立 $a+c>b+c$ 与 $c+a>c+b$。

(16) 若 $a>b$,$c>0$,则 $ac>bc$ 与 $ca>cb$。

Ⅳ 连续公理(2 条)

(17) (Archimedes 公理)若 $a>0$ 与 $b>0$ 是两个任意的数,则总可以把 a 自己相加足够的次数使 $a+a+\cdots+a>b$。

(18) (完备公理)对于数系,不可能加入任何集合的东西,使加入后的集合满足前述公理。扼要地说:数构成一个对象系,它在保持上述公理全部成立的情况下不能扩大。

希尔伯特自己承认,这些公理不是相互独立的,有些可以从另一些推导出来。他坚持认为实数的公理化定义是有必要的,用它可以反驳认为无穷集不存在的那些人的论调。他还指出,如果证明了这组公理的相容性(后来的哥德尔不完备定理已表明不能证明相容性),那么在数学意义上的实数就被定义出来了。大哲学家(也是数学家)罗素(Russell)对实数公理化定义持有不同的看法,他认为,公理化定义的实数是一下子就假定了那些能从小得多的一组公理推出来的东西,具有窃取辛勤劳动成果的嫌疑。

从现代代数学的观点看希尔伯特的公理化定义,确实存在着不是相互独立的东西(这违背了公理化思想的简约原则)。数学史家 M·克莱因认为,可以把实数的公理化定义概括为一句话:

实数系统是一个"完备的有序域"。

这句话的每一个词都表示一组法则而规定了数的行为。实数集 R 作为"域",必须装备"+"与"·"两种运算,$(R,+)$ 构成阿贝尔群,$(R\setminus\{0\},\cdot)$ 构成阿贝尔群,至于"+"与"·",则由分配律联系着,亦即 $(R,+,\cdot)$ 是域。有序是指在 R 上规定了序关系"<",$(R,<)$ 是全序集,而且"<"与"+"及"·"相容,即"<"关于"+"与"·"具有单调性。"完备"是实数集 R 最关键的一个性质,它是极限理论赖以成立的根本基础。至于 $(R,<)$ 具有阿基米德性质是可以从其他公理推导出来的。此外,实数系中"连续性"与"完备性"是等价的,这从戴德金与康托尔的理论中已经知道。说到这里,我们已经很清楚在希尔伯特的公理化定义中有哪些东西是多余的,这里不再细说。

第 4 章 ◎ 有理数与无理数

不管效果如何，到达这里我们总算把一大块的无理数（实数）理论介绍完毕，但是关于实数理论，还有一大块内容没有讲述，那就是关于代数数与超越数的话题，论述超越数需要用到较多的高等数学知识，由于篇幅的关系，我们这里暂时不予介绍。接下来，不妨玩一玩稍许轻松一点的东西。下面摘自高隆昌著的《数学及其认识》中关于实数的一首打油诗供有兴趣者欣赏：

实数 R＝一支箭⊕一个"0"⊕一个"1"（如下图），如此而已？

$$\longrightarrow \atop 0 \quad 1 \qquad R$$

实轴（既＝又≠）一根棒、一条线、一维物质空间？

那么实轴究竟是什么？

原来实轴是个抽象的一维世界；

实轴是一维的笛卡儿坐标系；

实轴是实数集的一个几何模型。

因此

实数集同构于（或说等价于，一一对应于）实轴。

所以

实轴⇔实数集。

但必须看到

从实数集到等价的实轴是个伟大的突破。

是实轴使实数集进入了直观世界，历历在目；

是实轴使我们"看到"了，R 应该有完备性，不应该缺损一个"点"。

是实轴使我们"看到"了更多、更多，

……

可也应该看到实轴毕竟只是"实轴"。

实轴给我们的只是个直观世界,

若要真正看"透"它,尚须"伟大的突破"。

……

4.2.6 带根号的无理数家族

在第6章的无穷基数中将会看到无理数的"个数"比有理数的"个数"多了很多,它们根本不在同一个"数量级"上,有人比喻"有理数是米,无理数是汤",应该说非常形象化。也许有人问,那么多的无理数,我们到哪里找?其实你只要找到一个无理数,等于已经找到与有理数个数一样多的无理数族(为什么?)。下面我们还会提到生成无理数的简单方法。在这个片段里,我们的中心任务是讨论带根号的无理数家族的特性、$\sqrt{2}$的近似值计算及$\sqrt{2}$在日常生活中的应用。

4.2.6.1 带根号的无理数家族的特性及无理数生成

据数学史书记载,最早发现无理数$\sqrt{2}$的人物是毕达哥拉斯学派的弟子希伯索斯,由于"万物皆数"神话破灭的天机被泄露,他惨遭被扔到大海中淹死的厄运。"$\sqrt{2}$不是有理数"被发现不久,同时代的古希腊数学家塞阿多斯(Theodorus,公元前470年左右)又证明了$\sqrt{3}$,$\sqrt{5}$,$\sqrt{6}$,$\sqrt{7}$,$\sqrt{8}$,$\sqrt{10}$,$\sqrt{11}$,$\sqrt{12}$,$\sqrt{13}$,$\sqrt{14}$,$\sqrt{15}$,$\sqrt{17}$也都不是有理数。其实运用王树禾先生在《数学演义》一书中给出的证明方法,对带"$\sqrt{}$"的无理数家族采用"批量"证法即可。实际上,只需

第 4 章 ○ 有理数与无理数

证得下述命题就可以了:

$\boxed{\text{若 } p \text{ 不是完全平方数的正整数,则 } \sqrt{p} \text{ 是无理数。}}$

其实,证明是很简单的。只要在适当场合运用算术基本定理(等价形式)即可。

若 $\sqrt{p} = \dfrac{u}{v}$ 而且 $(u, v) = 1$(即约分数),很显然 $v > 1$,$u > 1$。设 $u = u_1 u_2 \cdots u_n$,$v = v_1 v_2 \cdots v_m$ 分别是 u, v 的质因数分解式,不妨设

$$u_1 \leqslant u_2 \leqslant \cdots \leqslant u_n, \quad v_1 \leqslant v_2 \leqslant \cdots \leqslant v_m$$

由

$$\sqrt{p} = \frac{u}{v} = \frac{u_1 u_2 \cdots u_n}{v_1 v_2 \cdots v_m}$$

得

$$p = \frac{u_1^2 u_2^2 \cdots u_n^2}{v_1^2 v_2^2 \cdots v_m^2}$$

此式表明分母要全部去掉,因此 $v_i \mid u_1^2 u_2^2 \cdots u_n^2 (i = 1, 2, \cdots, m)$,再由算术基本定理的等价形式必有 $u_{j_i} (1 \leqslant j_i \leqslant m)$ 使得 $v_i = u_{j_i}$,这与 $(u, v) = 1$ 矛盾!

实际上,用上述同样的方法可以证明更一般的结论:

$\boxed{\text{若存在自然数 } k \text{ 使得 } k^n < N < (k+1)^n,\text{则 } \sqrt[n]{N} \text{ 必是无理数。}}$

接着,再利用反证法不难证明:若 a 是无理数,则对于任何正整数 k,$\sqrt[k]{a}$ 都是无理数。特别地 $\sqrt{\sqrt{2}} = \sqrt[4]{2}$ 是无理数。

进一步,我们还可以利用线性与分式线性"生产机",产生大批量的无理数。

(1) 若 a 是无理数,r, s 是有理数,而且 $r \neq 0$,则 $ra + s$ 也是无理数。

(2) 若 x_0 是无理数，a，b，c，d 都是有理数，而且 $bc \neq ad$，那么 $(ax_0+b)(cx_0+d)^{-1}$ 也是无理数。

这里的证明并不复杂，由阅读者自己完成。

4.2.6.2 用有理数逼近 $\sqrt{2}$

我们这里仅仅挑选几个复杂度不是太高而且颇有趣味的与用有理数逼近 $\sqrt{2}$ 相关的话题予以介绍。

(1) 向 $\sqrt{2}$ 逼近的梯子

古希腊人真是伟大，他们发现了用毕达哥拉斯定理做出无理数长度的方法，他们利用内接和外切正多边形面积序列的极限来逼近圆的面积，他们还想出一种运用比率的梯子算术来求出无理数的近似值。这里介绍如何用这方法求 $\sqrt{2}$ 的近似值，梯子的图形略，用文字代替叙述如下：

从梯子顶端的 1 加 1 开始，左列其余各数生成法如下：	从左列各数生成右列各数的方法如下：
$1+1=2$	$1+2=3$
$2+3=5$	$2+5=7$
$5+7=12$	$5+12=17$
$12+17=29$	$12+29=41$
$29+41=70$	$29+70=99$
……	

从上叙述看出，梯子同一级上两数的比值就含有比率 $1:\sqrt{2}$ 的成分，让我们把这个比率挤出来。事实上，这些比值越来越近于 $1/\sqrt{2}$。它们的极限就是 $1/\sqrt{2}$ 的值 ($1/\sqrt{2}=0.707106781\cdots$)。梯子同一级上两数的比值分别是：

第 4 章 有理数与无理数

$2/3 = 0.666\cdots$,$5/7 = 0.71428571428\cdots$
$12/17 = 0.70588235294\cdots$,$29/41 = 0.70731707317\cdots$
$70/99 = 0.7070\cdots$

你能用现代的数学理论去解释他们的方法吗?

(2) 出乎意料——求 $\sqrt{2}$ 的近似值的速度惊人地快!

利用不等式的运算规律及反复平方的技巧,能出人意料地加快求 $\sqrt{2}$ 的近似值的计算速度。以下介绍的内容归属于张景中先生(见《从 $\sqrt{2}$ 谈起》)。

由 $\left(\dfrac{3}{2}\right)^2 = \dfrac{9}{4} > 2$ 得

$$1 < \sqrt{2} < \dfrac{3}{2} \qquad ①$$

从①式的两端各减 1,得

$$0 < \sqrt{2} - 1 < \dfrac{1}{2} \qquad ②$$

②式自乘得 $0 < (\sqrt{2}-1)^2 < \dfrac{1}{4}$ 化简得

$$0 < 3 - 2\sqrt{2} < \dfrac{1}{4} \qquad ③$$

把③式的两端再平方,得

$$0 < 17 - 12\sqrt{2} < \dfrac{1}{16} \qquad ④$$

再平方,得

$$0 < 557 - 408\sqrt{2} < \dfrac{1}{256} \qquad ⑤$$

⑤式除以 408 便得

$$0 < \dfrac{577}{408} - \sqrt{2} < \dfrac{1}{104448} \qquad ⑥$$

不等式⑥式告诉我们，有理数 $\frac{577}{408}$ 比 $\sqrt{2}$ 略大一点，误差不超过 10^{-5}，即不超过十万分之一，它是 $\sqrt{2}$ 的相当好的近似值。用十进小数表示

$$\frac{577}{408} \approx 1.41421568\cdots \qquad ⑦$$

由⑥、⑦可知

$$1.414215 < \sqrt{2} < 1.414216 \qquad ⑧$$

其实，$\sqrt{2}$ 与 $\frac{577}{408}$ 之差比 10^{-5} 还要小。因为从⑧式知道 $\sqrt{2} > 1.4$，所以③式可以改进为

$$0 < 3 - 2\sqrt{2} < \frac{1}{5} \text{（即 } 0 < 1.5 - \sqrt{2} < 0.1\text{）} \qquad ⑨$$

把⑨式平方再平方，得

$$0 < 577 - 408\sqrt{2} < \frac{1}{625} \qquad ⑩$$

这比⑤式要准确得多了。⑥也可以改进为

$$0 < \frac{577}{408} - \sqrt{2} < \frac{1}{255000} \qquad (*)$$

这说明 $\frac{577}{408}$ 比 $\sqrt{2}$ 大不到 $\frac{1}{250\,000}$，即误差小于百万分之 4，或

0.000004。从⑦式可知 $1.4142153 < \sqrt{2} < 1.4142157$。

如果把（*）式的两端再平方一次，就可以求出 $\sqrt{2}$ 的 12 位有效数字，再平方一次，就达到 20 位以上的有效数字了。

用这种方法来计算，得到的有效数字不是一位一位地增加，而是成倍地增加。

(3) 巧合的事情能发生在 $\sqrt{2}$ 身上吗？

第 4 章 ◎ 有理数与无理数

很有趣的事情是，那些试图解出$\sqrt{2}$的人正是沿着毕达哥拉斯的整数比定义出发的。按照 $2=2/1=6/3=18/9=\cdots$ 的形式，他们相信分母按 n^2 计算下去，理应会得到分子和分母的平方数 $(q/p)^2$。于是，他们就按照这个方法去寻找。只要找到了，q/p 就会变成 $\sqrt{2}$。

毫无疑问，$\sqrt{2}$ 作为无理数是无法用分数表示出来的，但有人却找到了它的近似值。有位名叫特恩的数学家采用这个方法，在 288/144 处发现，当分子写大一位数字时，即 289/144，正好得到 $(17/12)^2$，而 $17/12=1.416\cdots$ 是个相当接近 $\sqrt{2}$ 的数值。看似建立在不正确的信念基础上的，其实是对数的强烈感觉带来的结果。你是否也能很幸运地发现点什么新东西呢？

真是巧合，有人利用边长为 12 的正方形的对角线为边长作正方形，其面积稍作变动，也能获得类似的结果：

设正方形 ABCD 每边长为 12，以其对角线 AC 为边做成的正方形 ACEF 的面积，应为正方形 ABCD 的 2 倍，即

$$AC^2 = 2AB^2 = 2\times 12^2 = 288 \approx 289 = 17^2$$

所以 $AC\approx 17$，因此 $\sqrt{2}=\dfrac{AC}{AB}\approx\dfrac{17}{12}=1.4166\cdots$。

为了进一步精确地求$\sqrt{2}$的近似值，有人想到用 $\left(17-\dfrac{1}{34}\right)^2\approx 2\times 12^2$ 来求，此时有

$$\sqrt{2}\approx\dfrac{1}{12}\times\dfrac{17\times 34-1}{34}=\dfrac{577}{408}=1.4142156\cdots$$

你认为这个人是怎样想到的呢？这里与前面提及的张景中

先生介绍的方法是否有异曲同工之处吗？

4.2.6.3 想不到 $\sqrt{2}$ 就在你身边!

都说黄金数 $\phi\left(=\dfrac{\sqrt{5}-1}{2}\right)$ 就在每个人的生活里（在《形的殿堂》中介绍），想不到 $\sqrt{2}$ 也频繁地出现在你我的日常生活中。我们经常听到调侃性的讽刺人的话语，他（她）怎么长得还没有 $\sqrt{2}$ 高，很少见到有人去挖掘 $\sqrt{2}$ 的美的源泉。据说名画"蒙娜丽莎"的长宽比刚好接近 $\sqrt{2}$，如果这件事情说明不了太大的问题，那么书籍的开本与代表中国古人智慧结晶的七巧板与 $\sqrt{2}$ 有不解之缘，那你肯定想知其一二吧！下面我们详细介绍这两个话题。

(1) 书的开本奥妙原来藏在 $\sqrt{2}$ 中!

如果将一张长方形的纸对折以后，要求得到的两个长方形相似，那么原来的那个长方形的长宽比是多少才能够达到这个要求呢？要解决这个问题，可设该长方形的宽是1，长是 x，由 $1:x=\dfrac{x}{2}:1$ 得到 $x^2=2$。可见，只要纸的长宽比是 $\sqrt{2}$ 就可以了。这可不是纯数学问题，现在复印机使用的 A 规格和 B 规格的纸就是根据这个原理制作的，而且所有书本的长宽之比都是按照这个原理设计的。

不信？请你到书架上拿一本书来，翻开版权页，你就会看到这一类的字样："开本 787×1092 1/16"或"开本 850×1168 1/32"。

在印刷行业中，通常把一张完整的纸对折后称"对开"，把一张"对开"的纸再对折之后称为"4开"，"4开"纸再对折称

第4章 ◎ 有理数与无理数

为"8开",继续对折下去,就得到"16开"、"32开"……的纸。

纸的长与宽之比为 $\sqrt{2} \approx 1.4142\cdots$。所有的全张纸,对开纸、4开纸、8开纸,……,$2^n$ 开纸都是相似的,它们的长宽之比均为 $\sqrt{2}$。

书的开本指它的幅面是几开纸。例如,"开本 787×1092 1/16"表示这本书是 16 开本,它每一面的尺寸等于用长为 1092 毫米,宽为 787 毫米的纸对裁 4 次($2^4=16$)之后的纸的尺寸。实际的书长与宽之比都接近 1.4,至于略有误差,那是装订时切边所造成的。

不妨请你计算一下,开本为"850×1168 1/32"的书实际的长和宽各是多少(理论上,装订切边不予考虑)?挺有趣吧!

(2) 有趣七巧板的奥妙也在 $\sqrt{2}$ 中

我国有一个起源于宋代的智力游戏,用 7 块小纸板拼成各种巧妙的图案,称为"七巧板"。七巧板的构成非常简单,如右图所示。画一个正方形及其一条对角线,然后反复取中点连接一些线段,就能画出七巧板的组合图。将

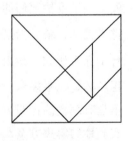

一块同样尺寸的正方形纸板,按照上图的线条把纸板剪开,就做成了一副七巧板。它由 5 个等边直角三角形(两个大的,一个中等的,两个小的)、一个正方形和一个平行四边形组成。

假若原来的大正方形的边长为 1,则对角线为 $\sqrt{2}$。你能很快地求得各种小图形的边长吗?动笔算一算就可以了。

现在我们要考虑的问题是有一个很大很大的七巧板,该七巧板中有一个正方形,把这个正方形再划分成七巧板,新的一

副七巧板中又有一个正方形,再分成七巧板,如此继续,连分7次。要求每一次的7块小板中每一块的面积都是整数,可以做得到吗?如果可以做到,开始时的正方形的边长最小应是多少?答案:可以!而且若设原正方形的边长为 $4k$(为什么?),则 k 的最小值为 $2^{10} \times \sqrt{2}$,你能说出其详细的理由吗?

4.2.7 追问无理数产生的历史源头

要追问无理数产生的历史源头,首当其冲,首先要追溯到早期的古希腊。古希腊数学家毕达哥拉斯(Pithahoras)的一个学生希帕索斯(Hippasus),在研究单位正方形的对角线的度量时发现,对角线的长度不能用整数,也不能用分数表示。毕氏学派主张"万物皆数",即万物皆可用整数或整数之比表示,希帕索斯的发现摧垮了他们的信念,引起了他们的惊恐不安。为了维护他们的信条,驱走这个异端,他们把希帕索斯投进了大海。希帕索斯虽死了,但问题并没有解决。他们对 $\sqrt{2}$ 进行了深入研究,结果导致了 $\sqrt{2}$ 与 1 不可公度的证明,即 $\sqrt{2}$ 不能用整数之比来表示。这就是现在人们在大多数教科书见到的 $\sqrt{2}$ 不是有理数的证明方法(反证法)。由于这个问题在当时没有实质性的解决方案,引发了历史上的第一场数学危机。为回避这场危机,当时希腊最了不起的人物欧多克斯(Eudoxus,公元前408~前355年)提出了一个具有历史意义的观点,他认为量是连续变动的,而数与量不同,是从一个跳到另一个的,如从 4 跳到 5。欧多克斯创建的这种把"数"与"量"分离的方法,使人们暂时忘却了因"无理数"而引起的内心忧虑。从现在的观点回头看(后知总是比先知容易),欧多克斯当年运用公理法建立的比例理论(后人公认他对数学作出的一项杰出

第 4 章 ◎ 有理数与无理数

贡献）是用回避的方法处理无理数（不可通约）问题，实际上，他的解决方案离无理数的危机解决只有一步之遥。魏尔斯特拉斯、戴德金的工作从本质上说就是从欧多克斯思想的基础上发展起来的，可惜智力这种东西与时代背景密切相关。也幸亏欧多克斯把古希腊人引到几何学王国中，不然怎么会有后来那些惊天动地的大事情发生。留些缺陷，也许是另一种风景！

现在，我们再来看咱中国古代。中国很早接触了无理数问题，但对这种数的性质没有深入研究，而是致力于它的近似值的计算。公元 3 世纪，刘徽采用 $\sqrt{a^2+r} \approx a+\dfrac{r}{2a}$ 和 $\sqrt{a^2+r} \approx a+\dfrac{r}{2a+1}$ 两种方法求不尽根。他以后的一些数学家也大都采用这两种方法，使所求得的值愈益精确。很遗憾，"无理数"跟中国人真是有缘无分，明明它已经来到中国人的面前，但由于古代中国人天生缺乏抽象的思维能力，竟然对无理数这座宝藏视而不见。

接下来，我们看看其他国家的情况。印度人早就认识到开方不尽的数，他们最早把无理数视为与有理数一样的数（统一处理）。例如，$\sqrt{c}+\sqrt{d}=\sqrt{c+d+2\sqrt{cd}}$，这是因为 $a+b=\sqrt{a^2+b^2+2ab}$，这里实际上是把 $\sqrt{c}$ 和 $\sqrt{d}$ 当作有理数看待了，这应该是印度人的一大成就。

欧洲人对无理数的认识历史是比较缓慢的（后期的德国可大不一样！），像帕斯卡、巴罗等数学家认为不尽根 $\sqrt{3}$ 是不可解释的。英国代数学者哈里奥特是欧洲最早接受无理数的人，他认为只要能参与运算就是数，不管它是否能用十进小数确定下来。由于实际数学工作的需要，数学家们不仅在数学计算中承认正数的任何次方根的存在,而且还利用连分数作工具,对无理数作较深入的个案研究,如证明圆周率 π 和常数 e 是无理数,这些成果发生在 16~18 世纪当属很不简单。

历史真是很会捉弄人,无理数理论构建在 1872 年之前没有取得多少实质性的进展,但同在 1872 年,同在一个德国的 3 位大数学家同时从 3 条不同的途径创建了无理数理论。殊途同归,从形式上看,他们虽然表现各异,但从代数同构的角度看,它们却完全是一样的。这真是充分体现了数学的魅力所在。我们现在有足够的理由,可以说,1872 年这个不寻常的年份是无理数研究的黄金时期,按照现代时髦的说法,这一年就是巅峰对决的年份。

附录 H 若干有理数与无理数趣味题

H.1 若干有理数与无理数趣味思考题

思考题 1 设 n 是大于 2 的正整数,你能判断 $\sqrt{\underbrace{11\cdots1}_{n}}$,$\sqrt{\underbrace{22\cdots2}_{n}}$,$\cdots$,$\sqrt{\underbrace{99\cdots9}_{n}}$ 这 9 个数中有有理数吗?

思考题 2 你能判断下列数列 $\{a_n\}$ 是有理数列吗?

(1) $a_n = \sqrt{\underbrace{44\cdots4}_{n}\underbrace{88\cdots8}_{n}9}$ ($n \geqslant 1$)

(2) $a_n = \sqrt{\underbrace{11\cdots1}_{2n} - \underbrace{22\cdots2}_{n}}$ ($n \geqslant 1$)

(3) $a_n = \sqrt{\underbrace{11\cdots1}_{n-1}\underbrace{22\cdots2}_{n}5}$ ($n \geqslant 1$)

(4) $a_n = \sqrt{\underbrace{11\cdots1}_{n+1}\underbrace{55\cdots5}_{n}6}$ ($n \geqslant 1$)

第4章 有理数与无理数

(5) $a_n = \sqrt{7\underbrace{11\cdots12}_{n-1}\underbrace{88\cdots89}_{n-1}}$ $(n \geqslant 1)$

思考题 3 设 $a_1, a_2, \cdots, a_n$ 都是整数，如果 n 次代数方程
$$x^n + a_1 x^{n-1} + a_2 x^{n-2} + \cdots + a_{n-1} x + a_n = 0$$
的实根不是整数，你能判断它们都是无理数吗？

思考题 4 设 a_n 是和式 $S_n = 1^2 + 2^2 + \cdots + n^2$ 的个位数字 ($n=1, 2, \cdots$)，你能判断 $0.a_1 a_2 \cdots a_n \cdots$ 是有理数吗？

思考题 5 设 a_i ($i=1, 2, \cdots, n$) 都是正的有理数，而且 $r = \sqrt{a_1} + \sqrt{a_2} + \cdots + \sqrt{a_n}$ 也是有理数，你能判断 $\sqrt{a_i}$ ($i=1, 2, \cdots, n$) 都是有理数吗？

H.2 关于无限循环小数的三个趣味难题

趣味难题 1（蜻蜓咬尾） 有些循环小数具有奇妙的特性，如
$$\frac{1}{7} = 0.\dot{1}4285\dot{7}$$
循环节 142857 是个很有趣的数。当把后面的数码依次调到前头时，所得的数恰是原来的倍数：
$$714285 = 142857 \times 5$$
$$571428 = 142857 \times 4$$
$$857142 = 142857 \times 6$$
$$285714 = 142857 \times 2$$
$$428571 = 142857 \times 3$$
其中，最后一道算式，即 1956 年上海市第一届中学生数学竞赛题的答案。原题如下："设有六位数 $1abcde$，乘以 3 后，变成 $abcde1$，求这个数"。

数 的 家 园

由于上题中的位数是确定的,所以可以用代数的方法进行求解。令

$$x=\overline{abcde}$$

则依题意 $(10^5+x) \cdot 3 = 10x+1$

解得 $x=42857$

不过,倘若所求数的位数不知道,那么就有些困难。这类问题在数学游戏中称为"蜻蜓咬尾"。下面便是一道"蜻蜓咬尾"题:一个多位数,最高位是7,要把头上这个7剪下来,接到这个数的尾巴,使得到的新数是原数的1/7。

$$\begin{array}{r} a\,b\,c\,\cdots\,s\,t\,7 \\ \times\qquad\qquad 7 \\ \hline 7\,a\,b\,c\,\cdots\,s\,t \end{array}$$

这道题可以用"蚂蚁啃骨头"的办法,从上式步步推算出结果。所得的是一个长达22位的数目,你能给出答案吗?

趣味难题 2(两头蛇数) 循环小数最为神奇的性质是:分母是质数的分数,若具有偶数循环节,则其相隔半个循环节长度上的两个数字之和为9。下面的例子可以清楚地看到这一点:

$$\frac{1}{7}=0.\dot{1}4285\dot{7}$$

$$\frac{1}{13}=0.\dot{0}7692\dot{3}$$

$$\frac{1}{17}=0.\dot{0}588235294117647\dot{}$$

$$\frac{1}{19}=0.\dot{0}52631578947368421\dot{}$$

$$\begin{array}{r} 1\,4\,2 \\ +\,8\,5\,7 \\ \hline 9\,9\,9 \end{array} \qquad \begin{array}{r} 0\,7\,6 \\ +\,9\,2\,3 \\ \hline 9\,9\,9 \end{array}$$

第 4 章　有理数与无理数

$$
\begin{array}{r} 0\;5\;8\;8\;2\;3\;5\;2 \\ +\;9\;4\;1\;1\;7\;6\;4\;7 \\ \hline 9\;9\;9\;9\;9\;9\;9\;9 \end{array}
\qquad
\begin{array}{r} 0\;5\;2\;6\;3\;1\;5\;7\;8 \\ +\;9\;4\;7\;3\;6\;8\;4\;2\;1 \\ \hline 9\;9\;9\;9\;9\;9\;9\;9\;9 \end{array}
$$

要说道理并不难。假定 p 为质数，n/p 的循环节长为 $2s$，前半循环节为 A，后半循环节为 B。于是

$$\frac{n}{p}=0.ABABAB\cdots=\frac{\dfrac{A}{10^s}+\dfrac{B}{10^{2s}}}{1-\dfrac{1}{10^{2s}}}=\frac{A\cdot 10^s+B}{(10^s+1)(10^s-1)}$$

很明显，10^s-1 不能被 p 整除。若不然，有 $10^s-1=kp$，则

$$\frac{n}{p}=\frac{kn}{10^s-1}=\frac{kn}{10^s}\left(1+\frac{1}{10^s}+\frac{1}{10^{2s}}+\cdots\right)$$

其循环节长只有 s，这与原来的假定有矛盾。这样，由前面式子知道，p 既不能整除 10^s-1，则必整除 10^s+1。所以，

$$\frac{n}{p}\cdot(10^s+1)=\frac{A(10^s-1)+A+B}{10^s-1}=A+\frac{A+B}{10^s-1}$$

上式左端显然是整数，从而右端也必须是整数。再注意到 A、B 都不大于 10^s-1，从而只能 $A+B=10^s-1=\underbrace{999\cdots 9}_{s}$。

下面，我们再看一个由此引申出来的极为有趣的问题。这个问题有一个使人毛骨悚然的名字——两头蛇数，它刊载于颇负盛名的《美国游戏数学杂志》。问题是这样的：

在一个自然数 N 的首尾各添一个 1，使它形成一个两头为 1 的"两头蛇数"。若此数正好是原数 N 的 99 倍，求数 N？

试问：你能利用分母是质数的循环小数的特性，给出寻找 N 的方法吗？

趣味难题 3（解不开的结）　以奇素数（不包括 5）为分母的循环小数具有许多非常迷人的特性，也有许多至今未能解

决的难题。现在人们已经知道奇素数（不包括5）为分母的单位分数的循环节的长度 h（$\geqslant 1$）必定能整除 $p-1$，如

$$\frac{1}{3}=0.\dot{3}, \quad h(3)=1, \quad \frac{1}{7}=0.\dot{1}4285\dot{7}, \quad h(7)=6$$

$$\frac{1}{11}=0.\dot{0}\dot{9}, \quad h(11)=2, \quad \frac{1}{13}=0.\dot{0}7692\dot{3}, \quad h(13)=6$$

$$h(17)=16, \quad h(19)=18, \quad h(23)=22$$

$$h(29)=28, \quad h(31)=15, \quad h(37)=3$$

$$h(41)=5, \quad h(43)=21, \quad h(47)=46$$

但到目前为止，还不知道如何根据 p 的特点决定循环节长度 h。有兴趣深入探讨的读者不妨查阅一些相关的资料。

4.3 连分数

据说，印度数学家阿耶波多（I. Aryabhata，476～500年）最先使用连分数解不定方程；意大利数学家卡塔迪（P. A. Cataldi，1552～1626年）利用连分数研究平方根；意大利数学家邦别利（R. Bombelli，1526～1572年）用连分数表示 $\sqrt{2}$；后来英国人布朗克用连分数表示 π，兰伯特借助连分数证明 π 是无理数。十七八世纪有不少数学家对连分数进行研究，连分数最神奇的地方是给出超越数的一般表示形式，连分数还在天文学中得到广泛应用。然而在 19 世纪之后，研究与应用连分数的人越来越少，我们猜测最主要的原因是连分数的计算并不像极限与级数那样方便（即非线性与线性的差别）。我们在这一节介绍连分数，主要目的是运用连分数的简单知识解决与计时有关的简单天文学问题，连分数的理论并不打算深入探讨。另外，我们还把与计时有关的天文学常识放在附录中

第 4 章 有理数与无理数

介绍,这部分内容在一般的数学教材中是很难找到的,但它们的确与数学联系很密切而且实用性很强。

4.3.1 连分数的定义与例子

我们这里仅介绍简单连分数。直观地说,连分数就是以降序方式(阶梯式)排列的繁分数(即分数中套分数)。因此,连分数的书写与计算都不太方便。

若 a_0 是非负整数,$a_1, \cdots, a_n$ 正整数,则称

$$a_0 + \cfrac{1}{a_1 + \cfrac{1}{a_2 + \cfrac{\ddots}{ + \cfrac{1}{a_n}}}}$$

为 n 级简单连分数。为方便起见,可简记作 $[a_0; a_1, a_2, \cdots, a_n]$。这里第一个用";"表示与后面的","有区别,并称 $[a_0; a_1, a_2, \cdots, a_k] = \dfrac{p_k}{q_k}$ ($k = 0, 1, 2, \cdots, n$) 为连分数 $[a_0; a_1, a_2, \cdots, a_n]$ 的第 k 个渐近分数。

若 a_0 是为非负整数,$a_1, a_2, \cdots, a_n \cdots$ 是正整数的无穷序列,则称

$$a_0 + \cfrac{1}{a_1 + \cfrac{1}{a_2 + \cfrac{\ddots}{ + \cfrac{1}{a_n + \cdots}}}}$$

为无限简单连分数。为方便起见,简记作 $[a_0; a_1, a_2, \cdots, a_n \cdots]$。

在无限简单连分数中,如果存在 s 及 h 使得只要 $n > s$ 就有 $a_n = a_{n+h}$,则称 $[a_0; a_1, a_2, \cdots, a_n \cdots]$ 为循环连分数,简记作 $[a_0; a_1, \cdots, a_s, \dot{a}_{s+1}, \cdots, \dot{a}_{s+h}]$。

下面，我们用一些具体例子说明求连分数展开式的方法，这里的主要素材来自王仁发编著的《高观点下的中学数学代数学》。

例 1 把分数 $\frac{67}{29}$ 化成简单连分数，并求出它的渐近分数。

解 把有理数化为简单连分数的最通用方法是辗转相除法。我们用下面的图示展示其过程：

67		29	
58	2		$67=29\times 2+9$
9	3	27	$29=9\times 3+2$
8	4	2	$9=2\times 4+1$
1	2	2	$2=1\times 2+0$
		0	

因此 $\frac{67}{29}=[2;3,4,2]$。而且 $\frac{67}{29}$ 的第 k 个（$k=0,1,2$）渐近分数分别是

$$\frac{p_0}{q_0}=2, \quad \frac{p_1}{q_1}=[2;3]=\frac{7}{3}, \quad \frac{p_2}{q_2}=[2;3,4]=\frac{30}{13}$$

例 2 把 $\pi=3.14159265\cdots$ 化成简单连分数，并求它的前 4 个渐近连分数。

解 对 $3.14159265/1$ 用辗转相除法得

3.14159265		1
3	3	
0.14159265	7	0.99114855
0.13277175	15	0.00885145
0.00882090	1	0.00882090
	⋮	0.00003055

因此有 $\pi=[3;7,15,1,\cdots]$。

它的前 4 个渐近分数分别是

第 4 章 ◎ 有理数与无理数

$\dfrac{p_0}{q_0} = \dfrac{3}{1} = 3$（经一周三，《周髀算经》）

$\dfrac{p_1}{q_1} = [3; 7] = \dfrac{22}{7}$（约率，何承天，公元 370~447 年）

$\dfrac{p_2}{q_2} = [3; 7, 15] = \dfrac{333}{106}$，$\dfrac{p_3}{q_3} = [3; 7, 15, 1] = \dfrac{355}{113}$（密率，祖冲之，公元 429~500 年）。

中国古代数学家对 π 的重大贡献，竟然含在 π 的渐近分数中，真是奇迹！

注 有兴趣的读者可以把 e 的连分数推导出来，参考答案是 e=[2; 1, 2, 1, 1, 4, 1, 1, 6, 1, 1, 8, …]

例 3 把 $\sqrt{2}$ 与 $\dfrac{\sqrt{3}-1}{2}$ 化成连分数。

解 （1）$\sqrt{2} = 1 + (\sqrt{2}-1) = 1 + \dfrac{1}{1+\sqrt{2}} = 1 + \dfrac{1}{2+(\sqrt{2}-1)}$

$= 1 + \dfrac{1}{2 + \dfrac{1}{1+\sqrt{2}}} = 1 + \dfrac{1}{2 + \dfrac{1}{2+(\sqrt{2}-1)}} = \cdots$

因此

$$\sqrt{2} = [1; 2, 2, 2, \cdots] = [1; \dot{2}]$$

（2）$\dfrac{\sqrt{3}-1}{2} = \dfrac{1}{\dfrac{2}{\sqrt{3}-1}} = \dfrac{1}{\sqrt{3}+1} = \dfrac{1}{2+\sqrt{3}-1}$

$= \dfrac{1}{2 + \dfrac{2}{\sqrt{3}+1}} = \dfrac{1}{2 + \dfrac{1}{\dfrac{\sqrt{3}+1}{2}}} = \dfrac{1}{2 + \dfrac{1}{1+\dfrac{\sqrt{3}-1}{2}}} = \cdots$

因此

$$\dfrac{\sqrt{3}-1}{2} = [0; 2, 1, 2, 1, \cdots] = [0; \dot{2}, \dot{1}]$$

注 用类似的方法我们可以求得

$$\sqrt{3}=[1;1,2,1,2,\cdots]=[1;\dot{1},\dot{2}]$$

$$\sqrt{5}=[2;\dot{4}], \quad \frac{\sqrt{5}+1}{2}=[1;\dot{1}]$$

$$\sqrt{7}=[2;\dot{1},1,1,\dot{4}], \quad \sqrt{41}=[6;\dot{2},\dot{2},1\dot{2}]$$

$$\sqrt{n^2+1}=[n,2n,2n,2n,\cdots]$$

$$\sqrt{n^2-1}=[(n-1);1,2(n-1),1,2(n-1),\cdots]$$

4.3.2 若干连分数的重要结论

连分数有许多漂亮的结果,由于推导过程较复杂,我们这里仅把一些非常漂亮的结果不加证明地罗列出来,想深入下去思考的读者需再查阅相关资料。

结论 1(连分数与渐近分数的关系) 设 $\frac{p_k}{q_k}(k=0,1,2,\cdots,n)$ 是有限简单连分数 $[a_0;a_1,a_2,\cdots,a_n]$ 的渐近分数,那么有下列关系成立

(1) $p_0=a_0, \quad p_1=a_1a_0+1,\cdots,p_k=a_kp_{k-1}+p_{k-2}$,
$q_0=1, \quad q_1=a_1,\cdots,q_k=a_kq_{k-1}+q_{k-2}$;

(2) $p_kq_{k-1}-p_{k-1}q_k=(-1)^k(k\geqslant 1)$;

(3) $p_kq_{k-2}-p_{k-2}q_k=(-1)^{k-1}a_k(k\geqslant 2)$。

结论 2(最佳逼近性质) 设 $\alpha=[a_0;a_1,a_2,\cdots,a_n,\cdots]$,即约分数 $\frac{p_k}{q_k}(k=0,1,2,\cdots)$ 是 α 的第 k 个近似连分数,则在一切分母不超过 q_k 的分数 $\frac{p}{q}$ 中,$\frac{p_k}{q_k}$ 和 α 最接近,即当 $q\leqslant q_k$ 而且 $\frac{p_k}{q_k}\neq\frac{p}{q}$ 时,有

$$\left|\alpha-\frac{p_k}{q_k}\right|<\left|\alpha-\frac{p}{q}\right|$$

更准确地说有

$$\left|\alpha-\frac{p_k}{q_k}\right|\leqslant\frac{1}{q_k q_{k+1}}$$

结论 3（展开定理） 每一个实数都能写成独一无二的简单连分数（展开式），当该实数是有理数时，展开式就是有限简单连分数；当该实数是无理数时，展开式就是无限简单连分数；当该实数是无理数而且是代数数时，展开式就是无限循环简单连分数；当该实数是超越数时，展开式就是无限不循环连分数。

结论 4（收敛等价性） 简单连分数 $[a_0;a_1,a_2,\cdots,a_n,\cdots]$ 收敛（即它的渐近分数 $\frac{p_k}{q_k}$ 组成的序列收敛）当且仅当无穷级数 $\sum_{n=1}^{\infty}a_k$ 发散。

结论 5（辛钦定理） 设实数 $\alpha=[a_0;a_1,a_2,\cdots,a_n,\cdots]$，对于几乎所有的 α 都有 $\lim_{n\to\infty}\sqrt[n]{a_1 a_2\cdots a_n}=$ 常数 k，其中 $k=2.685452001\cdots$（辛钦定理是 20 世纪末的成果）。

4.3.3 连分数在天文学中的应用

数学家和天文学家们很早就知道利用连分数解决计时中碰到的困难问题。以下我们举 3 个例子说明，这里的主要素材取自《华罗庚科普著作选集》及北京大学张顺燕先生著的《数学的源与流》。

4.3.3.1 人造卫星什么时候接近地球?

1959年,前苏联第一次发射了人造卫星。当时的报纸报道说,这颗人造卫星绕太阳一周的时间是450天,前苏联专家已经推算出,5年之后这颗人造卫星又将接近地球,而在2113年又将非常接近地球,这到底是怎样推算出来的呢?实际上运用连分数知识推算就可以获得答案。人们已经知道地球绕太阳一周的时间大约是 $365\frac{1}{4}$ 天(天文年),现把 $\dfrac{450}{365\frac{1}{4}}=\dfrac{1800}{1461}$ 用辗转相除法展开为连分数如上图所示。

由此得 $\dfrac{1800}{1461}=[1;4,3,4,2,1,2]$,它的前 k 个渐近分数分别为

$$\frac{p_0}{q_0}=1;\quad \frac{p_1}{q_1}=\frac{5}{4};\quad \frac{p_2}{q_2}=[1;4,3]=\frac{16}{13},$$

$$\frac{p_3}{q_3}=[1;4,3,4]=\frac{69}{56},$$

$$\frac{p_4}{q_4}=[1;4,3,4,2]=\frac{154}{125},\quad \cdots$$

第一个分数 5/4 表明人造卫星转 4 圈,地球转了 5 圈,即 5 年后人造卫星与地球较接近,以此类推,一直到第 4 个分数 $\dfrac{154}{125}$,该分数表明人造卫星转 125 圈,地球转了 154 圈,当时是 1959 年,1959+154=2113(年),因此在 2113 年人造卫星

第 4 章 有理数与无理数

非常接近地球。如果有兴趣,不妨把余下的那个渐近分数$\left(\text{其值为}\frac{223}{181}\right)$及前面的几个渐近分数与真实值比较一下,哪个误差最小(最接近)?

4.3.3.2 连分数在公历闰年确定中的应用

我们现在采用的公历是在儒略历的基础上小作改进发展起来的(见附录)。儒略历的每年设置为 365 天,而一个回归年(也称天文年)是 365.2422 天(即 365 天 5 小时 48 分 46 秒),每年实际多出的时间为 0.2422 天,每一万年儒略年要加上 2422 天才能与回归年重合,也就是说平均每百年要闰 24 天,这就是现在采用的"四年一闰,百年少一闰,而四百年又多一闰"的源头所在。数学家们利用连分数对设置闰年的办法提出了自己的高见,他们首先把"回归年"的时间化成分数,即

$$365+\frac{5}{24}+\frac{48}{24\times 60}+\frac{46}{24\times 60\times 60}=365\frac{10463}{43200} \text{(天)}$$

然后再将它展成连分数

$$365\frac{10463}{43200}=[365;4,7,1,3,5,64]$$

分数部分的渐近分数是

$$\frac{1}{4},\ [4,7]=\frac{7}{29},\ [4,7,1]=\frac{8}{33},\ [4,7,1,3]=\frac{31}{128}$$

$$[4,7,1,3,5]=\frac{163}{673},\ [4,7,1,3,5,64]=\frac{10463}{43200}$$

这些渐近分数也一个比一个精密。这说明,四年加一天是初步的最好的近似值,但 29 年加 7 天更精密些,33 年加 8 天又更精密些,而 99 年加 24 天正是我们百年少一闰的由来。由上面的数据也可晓得,128 年加 31 天更精密。积少成多,如

果过了 43200 年，照百年 24 闰的算法，一共加了 $432 \times 24 = 10368$ 天。但是照精密的计算，却应当加 10463 天，这样一来，少加了 95 天，这就是说，按照百年 24 闰的算法，过 43200 年后，人们将提前 95 天过年，也就是秋初就要过年了！所以历法又规定每 400 年加一闰。这样做闰年又多了，所以进一步规定：世纪数不能被 4 整除的世纪年，如 1700，1800，1900，2100，2200，2300，⋯不是闰年，而其余的世纪年，如 1600，2000，2400，⋯是闰年但还是有点多，现在有人提出，4000，8000，⋯不作为闰年，这是一个仍未解决的问题。

4.3.3.3 连分数在农历制定中的应用

第一个需要解决的问题是：农历的大月 30 天、小月 29 天是怎样安排的？

现在人们已经知道朔望月是 29.5306 天（见附录），把小数部分展为连分数：

$$0.5306 = [1,1,7,1,2,33,1,2]$$

它的渐近分数是：

$$\frac{1}{1}, \frac{1}{2}, \frac{8}{15}, \frac{9}{17}, \frac{26}{49}, \frac{867}{1634}, \frac{893}{1683}。$$

也就是说，就一个月来说，最近似的是 30 天，两个月就应当一大一小，而 15 个月中应当 8 大 7 小，17 个月中 9 大 8 小等。就 49 个月来说前两个 17 个月里，都有 9 大 8 小，最后 15 个月里，有 8 大 7 小，这样在 49 个月中，就有 26 个大月。

接下来，要回答的问题是：农历中的"闰月"是如何计算出来的？

前面已经提到一个回归年是 365.2422 天，朔望月是 29.5306 天，而它正是我们通用的农历月，因此一年中应该有

第 4 章 有理数与无理数

$$\frac{365.2422}{29.5306} = 12.37\cdots = 12\frac{10.8750}{29.5306}$$

个农历的月份,也就是多于 12 个月。因此农历有些年是 12 个月;而有些年有 13 个月,称为闰年。把分数部分展成连分数,得到"

$$\frac{10.8750}{29.5306} = [2,1,2,1,1,16,1,5,2,6,2,2]。$$

它的渐近分数是:

$$\frac{1}{2}, \frac{1}{3}, \frac{3}{8}, \frac{4}{11}, \frac{7}{19}, \frac{116}{315}, \frac{123}{334}, \frac{731}{1935} \cdots$$

因此,2 年 1 闰太多,3 年 1 闰太少,8 年 3 闰太多,11 年 4 闰太少,19 年 7 闰又稍许嫌多,中国的农历采用"19 年 7 闰"法是有科学依据的。

然后,还有一个问题需要解答,农历的闰月如何安置?

历史上曾有过不同的处理,大致上,西汉初期以前,都把闰月放在一年的末尾。例如,汉初把九月作为一年的最后一个月,那时的闰月就放在九月之后,称为"后九月"。到了后来,随着历法的逐步精密,安置闰月的方法与二十四节气(见附录)紧密联系起来,具体地说,就是把不含有中气的月份作为闰月,这个置闰规则直到今天仍在使用。

附录 I 追问计时源头及计时方法

"一年之计在于春,一日之计在于晨"、"年长日久"、"惜时如金"、"日久见人心"、"夜长梦多"等与时间密切相关的习语与成语比比皆是。但何为年、月、日?很少有人认真去追问;日常生活里经常听到"日历"、"阴历"、"农历"、"公历"等称呼,它们到底为何东西,有何差别?现在也很少有人去问个究竟;"年、月、日"何时开始计算?也不见得有多少现代人去思考过。这里所有话题的解答都需要天文学常识,古代人由于科学技术不发达的原因,有很多时间去思考与生命有关的本原问题。现在来到由计算机占主导一切的"快餐文化"时代,人们"闲"得没有时间(有时间宁可去上网)也不必要去思考一些与生命息息相关的基本问题,由于鼠标一按,所有所需知识都能触手可得,但这种快餐知识来得快也去得快,没有入脑的东西是很难促进思考力发展的。话题有点扯远了,我们在多种书刊(核心内容取自张顺燕先生的著作与美国科普作家阿西莫夫的著作)中搜集有关天文学的一些常识放在这个附录中,与正文介绍的内容相呼应,供有兴趣者浏览。

I.1 追问"年、月、日、节气"的源头

(1) 日的源头

"日出日落",这种最简单的天文学现象,很容易引发古代人把日作为计时单位。俗语"昼夜分明"其实与"黑白分明"及"是非分明"一样,很难做到真正的分明,如昼夜的长短会随着季节的变化而变化(冬至昼最短,夏至昼最长)。这样,把单纯的"日"作为计时单位会引起不必要的混乱,因此要把"黑夜"也考虑进去,昼夜24小时当做一日,那么时间长度就固定不变了。因此,以"日"为计时单位,就是指24小时计的昼夜合在一起的时间段。

(2) 月的源头

以"日"作为计时单位,即使古代人,一般都要活30来年,按日计算就是要活11000日左右,在这么多的日子里,事情是很容易搞混的。自从用太阳支配了日的单位之后,人们会

第 4 章 ◎ 有理数与无理数

很自然地想到利用另一个显眼的星球,即月亮,来计时,即把月相周期作为计时单位。月亮在一定的周期里从新月逐渐增大至望月。然后又逐渐减少至新月,这个时间周期在英语里叫做"month(月)",此字显然源于"moon(月亮)"一词,或者更确切地称"lunar month(太阴月)"。太阴月等于 29 日 12 时 44 分 2.8 秒,即 29.5306 日。在前农业时代,很可能对月没有赋予什么特殊意义,当时只不过是用来计量中等长度时间周期的一种方便的手段。古代人活 30 年的寿命可用大约 350 个月来计算,这远比 11000 日方便得多。

很有趣的事情是像《圣经》这样的巨著里把太阴月与年混淆起来,在《圣经》中出现的那些人物的寿命都特别"长",如《圣经》中说玛士撒拉(Me thuselah)活了 969 岁,实际应该是 969 个太阴月(刚好 79 年左右,是个比较合理的数字),由于这种误用的缘故,导致后来就有了"年龄是玛士撒拉零头"的说法。

(3) 年的源头

人类社会进入农业时代,农夫的收获将与季节密切联系起来,春播秋收,"春夏秋冬"季节变化大约历时 12 个月就完成一整个循环,人们把季节的循环称作"年",因此 12 个太阴月就组成一个"太阴年"。用不同的计时方法将会产生不同的年,后面有个话题详细介绍。

(4) 节气解说

节气就指通常所说的二十四节气,二十四节气与农业生产计划安排密切相关。作为农业大国,中国古代对二十四节气的早期研究是中国传统文化的特色之一。中国人稍许上年纪的人都对二十四节气很熟悉,尤其在中国农村,是家喻户晓的。现

数的家园

在我们使用的日历上,在节气那一天都写着"今日夏至"等字样。二十四节的名称是:立春、雨水、惊蛰、春分、清明、谷雨、立夏、小满、芒种、夏至、小暑、大暑、立秋、处暑、白露、秋分、寒露、霜降、立冬、小雪、大雪、冬至、小寒、大寒。为了便于记忆,先辈们创立了一首歌诀:

春雨惊春清谷天,夏满芒夏暑相连,
秋处露秋寒霜降,冬雪雪冬小大寒。

二十四节气在我国是逐步形成的。至迟在殷商时代已经有了夏至、冬至等概念,以后逐渐丰富,到了西汉初期已经有了完整的二十四节气。在我国古代,二十四节气的日期是由测定太阳影子的长度来决定的。《周髀算经》和《后汉书律历志》等许多古书都记载着二十四节气的日影长度数值。这说明二十四节气实际上是太阳视运动的一种反映,与月亮运动毫无关系。因此,二十四节气在公历中的日期基本上变化不大,有四句口诀很好记:

公历节气真好算,一月两节不改变。
上半年来五、廿一,下半年来七、廿三。

这就是说,节气在上半年的公历日期都在 5 日和 21 日,而下半年都在 7 日和 23 日,由于太阳运动的不均匀性,这些日子可能有一、二日的出入,但不会差太多。

节气在古代本称为"气"。每个月含有两个气,一般在前的叫"节气",在后的叫"中气",后人把节气和中气统称为节气。按照古人的规定,每个月由所含的中气来表征,如含冬至的月就是 11 月,含雨水的月就是正月。各月的节气和中气分配如下:

第 4 章 有理数与无理数

月份 节气	一月	二月	三月	四月	五月	六月	七月	八月	九月	十月	十一月	十二月
节气	立春	惊蛰	清明	立夏	芒种	小暑	立秋	白露	寒露	立冬	大雪	小寒
中气	雨水	春分	清明	小满	夏至	大暑	处暑	秋分	霜降	小雪	冬至	大寒

I.2 "阴历、阳历、农历、公历"意义解读

(1) 阴历

阴历也叫太阴历,它以月球绕地球运动为依据,基本周期是朔望月。上古时代,多数文明国家都使用过。一个太阴年由12个太阴月组成,每个月由29或30日组成,平均为29.5日,一个太阴年共计354日。当今,唯一应用严格太阴历的人是伊斯兰教徒,这里不再详细介绍。

(2) 阳历

阳历也称太阳历。它以地球绕太阳一周的运动为准,与月亮运动有关。古埃及历与古玛雅历都采用阳历,因此太阳历又称埃及历。一个太阳年由12个月组成,每个月30日,最后一个月另加5个休息日。这样,一个太阳年共计365日。现在的公历是在太阳历的基础上逐步完善起来的,现在太阳历已不使用,因此,这里也不予详细介绍。

(3) 农历

农历也称阴阳合历。它同时考虑太阳和月亮的运行。历史上的古巴比伦、古希腊、古代中国(殷朝)使用阴阳合历,在中国农村沿用至今。

为了使太阴年的季节和太阳年保持一致,人们对太阴年可以做些什么呢?太阴年的长度是354日,太阳年的长度是365

日，两者相差11日，总不能光在最后加上11日就完事。因为这样做，下一年将不是从新月开始，对于古代巴比伦人来说，从新月开始是很重要的。如果一个太阳年从新月开始，稍作简单计算就能发现，第19太阳年又将从新月那天开始。你可知道，19个太阳年差不多有235个太阴月，这相当于19个太阴年（每年由12个太阴月组成）加上其余的7个太阴月。最简单的处理方法是在第19年结束后再加上7个月（这样，第19年有19个月，多么匀称!），我们就可以开始一个新的同月球和季节严格一致的19年循环。

但是，巴比伦人不愿意让自己落后季节7个月。他们把7月之差加在19年循环之中，每次一个月，并尽可能地均匀。这样，每一循环有12个12个月的年和7个13个月的年。"插入月"加在每一循环的第3、第6、第8、第11、第14、第17和第19年，因此每一年都决不会落后或者超前太阳约20日以上。现在通常所说的"19年7闰"的源头就来自这里。

（4）儒略历

古罗马采用阴阳历，在这种历法中间或加上插入月（即农历中的闰月）。然而，掌管历法的宗教职业者是由选举产生出来的政客，究竟加不加一个月是根据他们自己的政治需要来决定的，当年度选举产生的其他当权的宗教职业者属于他们自己的教派时，他们就把该年定为长年，否则就定为短年。这种历法极为混乱，甚至寒暑颠倒，到了公元前46年，罗马历落后太阳历80日。法国启蒙学者伏尔泰曾经说"罗马人常打胜仗，但不知道胜仗是哪一天打的。"具有传奇般魅力的罗马执政者（从公元前49年开始执政）儒略·恺撒（J. Caesar，公元前120～前44年）决定结束这种胡闹状况，他访问埃及时看到埃

第 4 章 ◎ 有理数与无理数

及人使用太阳历极方便又简单,便邀请一位著名的埃及天文学家帮助改革历法。他们俩共同把公元前 46 年延续到 445 日。以致后来把这一年称为混乱年,但从此这个历法同太阳历同步,使得公元前 46 年成最后的混乱年。他们发布改革历法的法令中规定:

(Ⅰ)每年设 12 个月,全年计 365 日。安排 7 个 31 日的月,4 个 30 日的月和一个 28 日的二月(他们认为二月是不祥之月,把它缩短,其实这是一种笨拙方法);

(Ⅱ)冬至后 10 日定为一月(Januarius)的第一日,即每年的岁首;

(Ⅲ)从下一年起,每隔 3 年置一闰年,闰年计 366 日(顾及须弥补的 1/4 日),多出的一天闰日放在二月份(Februarius)的最后一天。

这个新历后来称为"儒略历"。它是一种纯太阳历,与月亮的运行无关,从根本上抛弃了原来的罗马历,彻底解决了罗马历的混乱状态。儒略历已基本上具备了现行公历所具有的很多优点,现行公历就是在它的基础上演变而来的,现在不少书上都把公历称作儒略历。儒略历 7 月份的名字叫 Julius,而原来的名字叫 Quintilis。这种改动是恺撒武断决定的。他为了纪念改历成功,树立自己的权威,就把他出生的月份名改为他的名字。

儒略·恺撒在改历后一年被刺身亡,他留下的历法仍然施行,但不太认真。执行者把它规定的"每隔 3 年置一闰年"的规则误解为"每 3 年置一闰年"。从公元前 42 年置闰开始,每 3 年中便设一闰年。这真是一字之差,谬以千里到公元前 9 年时,仅 33 年就多出了 3 个闰年。

恺撒的侄子屋大维在公元前 27 年成了罗马的终身国家元首（罗马人把他尊称为奥古斯都亦即神圣）。在他的统治下，"每 3 年置一闰年"的方法仍在执行直到公元前 9 年他才知道，这和恺撒原来的规定不同，已经错误地多置了 3 个闰年。因此屋大维宣布，从公元前 8 年到公元后 4 年，这 12 年不再设置闰年，从公元后 8 年开始按恺撒规定每隔 3 年设一闰年（因此现在的公元计年法中，每个可用除尽的年都有闰日，即 2 月份有 29 日，如 2008 年的 2 月份有 29 天）。这样，从公元后 8 年起，又恢复了儒略历的置闰法，与实际天象符合得比较好。这是屋大维的功，但他也有过。他擅自把 8 月的月名（Sextilis）改称他自己的称号 Augustus，并规定这个月要有 31 天，因为他的出生日是 8 月。当然，这是蛮横无理的作为。在奥古斯都历格式中，12 个月份分别是：Januarius（1 月，31 日）；Februarius（2 月，28 或 29 日）；Martius（3 月，31 日）；Aprilis（4 月，30 日）；Maius（5 月，31 日）；Junius（6 月，30 日）；Julius（7 月，31 日）；Augustus（8 月，31 日）；September（9 月，30 日）；October（10 月，31 日）；November（11 月，30 日）；December（12 月，31 日）。

（5）公历（格里高利历）

如果回归年的长度刚好是 365.25 日，那就万事大吉了。可是事情并非如此，回归年长 365 日 5 小时 48 分 46 秒或者 365.2422 日。儒略年平均要比回归年长 11 分 14 秒或者 0.0078 日。

这看来并不算多，但也意味着，儒略年在 128 年里就超过回归年一整天。随着儒略年的超前，落在后面的春分点，年复一年地越来越早。在公元 325 年的尼西亚会议时，春分点为 3

第 4 章 ◎ 有理数与无理数

月 21 日；到公元 453 年，为 3 月 20 日；到公元 581 年为 3 月 19 日，如此等等。到公元 1263 年，儒略年已超过太阳年 8 日，春分点为 3 月 13 日。英国科学家罗吉尔·培根（Rogier Bacon）在该年写了一封信给罗马教皇乌尔班（Urban）四世说明这种情况，并提出对儒略年作修改的建议。但是，教会花了 3 个世纪来考虑这件事情。及至 1582 年，儒略历又超前了 2 天，春分点变成了 3 月 11 日。教皇格雷戈里（Gregory）十三世终于采取行动，他召集许多学者与僧侣讨论历法改革问题，最终决定采用业余天文学家利奥的方案。这个方案的第一步首先略去 10 日，把 1582 年 10 月 5 日改为 1582 年 10 月 15 日，使得历法跟太阳同步，并且使 1583 年的春分点成为 3 月 21 日，即尼西亚会议决定的那个日子。从此，格里历就成了世界通用的"公历"。我国采用公历是辛亥革命后的 1912 年。

第二步是防止历法再发生步调不一致。儒略年每过 128 年要超前一整天，在 384 年里就要超前 3 整天，或者近似地说，400 年里超前 3 整天。这意味着，每 400 年里应当略去 3 个闰年（按儒略制），这在正文中已提到，这里不再重复。

概括起来说，儒略历允许每 400 年有 100 个闰年，总共为 146 100 日。在同样 400 年里，格里历只允许 97 年闰年，总共为 146 097 日。试将这两个长度同长度为 146 096.88 日的 400 个回归年作比较。在这样一段时间里，儒略年超过太阳 3.12 日，而格里年只超过 0.12 日。因此，格里历比儒略历精确多了。

但是，0.12 日还得有近 3 小时，这就是说，格里历在 3400 年里将要超过太阳一整天。大约到公元 5000 年的时候，我们将不得不考虑略去一个额外的闰年。

接下来,我们再把历史慢镜头回放到欧洲,看一看欧洲与大英殖民地发生了哪些有趣的故事。当时的欧洲在采用格里历还是儒略历这个问题上分为两大派,丹麦、尼德兰和新教的德国都接受和采纳格里历,而大不列颠和美洲殖民地一直坚持到 1752 年才接受格里历。在此之前,儒略历超前格里历已累计达到 11 天。因此英国人不得不忍痛把历史略去 11 日,结果把 1752 年 9 月 2 日改成 1752 年 9 月 13 日。此时整个英国万众哗然,因为他们很快得出结论:他们将由于通过立法而突然年长了 11 日。"还我们十一天!"他们绝望地大声疾呼。其中有一条比较合理的反对理由是,虽然 1752 年的第三季度缩短了 11 日,但地主却厚颜无耻地仍要收整季的地租。这样一来,比较有趣的事情发生了,美国第一任总统华盛顿(Washington)结果不是在"华盛顿的生日"出生的。诚然,他的生日依格里历是 1732 年 2 月 22 日,但在家庭圣经上所记载的日子不得不为儒略日,即 1732 年 2 月 11 日。当转变发生之时,华盛顿本人——一个极其明智的人——便更改了他出生的日期,从而保留了真实的日子。这种趣事也许会发生在你我身上,本书的作者就把农历的生日当作身份证上的出生日(公历)。

(6) 公历的改革

目前世界上大多数国家使用的公历虽然精度比较高,但从实用角度看还存在一些缺点。这些缺点中最明显的有:

(ⅰ) 一年四季,各季长度不等,有 90,91,92 天 3 种。因此,上半年与下半年的长度也不相等;

(ⅱ) 各月的日数不等,有 28,29,30,31 天 4 种,大小月安排无规律;

第 4 章 ◎ 有理数与无理数

（ⅲ）每日的星期数不固定，随年份而变。如 2007 年的元旦是星期一，2008 年的元旦是星期二。

因此，从使用方便，容易记忆这点来讲，公历是不理想的。为了使公历更加完善，1910 年在英国伦敦召开了一次国际改历会议，具体讨论公历的改革问题。据统计，到 1927 年国际上的改历方案就有 140 多种。很多国家为此设立了专门的改历委员会。到现在还没有诞生一个为大家普遍接受的新公历。

I.3　从头越——计时何时开始算起？

(1) 日的开端

大家已经知道，"日"是指昼夜合并计算的共计 24 个小时的时间段，那么，日应当从日出还是日落开始呢？你也许赞成前者。因为在原始社会里日出是工作日的开始。另外，在原社会里日落是工作日的结束，当然，结束也意味着新的开始。埃及人以日出为一日之始，而犹太人则以日落为开始。其实，日落或者日出都不能作为日的开始，因为两者都随着季节变动而变化。然而，昼的中点（正午）和夜的中点（午夜）之间的间隔时间，一年到头都保持在固定的 24 小时（实际上有微小的偏差，但可忽略不计）。人们可以从正午开始一日，以固定的 24 小时循环计数，但是工作周期要分在两个不同的日子里。从午夜开始一日要好得多，午夜时所有正常的人都入睡了。事实上我们现在就是这样做的。习惯夜间工作的人（如天文学家）当然喜欢把正午作为日的开端。"日"的开端问题解决了，比日短的计时单位的开端问题就相继跟着解决，这里不再详述。

(2) 星期的开端

星期起源于巴比伦历法，按这个历法，7 天中有 1 天是休息日，最初的理由是这天是个不吉利的日子。

公元前 6 世纪时在巴比伦的犹太囚房捡拾起了这个概念，并把它建立在宗教基础之上，使它成为一个愉快的日子，而不是不幸的日子。他们在圣经《创世记》第 2.2 节里解释了它的由来：在为期 6 天的创世工作之后，"第 7 天上帝结束了他所做的工作，于是他在第 7 天便休息了。"在那些奉《圣经》为非同凡响的典籍的社会里，人们就把犹太人的"安息日"（源出于希伯来语"休息"一词）规定为星期六，因此星期日是新的一个星期的第一日。我们现在所见到的历法都把日排列成 7 列，星期日为第 1 列，星期六为第 7 列。在基督教社会里，休息日是星期日，而不是星期六。当然，在我们当前讲享受的时代里，星期六和星期日两者都是休息日，把它们加起来称为"周末"，度"周末"就是玩得痛快。

到这里，星期的开端应该说已经介绍完毕，但我们还想给大家介绍如何从公历的日期里推算出星期几的计算公式，该推算公式分两步走（详见杨梦一主编的《数学趣苑（代数）》）。

第一步，求代数式

$$S = x - 1 + \left[\frac{x-1}{4}\right] - \left[\frac{x-1}{100}\right] + \left[\frac{x-1}{400}\right] + C$$

的值，其中，x 为公元哪一年；C 为某日在这一年的第几天，方括号"[ ]"为除不尽时留整数部分。

例如，我们要推算一下中国共产党在上海成立的日子：1921 年 7 月 1 日是星期几？在这里 $x = 1921$，于是有

$$x - 1 = 1921 - 1 = 1920 \quad \left[\frac{x-1}{4}\right] = \left[\frac{1920}{4}\right] = [480] = 480$$

第 4 章 ◎ 有理数与无理数

$$\left[\frac{x-1}{100}\right] = \left[\frac{1920}{100}\right] = [19.2] = 19 \quad \left[\frac{x-1}{400}\right] = \left[\frac{1920}{400}\right] = [4.8] = 4$$

| 一月 | 二月 | 三月 | 四月 | 五月 | 六月 | 七月 |

$C = +31 \quad +28 \quad +31 \quad +30 \quad +31 \quad +30 \quad +1 = 182$

第二步，用 7 除，求余数。求出 S 后，用 7 除如果恰好整除，那么这一天就是星期日；如果余数是 1，那么这一天是星期一；如果余数是 2，那么这一天是星期二；依此类推。在本例子中，已求得 $S=2567$，$2567 \div 7 = 366$ 余 5，因此，1921 年 7 月 1 日是星期五。

(3) 月的开端

同月球联结在一起的月，在古代是从一个固定的月相开始的。从理论上来说，任何月相都可以。月可以从每个新月开始，也可以从每第一个 $\frac{1}{4}$ 开始，等等。实际上，每个月最合乎逻辑的开端是新月——即在这个晚上，日刚落时增大着的蛾眉月的第一轮光带变得可见之时。然而，今天的月跟月球是不相干的，它与年相连，而年依次又以太阳为基础。在我们的历法里，平年的第 1 月的开始是在年的第一日，第 2 月开始于年的第 32 日，第 3 月开始于年的第 60 日，第 4 月开始是在年的第 91 日，如此等等——同月相完全无关。

(4) 年的开端

年的开端何时算起，其理由又是什么呢？在农业社会中，工作年的开端是春天，这时大地回春，播种开始。这难道也不应是通常一年的开始吗？另一方面，秋季标志着工作年的结束，这时收成稳操在手，随着工作年的结束，难道新年不应当开始吗？随着天文学的发展，春季的开始同春分点（我们历法上为 3 月 20 日）相连，秋季的开始同秋分点（半年以后，即

数的家园

9月23日）相连。有些社会选其中一个二分点为开始，另一些则选另一个二分点为开始。

古罗马人传统上从3月15日开始他们的年，原来的目的是想逢上春分点，但是由于古罗马掌管历法的人草率从事，以致最终却远远离开这个二分点。恺撒作了调整，把年的开端改为1月1日，使之靠近冬至。在英格兰（和各美洲殖民地）用来代表春分点的3月25日作为官方年的开始，一直保留到1752年，在这一年以后，才采纳1月1日为年的开始。

咱们中国的传统文化中把春节的分量看得特别重，理所当然把正月初一当作新年的开端。辛辛苦苦干一年，总得买件新衣服穿穿，摆弄点好吃的"犒劳"一下吧，这是咱们穷人的奢望啊！现在大家富有了，反正天天在过年，什么时间作为年的开端其实无所谓。有点不可理喻的是现在有些人怎么崇拜起"圣诞节"来了，反而把中国的传统节日淡忘了。

（5）公元计年的开端

公历直到1582年才在世界上通用，那么公历纪元的"公元"又是怎么来的呢？纪元就是记录年代的起点。在我国，早期曾用"王位纪年法"，即以某个皇帝上台的那一年为第一年。在西欧罗马帝国控制的广大地区内用罗马建国，或罗马统治者狄奥克列颠称帝时作为纪年的开始。公元1世纪时，基督教在欧洲兴起，并逐渐成为占统治地位的宗教。为了扩大教会的统治势力，僧侣们挖空心思想一切事情都同基督教附会起来。在狄奥克列颠纪元241年，有一个叫狄奥尼西的基督教僧侣，为了预先推算狄奥克列颠纪元248年的"复活节"日期，提出了耶稣诞生在狄奥克列颠纪元前248年的说法。他主张以后的纪年应以耶稣诞生作为纪元。这种主张立即得到教会的大力支

第 4 章 ◎ 有理数与无理数

持,于是狄奥克列颠纪元 248 年就变成耶稣诞生纪年的 532 年。这种新的纪年法先在教会中使用,到 15 世纪中叶时,教皇发布的文告中已经普遍采用了。因此,公历纪元的"公元"(如今用的公元符号 A. D 是 Anno Domini 两字的缩写,意思就是"我们的上帝诞生的那一年")是指臆造的耶稣诞生的年份。教皇的命令并不代表"圣旨",有人从圣经《马太福音》中关于耶稣的死的故事(耶稣死在十字架上的那一天是公元 33 年 4 月 3 日,该天是星期日)中推算出,耶稣很可能早在公元前 4 年就出生了,也有人说要把耶稣诞辰挪到公元前 4 年到前 7 年之间更合理一些,详见罗杰•海菲德著的《圣诞节中的科学原理》。从公元纪年何时开头这件事情里,我们派生出一个大惑不解的问题:虽然我们喜欢从头开始,但我们能肯定这头究竟在哪里吗?同时,我们还联想到另一个人类难以解答的问题:假若耶稣存在,可是他的诞生日仍有可能是假的,那么我们人类"求真"到底能求到什么程度呢?

I.4 历史上的计时划分和计时器发明

下面的内容摘自 1999 年 1 月 31 日在《光明日报》上刊登的一篇与上述标题同名的文章:

公元前 20000 年,史前人以在木棍和骨头上刻标记的方式来计时。公元前 8000 年,埃及人制订了每年 12 个月,每月均为 30 天的历法。公元前 3000 年,两河流域的苏美尔人把一年分为 12 个月,每月 30 天,每天分为 360 个周期,每个周期为 4 分钟。公元前 2000 年,巴比伦人使用每年 354 天的历法,每月 29 天和 30 天轮换;与此同时,玛雅人创立了一年 260 天和 365 天的历法。公元前 1500 年,埃及发明第一个移动日晷,

数 的 家园

将一天分为 12 个周期。接着又发明一种叫漏刻的计时器。公元前 700 年，巴比伦人把一天分为相等的 12 个部分。公元前 100 年，雅典出现以一天 24 小时为基础的机械漏刻。公元 200 年，西方开始引入星期概念。公元 400 年，中国发展了机械漏刻。公元 1100 年，日晷在欧洲得到发展。公元 1350 年，德国钟表匠发明第一个机械闹钟。公元 1500 年，意大利教堂响起了机械钟声。公元 1510 年，德国纽伦堡出现带发条的怀表。公元 1583 年，格里历在罗马、西班牙、葡萄牙、法国和荷兰部分地区生效。公元 1656 年，荷兰一位天文学家发明自摆钟。公元 1700 年，时钟上除时针外又加上了分针。公元 1800 年，计时精确度到 1/100 秒。公元 1840 年，建议格林威治标准时间。公元 1850 年，计时精确到 1/1000 秒。公元 1884 年，华盛顿会议制订全球时区表。公元 1928 年，发明石英钟。公元 1949 年，发明第一台原子钟。公元 1950 年，计时精确到微秒。公元 1965 年，计时精确到毫微秒。公元 1970 年，计时精确到微微秒。公元 1972 年，建立全球协调时间时。公元 1990 年，精确到毫微微秒。公元 1998 年，建立超冷铯原子钟，比微微秒又要精确 10 万倍。

第 5 章 复数与四元数

本章分 2 节。第 1 节介绍与复数相关的若干话题,重点是复数意义解读、复数概念理解及复数表示,在这一节中,我们还对高中数学课本中关于复数内容的编排提出自己的看法,最后,把很有数学学研究意义的复数诞生的源头及其历史发展状况安排在本节附录中介绍。第 2 节扼要介绍四元数的相关知识,重点介绍四元数的发现过程,这里的内容对如何进行数学科学研究活动是很有启发意义的。此外,我们还把阅读起来颇具赏心悦目的四元数与数字们争论的故事摘录在本节附录中。

5.1 复 数

当数系扩充进程到达实数系时,数系扩充的大功是否告成了呢?如果从完备性的角度看,数系扩充的任务确实已经完成。但人的认识是无止境的,旧的矛盾解决了,新的矛盾又会随即产生。最初,人们发现,形如 $x^2+1=0$ 这样简单的代数方程在实数域内没有解。因此,人们要研究代数方程理论光有实数系还不够,必须对数系再作扩充。如何进行有效地扩充,这又是数学家们花很长时间才给予解决的重大问题。今天,大家从大多数数学书本中看到,所谓复数就是指形如 $a+bi$ 的数。光从外表面,好像复数只不过是用一个小品词"i"把两个实数"强扭"在一起,不太可能弄点什么新名堂出来。如果你认为真是这样,那就大错特错了。千万不要小看貌不惊人的小 i,她可是"铁肩担道义",在自己本来身躯不那么高大的头顶上方安一盏指路明灯,义无反顾地帮助人类的理性思维之光绽放出更多的亮丽。我们认为,复数的故事与理论都能让人们回味无穷!

本节首先从解读复数意义开始,接着解释复数的概念及复数的表示方法,再接着简介复数的 n 次方根及代数基本定理,然后简介复数的特点,最后罗列 8 个与复数相关的趣味性问题供有兴趣者思考。此外,我们还把复数的发展史比较详细地写在附录中。

5.1.1 复数意义解读

曾记得张奠宙先生在他的著作《二十世纪数学史话》(知识出版社,1984)中提出过"数学学"的概念。按照我们的理解,所谓"数学学"就是指研究数学这门学科自身的特点的学问。我们认为,加强对"数学学"的研究应该是数学教育研究不可分割的一部分。但是,"数学学"所涉及的东西太多,要认真研究确实存在不少的困难。我们认为,复数的数学学意义非常深刻,因此,把它与复数的其他意义一起整理出来与大家共同探讨。

以下我们将从 5 个角度去解读。

5.1.1.1 复数的数学学意义

复数诞生的源头出自求一元二次方程形式上的根的需要,或者说是出自数学内部的需要。谁能想到,当初看起来一点用处都没有的复数,会在两三百年之后派上那么多的实际用场。

第 5 章 ◎ 复数与四元数

这个典型的案例告诉人们：在数学研究中不能一味追求急功近利型的实际应用，如果眼光太短视，任何人都很难在科学发展中取得重大突破。应该说，中国人在这个方面已经吃了很大的亏。

数学家们的倔强脾气在各种类型的科学家中是很独特的，他们有时候把新的数学对象引进（新的理论诞生）并非都是出自他们所处的那个时代的需要，他们把新东西引到这个世界上来仅仅出于好奇心，只是"为了玩玩"、"为了证明自己还行"。有些看起来没有意义的东西不断在数学公式里冒头，数学家们就会尽可能地创造出一些意义来。像负数的平方根这种本来毫无意义的东西，就是由于在解方程中形式地出现过，数学家们就千方百计赋它以数学意义，然后再赋它以实际意义。固然，这种貌似毫无意义的东西却在 20 世纪创建相对论的时空结合问题上露面，这不能不说真是人间奇迹！因此，从这一点上说，复数的数学学意义真的太深刻了。

公元 12 世纪前，印度数学家拜斯迦罗（Brahmin Bhaskara）在研究方程时注意到了负数的开平方问题。他指出"正数的平方是正数，负数的平方也是正数，因此，一个正数的平方根是两重的，一个正数和一个负数；负数没有平方根，因为负数不是平方数。"（详见林永伟等著《数学史与数学教育》，浙江大学出版社，2004）当时婆什迦罗并没有注意到"负数的开平方"的背后隐藏着巨大的数学奥秘，他的一句语气非常肯定的话语——"负数没有平方根"扼制了后来人进一步对这个问题探索的欲望，以至随后长达 300 多年的时间里，各国的数学家都采取了漠视和回避的态度对待这个问题。这件事情让我们看到了另一个角度的数学学意义：权威们的话如果说得在理而且富有启发性，能让大家受益匪浅；如果他们的话本身不正确而且带有偏见，也会带给大家难以挽回的负面影响。

从复数系发展的曲折过程中可以看出，数学科学发展的道路是很不平凡的，她的任一作品都是历代人千辛万苦的结晶。美国数学家 R·柯朗在《什么是数学》(复旦大学出版社，2005)一书中指出：所有这种推广和发明决不是个别人努力的结果，它们是具有继承性的逐步演化的过程的产物，而不能把主要功劳归功于某人。"异曲同工，数学家赫尔曼·汉克尔说："在大多数科学中，一代人把另一代人所建立的破坏掉，这一代人所建立的又被另一代人破坏掉，只有在数学中，每一代人在旧建筑上增加新的一层楼。"(详见 X·帕帕斯著的《数学的奇妙》，上海科技教育出版社，1999)他们所说的话非常适合于复数理论的创建与发展，从这里我们又一次体会到复数的数学学意义，而且还能悟到复数的人文学意义。

进一步，从复数理论取得巨大成功的过程中，数学家们受到了很大鼓舞和启示。R·柯朗还说："19 世纪中叶，数学家们完全认识到，在一个扩充的数域中的运算，其逻辑和哲学基础本质上是形式主义的；其扩张的数域必须通过定义来构造，这些定义是随意的自由创造。但是，如果不能在更大的范围内保持在原来范围内通行的规则和性质，它是毫无用处的。这些扩充有时可以和实际对象相联系，通过这种方式为新的应用提供工具，这是最重的。但是只能提供一种动力而不是扩充的合理性的逻辑证明。"柯朗的这段话不仅可为复数系创建的过程与意义做概括性说明，而且还为数学科学研究指明了一个前进方向，从另一视角，我们又一次看到了复数系的创建具有重大的数学学意义。

第 5 章 ◎ 复数与四元数

5.1.1.2 复数的数学教育意义

复数与解析几何一样（但与解析几何有区别）是最能体现数形结合思想的好素材，复数方法还成一种专门的数学方法，在解决某些实际问题时往往会达到意想不到的效果。尤其是复数的三角表示式把代数、三角、几何三门学科密切联合起来，这对培养学生综合地运用所学数学知识解决实际问题的能力是很重要的。很遗憾，现行高中数学教材对复数部分的处理并不是很理想。设计中国高中数学课程标准的专家们可能出于学时有限的原因，对复数的要求很低，把复数概念引进定位在数系扩张的需要，仅限于复数代数式表示及复数代数运算的介绍，对复数的几何意义避而不谈。我们认为，讲复数不讲它的几何意义，无论是从历史的角度还是从实用的角度看都是不合理的，脱离了几何意义的复数其教育价值是不大的，单纯复数的代数运算可简单地归结到算术情形，复数的几何意义是复数的灵魂显像，几何加代数才使得复数插上双翅显示出它无比的威力。我们猜测，设计高中数学课程标准的专家们可能还出自另一方面的考虑，通过复平面，复数与平面向量可建立一一对应，既然平面向量理论已详细介绍，复数理论就不必再多费笔墨。向量理论具有较强的优越性无可非议，但是复数具有更高一招的乘除运算和乘除运算几何意义的灵活应用，这是向量望尘莫及、无法替代的。实际上，两者的优越性需要合理地权衡，不能厚此薄彼。

5.1.1.3 复数的数学科学意义

这里所说的复数的数学科学意义与前面的数学学意义有所

区别，这里的意义是指复数在数学科学相关学科中的应用。从复数的发展史中，人们可以看到是复数几何化之后（即用平面上的向量表示复数），复数才被数学家们普遍接受，但数学家们也马上看出复数不仅可以用来表示平面的向量，还可以用来表示向量的加、减、乘、除等运算，亦即复数被用作为向量的代数，正如整数与小数用于商业那样自如。因此，不需要用几何进行向量运算而只要代数运算就可以了，这给几何研究带来极大方便，而且一些长期没有解决的几何学难题通过复数的引进得以解决。此外，优雅精致的解析函数论、充满诱惑力的代数数论其萌芽都出自复数。美籍华人数学家陈省身正是由于研究复流形，开创了大范围微分几何学，为世界几何学大发展做出很大贡献。

5.1.1.4 复数的科学应用意义

复数理论不仅在数学上是吸引人的，在实际应用方面也是很广泛的。复数的第一个精彩的科学应用是斯泰因米茨（Charles Steinmetz）做出的，他发现复数在涉及交流电的高效率计算中发挥了实质性的作用。第一个把复数应用于工程技术领域的人是俄国"航空之父"儒可夫斯基，他成功地把复数运用到机翼设计中，并取得重大成就。量子力学创始人薛定谔在创建量子力学初期，屡屡失败，引进复数后困难迎刃而解。物理学中的规范场理论，在实数情形下没有意义，杨振宁和米尔斯将复数引入，规范场便成为物理学的重要基础理论。今天没有哪个电气工程师可以离开复数，搞空气动力学和流体力学的人也是这样，爱因斯坦的相对论也用到了复数。分形的宝库——德布罗集是由复二次函数 z^2+c 迭代生成的。如今稍许

第 5 章 复数与四元数

深刻一点的科学与工程技术，从本质上讲，已经离不开复数。

5.1.1.5 复数的社会学意义

前面已经说过，复数源头来自二次方程形式上的求解。高斯运用复数观念（用到复变函数论知识）首次成功地证明了代数基本定理（即任何 n 次代数方程在复数域 $\mathbf{C}$ 中都有解）。日本数学家小室直树在他的著作《献给讨厌数学的人》（哈尔滨出版社，2003）中指出，高斯给出代数基本定理的证明不仅对数学有极大的贡献，而且对其他自然科学，还有社会科学来说，都具有深远的意义。他还说，以神学为例，神学中最大的问题是"神是否真的存在？"如果神确实存在，那么大家针锋相对的辩论是值得的；如果神不存在，那么不论在神学上展开多么慷慨激昂的辩论，都是毫无意义的。"存在问题"正是人类所面临的最大问题，一般人不去思考，这可是人类最重要的大事。大家知道，在新中国成立前，某些西方"权威"曾经"说明"中国不存在石油矿藏，甚至称中国为"贫油大国"。新中国成立后，我国著名的地质学家李四光论证了中国北方（如今的大庆）存在大规模的油田，正是李四光先生的"存在性"证明及中国石油工人的艰辛创业，才使得中国摘掉了"贫油大国"的帽子。因此，在某种意义上讲，代数基本定理获得证明（从而复数理论的构建）的社会学意义比数学意义本身还要大。

5.1.2 复数概念解释及表示

高中数学教材（包括部分大学复变函数教材）都是采用形式描述方式给复数下定义，这种定义方式的优点是直观明白，但缺陷是复数的本质无法体现出来。张奠宙先生在其著作《中学代数研究》中指出，离开运算定义复数是错误的，也就是说是不科学的。实际上，道理很简单，就像造房子，如果光有木材、砖头、钢筋等建筑材料，没有好的建筑技术把它们"黏合"起来，就不可能成为房子。复数也一样，光有形式的 $a+bi$ 及 $i^2=-1$ 的约定，没有赋予复数以运算意义，复数的内在本质就体现不出来。历史上认识复数的道路这么漫长，其缘由就在这里。英国数学家哈密顿（Hamilton，1805～1865 年）的高明之处就在不仅规定了复数的对象而且还规定了运算，问题是哈密顿为什么这样规定运算，一般的教材中是不大提及的，在这个片断中我们将从哈密顿给出的定义（改进形式）入手，引出复数的概念及其常用的几种表示方法。

5.1.2.1 有序实数对意义上的复数

复数集 设 $\mathbf{C}=\{(a,b)\mid a,b\in\mathbf{R}\}$，在 $\mathbf{C}$ 中规定相等"="、加法"+"与乘法"·"运算如下：

(1) $(a,b)=(c,d)$ 当且仅当 $a=c$ 且 $b=d$

(2) $(a,b)+(c,d)=(a+c,b+d)$

(3) $(a,b)\cdot(c,d)=(ac-bd,ad+bc)$

则称 $\mathbf{C}$ 为复数集，$\mathbf{C}$ 中的元称为复数。

关于这个定义，我们认为，以下几点说明必须补充：

(1) 复数的对象（有序实数对）及运算都建立在实数集上；

(2) 加法有零元 $(0,0)$；而且每个 $(a,b)\in\mathbf{C}$ 都有负元 $(-a,-b)\in\mathbf{C}$；进一步加法满足结合律与交换律，因而 $(\mathbf{C},+)$ 是加群。这些事实可由定义直接推出；

(3) 乘法有单位元 $(1,0)$；而且对于 $\mathbf{C}$ 中任何非零元

第5章 复数与四元数

(a, b) $(\neq (0, 0))$，关于乘法有逆元
$\left(\dfrac{a}{a^2+b^2}, \dfrac{-b}{a^2+b^2}\right)$（即 $(a, b)\left(\dfrac{a}{a^2+b^2}, \dfrac{-b}{a^2+b^2}\right) = (1, 0)$）；
进一步，乘法满足结合律与乘法满足分配律，因此$(\mathbf{C}, \cdot)$是阿贝尔群。这也可从定义推出，而且还有

(4) 在 $\mathbf{C}$ 上关于加法与乘法满足分配律，因此$(\mathbf{C}, +, \cdot)$是域；

(5) 令 $R' = \{(a, 0) \mid a \in \mathbf{R}\}$，令 $f((a, 0)) = a$，则 f 是 R' 到 $\mathbf{R}$ 上的一一对应而且是代数同构映射（即保持加法与乘法运算不变）。这样，在代数同构的意义下，$\mathbf{R}$ 是 $\mathbf{C}$ 的真子集；

(6) 对 $\mathbf{C}$ 中特殊元 $(0, 1)$ 用 i 记之，由定义可得
$$i^2 = (0,1) \cdot (0,1) = (-1,0)$$
从代数同构的观点看，$i^2 = -1$。因此，在复数域 $\mathbf{C}$ 中，i 是方程 $x^2 + 1 = 0$ 的解。又 $-i = (0, -1)$，$(-i)^2 = (0, -1) \cdot (0, -1) = (-1, 0)$，即 $(-i)^2 = -1$，因此 $-i$ 也是方程 $x^2 + 1 = 0$ 在 $\mathbf{C}$ 中的解（从后面的代数基本定理还可知 $x^2 + 1 = 0$ 在 $\mathbf{C}$ 中只有两个解即 i 与 $-i$）；

(7) $\mathbf{C}$ 是以 $(1, 0)$ 与 $(0, 1)$ 为基（简记作 1 与 i）、实数域 $\mathbf{R}$ 为基础数域的线性空间（而且两个基元的乘法满足 $1 \cdot i = i \cdot 1 = i$，$1 \cdot 1 = 1$，$i \cdot i = -1$），从而 $\mathbf{C}$ 中的元 $\alpha = (a, b)$ 可以唯一地表示成 $\alpha = a + bi$ 的形式。证明由定义直接可得；

(8) $\mathbf{C}$ 有了线性表示之后，我们就可以跟传统的形式描述定义法联系起来，在此基础上，就可以引入实部、虚部、纯虚数、虚数单位等概念；

(9) "事后诸葛亮"。哈密顿原来在定义中还规定了复数的

减法与除法运算，其实，相等是必须约定的（元素一意性!）。减是加的逆运算，除是乘的逆运算，这可从代数的特性获得。现在的问题是哈密顿当年是如何想到那样定义加法和乘法运算的。后知总是比先知容易，加法是很明显的，只需对乘法作说明。设想 i 已经引进，$(a+bi)$ 乘以 $(c+di)$ 应满足通常的多项式乘法规则，即

$$(a+bi)(c+di) = ac + (ad+bc)i + bd i^2$$

为使乘法运算在 **C** 中封闭，必须让含有 i^2 的项消去，从前面的说明中（掉过头来看！）已经知道 $i^2 = -1$。这样，用合并同类项的方法就可以重写作

$$(a+bi)(c+di) = (ac-cd) + (ad+bc)i$$

哈密顿对乘法作那样规定的奥秘原来是为了保证乘法运算在 **C** 中封闭；

（10）有的书本上称复数可以用矩阵定义，确实可以。我们认为，问题是在更高维数的框架中定义较低维数的东西（以重复为代价！）有点得不偿失。

5.1.2.2 复平面与复数的几何表示（三角表示）

（1）复平面

二维欧氏空间即实平面 $\mathbf{R}^2 = \{(x,y) \mid x,y \in \mathbf{R}\}$ 是大家所熟悉的，作映射 $\varphi: \mathbf{C} \to \mathbf{R}^2$ 如下：

$$\varphi(z) = (x,y)$$

其中，$z = x+yi \in \mathbf{C}$，易见 φ 是复数集 **C** 与平面 $\mathbf{R}^2$ 之间的一个双射（而且还是域同构！）。于是把 **C** 称作复平面，有时也称 z 平面、w 平面（高斯平面）等，并称 x 轴为实轴，y 轴为虚轴。表示实数的点都在实轴上，表示虚数的点都在虚轴上。

第 5 章 ◎ 复数与四元数

(2) 几何意义

在复平面 **C** 上，规定以原点 O $(0,0)$ 为起点，以点 $z = x + y\mathrm{i}$ 为终点的向量 $\overrightarrow{Oz}$ 与复数 $z = x + \mathrm{i}y$ 对应（简记作 z），这样在复平面上从原点出发的所有向量组成的集合与复数集 **C** 之间建立了一一对应，也就是说可用复平面上的向量 $\overrightarrow{OP}$ 表示复数 z。这就是复数的几何表示即向量表示法，也就是复数的几何意义解释。复数的几何意义解释，对认识复数是至关重要的（见附录）。

(3) 共轭复数

有了复数的几何表示，我们可以用几何对称的方法引入共轭复数的概念。称复数 $\bar{z} = a - \mathrm{i}b$ 为复数 $z = a + \mathrm{i}b$ 的共轭复数，即 $\overline{a + \mathrm{i}b} = a - \mathrm{i}b$。几何直观上可以把头顶上的"—"想象成 x 轴，把它视作折叠式符号，如右图所示。

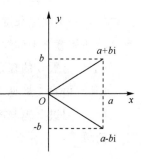

注 （ⅰ）共轭复数是互为概念，即 $\bar{\bar{z}} = z$。通常称复数 $z = x + \mathrm{i}y$ 与复数 $z = x - \mathrm{i}y$ 是互为共轭复数。

（ⅱ）共轭既是一种概念，又是一种运算，而且还是一种数学思想方法，它在复数理论研究中具有广泛应用。

（ⅲ）通过共轭复数，可以实现"实与复"的相互转化，即

$$\mathrm{Re}z = \frac{z + \bar{z}}{2} \quad \mathrm{Im}z = \frac{z - \bar{z}}{2\mathrm{i}}$$

（ⅳ）由定义可证共轭复数还有下述特性

① $\overline{(z_1 \pm z_2)} = \overline{z_1} \pm \overline{z_2}$

② $\overline{z_1 \cdot z_2} = \overline{z_1} \cdot \overline{z_2}$

③ $\overline{\left(\dfrac{z_1}{z_2}\right)} = \dfrac{\overline{z_1}}{\overline{z_2}}$。

(4) 复数的模与辐角

复数 $z=x+iy$ ($x,y\in \mathbf{R}$) 所对应的向量 $\overrightarrow{OZ}$ 的长度 $|z|=\sqrt{x^2+y^2}$ 称为复数 z 的模,正实轴与向量 $\overrightarrow{OZ}$ ($\neq \vec{0}$) 之间的夹角 θ 称之为复数 z 的辐角(argument),记作 $\theta=\text{Arg}z$,$\text{Arg}z$ 是一个多值函数,其中只有唯一的一个值 θ_0 满足 $0\leqslant \theta<2\pi$,并把它称作复数 z 的辐角主值,记作 $\arg z$。易见

$$\text{Arg}z=\{\theta|\theta=\arg z+2k\pi,k\in \mathbf{Z}\}$$

注 (ⅰ) 复数的模与辐角对于复数来说,其意义是非常重要的,一个规定长度的大小,另一个规定方向。正是复数具有这种几何意义上的解释才使得复数具有广泛应用。

(ⅱ) 复数 0 的辐角没有确定的意义。

(ⅲ) 由定义易见 $|z|^2=z\cdot \bar{z}$,$|z|=|\bar{z}|$。

(ⅳ) 引进共轭与模之后,复数(代数形式)的除法运算变得简单了:

$$\frac{a+bi}{c+di}=\frac{(a+bi)\overline{(c+di)}}{c^2+d^2}=\frac{(a+bi)(c-di)}{c^2+d^2}$$
$$=\frac{ac+bd}{c^2+d^2}+\frac{bc-ad}{c^2+d^2}i$$

(ⅴ) 由定义可证模具有下述特性:

① $|z_1\cdot z_2|=|z_1||z_2|$,$|z^2|=|z|^2$
$\left|\dfrac{z_1}{z_2}\right|=\dfrac{|z_1|}{|z_2|}$

② $|z_1+z_2|^2+|z_1-z_2|^2=2(|z_1|^2+|z_2|^2)$

③ $\max\{|\text{Re}z|,|\text{Im}z|\}\leqslant |\text{Re}z|+|\text{Im}z|$

④ $||z_1|-|z_2||\leqslant |z_1\pm z_2|\leqslant |z_1|+|z_2|$

⑤ $|z|^2=z^2$ 当且仅当 z 为实数,$|z|^2=-z^2$ 当且仅当 z 为虚数。

第5章 复数与四元数

（ⅵ）由辐角主值的定义及反正切函数的性质可推得辐角主值的计算公式：

① 当 $x>0$ 时，$\arg z = \begin{cases} \arctan(y/x), & y>0 \\ 0, & y=0 \\ 2\pi+\arctan(y/x), & y<0 \end{cases}$

② 当 $x=0$ 时，$\arg z = \begin{cases} \pi/2, & y>0 \\ 不确定, & y=0 \\ 3\pi/2, & y<0 \end{cases}$

③ 当 $x<0$ 时，$\arg z = \begin{cases} \pi/2, & y>0 \\ \pi, & y=0 \\ \pi+\arctan(y/x), & y<0 \end{cases}$

(5) 复数的三角形式与复数的指数形式

① (三角形式) 有了复数的模与辐角概念，就可以把复数 $z(\neq 0)$ 表示为三角形式：

$$z = |z|(\cos\theta + i\sin\theta) \quad (式中 \theta = \arg z)$$

② (指数形式) 在复数三角表示的基础上，利用欧拉公式 $e^{i\theta} = \cos\theta + i\sin\theta$ 就可把复数 $z(\neq 0)$ 表示为指数形式：

$$z = |z|e^{i\theta} \quad (式中 \theta = \arg z)$$

注 （ⅰ）复数的三角表示与复数的指数表示，其本质是一样的，后者更具简洁性。而且复数的指数形式给复数的乘法运算与幂运算带来极大的方便。

（ⅱ）从定义可见 $|z| = ze^{-i\arg z}$。

（ⅲ）复数的三角形式与指数形式对乘除运算方便，对加减运算不方便。

5.1.2.3 复数的球面表示法（测地投影）

复数的球面表示法，既是一种重要的数学方法，又是一种重要的数学思想。它把无穷的大千世界囊括在一个小小的球面上，这种精美绝伦的想法也只有黎曼（Riemann）这样的天才人物才能想得出来。这里对黎曼的球投影与测地投影作简单扼要的介绍（详见普里瓦洛夫著的《复变函数论》）。

人们把整个复平面和另外一个单一的特殊点放到一起，做成一个新的整体。这个特殊点称为无穷远点（理想元），用∞表示；这个新的整体叫做扩充复平面。并规定：复平面上所有的直线都通过这个无穷远点。这样一来，对扩充复平面来说，它具有一个唯一的无穷远点。在复数系中，与之相应地引进无穷复数∞，并称之为扩充复数。

为了给出扩充复平面一个几何解释，最理想的几何模型就是由黎曼创造的并用他的名字命名的黎曼球面。黎曼的基本思想是要使扩充复平面上的点与黎曼球面上的点之间建立一一对应，只需将球面上的点投影到复平面上即可，并把这种对应称之为球极投影。

通常采用两种对应方法，以下分别予以介绍。

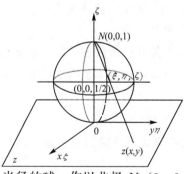

（1）第一种方法

扩充复平面的坐标原点对应球的南极；并设复平面是球所在空间的一个坐标面。原点与空间坐标的原点重合。这样的一种对应方法是：选取以 $(0，0，1/2)$ 为球心，$1/2$ 为半径的球。作以北极 $N(0，0，1)$ 为中心的中心投影。由于球面上的点 (ξ, η, ζ)，复平面上的点 $(x, y, 0)$ 与北极 $(0，0，1)$ 三点在一直线上，故满足直线方程

第 5 章 复数与四元数

$$\frac{\xi-0}{x-0} = \frac{\eta-0}{y-0} = \frac{\zeta-1}{0-1} \tag{1}$$

又点 (ξ, η, ζ) 在球面上，故满足球面方程

$$\xi^2 + \eta^2 + \left(\zeta - \frac{1}{2}\right)^2 = \frac{1}{4} \tag{2}$$

由方程（1），（2）不难得出变换公式

$$x = \frac{\xi}{1-\zeta}, y = \frac{\eta}{1-\zeta}, z = \frac{\xi + i\eta}{1-\zeta}$$

逆变换公式

$$\xi = \frac{x}{x^2+y^2+1}, \eta = \frac{y}{x^2+y^2+1}, \zeta = \frac{x^2+y^2}{x^2+y^2+1}$$

或者用复平面上的点 Z 表示（常常比用坐标表示法方便）为

$$\xi = \frac{Z+\overline{Z}}{2(1+|Z|^2)}, \eta = \frac{Z-\overline{Z}}{2(1+|Z|^2)}, \zeta = \frac{|Z|^2}{1+|Z|^2} \tag{3}$$

（2）第二种对应方法

选取以 $(0, 0, 0)$ 为心，半径为 1 的球，仿上可以推出测地投影公式，只需注意，此时球面方程变为

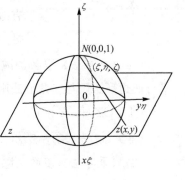

$$\xi^2 + \eta^2 + \zeta^2 = 1$$

$$x = \frac{\xi}{1-\zeta}, \quad y = \frac{\eta}{1-\zeta},$$

$$z = \frac{\xi - i\eta}{1-\zeta}$$

逆变换：

$$\xi = \frac{2x}{x^2+y^2+1}, \eta = \frac{2y}{x^2+y^2+1}, \zeta = \frac{x^2+y^2-1}{x^2+y^2+1}$$

或者用复平面上的点 Z 表示为

$$\xi = \frac{Z+\overline{Z}}{1+|Z|^2}, \eta = \frac{Z-\overline{Z}}{1+|Z|^2}, \zeta = \frac{|Z|^2-1}{1+|Z|^2} \qquad (4)$$

我们看出，无论两种对应方法的哪一种，$(0,0,1)$在复数平面上都没有对应点，因此我们规定，球面上的点$(0,0,1)$和扩充在复平面的无穷远点∞对应。这样一来，就完成了黎曼球面上的点和扩充的复平面的点之间的一一对应，无穷远点∞也就有了它直观的解释。这种把复平面的点用公式（1）或（2）变换为球面上的点的方法，一般称为测地投影。

5.1.3 复数四则运算的几何意义

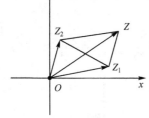

前面已以提到建立复数的几何意义非常重要，我们还认为其重要性是由复数四则运算的几何意义衬托出来的，如果没有理解复数四则运算几何意义的重要性，很显然没有触及复数的灵魂，因此我们单独安排一段来解读。

（1）（加减法）复数加减法的几何意义分别对应于向量的平行四边形法则与三角形法则：

（ⅰ） $\overrightarrow{OZ_1}+\overrightarrow{OZ_2}=\overrightarrow{OZ}$ 　　$(\overrightarrow{OZ_1}+\overrightarrow{Z_1Z}=\overrightarrow{OZ})$

（ⅱ） $\overrightarrow{OZ_1}-\overrightarrow{OZ_2}=\overrightarrow{Z_2Z_1}$ 　　$(\overrightarrow{OZ_1}+(-\overrightarrow{OZ_2})=\overrightarrow{Z_2Z_1})$

（2）（乘除法）复数乘除法的几何意义可由几何上的伸缩变换与旋转变换和合成来解释：

（ⅰ）（乘法）设 $z_1=r_1\mathrm{e}^{i\theta_1}$，$z_2=r_2\mathrm{e}^{i\theta_2}$，则复数

$$z = z_1 \cdot z_2 = r_1 \cdot r_2 \mathrm{e}^{i(\theta_1+\theta_2)}$$

所对应的向量 $\overrightarrow{OZ}$ 是由复数 z_1 对应的向量 $\overrightarrow{OZ_1}$ 按逆时针方向旋转一个角度 θ_2（当 $\theta_2>0$ 时）或按顺时针旋转一个角度 $|\theta_2|$

第 5 章 复数与四元数

（当 $\theta_2 < 0$ 时），再把 $\overrightarrow{OZ_1}$ 的模 r_1 乘上 $\overrightarrow{OZ_2}$ 的模 r_2 即得。

（ⅱ）（除法）设 $z_1 = r_1 e^{i\theta_1}$，$z_2 = r_2 e^{i\theta_2}$，则复数
$$z = z_1/z_2 = (r_1/r_2) e^{i(\theta_1 - \theta_2)}$$
所对应的向量 $\overrightarrow{OZ}$ 是由复数 z_1 对应的向量 $\overrightarrow{OZ_1}$ 按顺时针方向旋转一个角度 θ_2（当 $\theta_2 > 0$ 时）或按逆时针旋转一个角度 $|\theta_2|$（当 $\theta_2 < 0$ 时），再把 $\overrightarrow{OZ_1}$ 的模 r_1 除以 $\overrightarrow{OZ_2}$ 的模 r_2 即得。

5.1.4 复数的幂、单位根、代数基本定理

（1）复数的正整数 n 次幂

利用复数的指数形式立即可推得复数的正整数 n 次幂的计算公式：

若 $n \in \mathbf{N}_+$，$z = r e^{i\theta}$，则 $z^n = r^n e^{in\theta}$。

特别地，在这个计算公式中，令 $z = i$，则 $\theta = \pi/2$，再利用三角函数的周期性可推得复数 i 的幂运算具有周期性：

（ⅰ）$i^{4n} = 1$，$i^{4n+1} = i$，$i^{4n+2} = -1$，$i^{4n+3} = -i$（$n \in \mathbf{N}_+$）

（ⅱ）$i^n + i^{n+1} + i^{n+2} + i^{n+3} = 0$（$n \in \mathbf{N}_+$）

进一步，当 $|z| = 1$，即 $r = 1$ 时，则得著名的德摩拂（De Moivre，1667～1754，英国数学家）公式：

$$(\cos\theta + i\sin\theta)^n = \cos n\theta + i\sin n\theta$$

这个公式实际上不是由德摩拂直接给出的，而是内隐在他所给出的解方程的公式中（1722 年），公式的最终形式是由欧拉在 1748 年给出的，欧拉还把此公式推广到任意实数的情形，以下介绍的内容主要取材于 R·柯朗等著的《什么是数学》。

很容易验证把实数的整数指数幂运算法则可推广到复数中，即

$$z^m \cdot z^n = z^{m+n} \quad (z^m)^n = z^{mn} \quad (z_1 z_2)^m = z_1^m z_2^m \ (m, n \in \mathbf{N}_+)$$

德莫拂公式在三角函数中的作用是非常大的，如对 $n=3$ 应用这个公式，且按二项式公式

$$(u+v)^3 = u^3 + 3u^2v + 3uv^2 + v^3$$

把左边展开，得到关系式

$$\cos3\varphi + i\sin3\varphi = \cos^3\varphi - 3\cos\varphi\sin^2\varphi + i(3\cos^2\varphi\sin\varphi - \sin^3\varphi)$$

两个复数之间的这样一个等式相当于实数之间的一对等式。因为当两个复数相等时，实部和虚部必须同时分别相等。因此我们有

$$\cos3\varphi = \cos^3\varphi - 3\cos\varphi\sin^2\varphi,$$
$$\sin3\varphi = 3\cos^2\varphi\sin\varphi - \sin^3\varphi$$

利用关系式

$$\cos^2\varphi + \sin^2\varphi = 1$$

最后我们得到

$$\cos3\varphi = \cos^3\varphi - 3\cos\varphi(1-\cos^2\varphi) = 4\cos^3\varphi - 3\cos\varphi$$
$$\sin3\varphi = -4\sin^3\varphi + 3\sin\varphi$$

对任意 n 容易得到用 $\sin\varphi$ 和 $\cos\varphi$ 的幂分别表示 $\sin n\varphi$ 和 $\cos n\varphi$ 的类似公式。请有兴趣的读者自己推导。

(2) 复数的单分数幂（n 次方根）与单位根

给定 $n \in \mathbf{N}_+$，$b = re^{i\theta}$，要求 b 的 n 次方根 $\sqrt[n]{b}$（单分数幂），其实质就是要在复数域 $\mathbf{C}$ 内求二项方程 $z^n = b$ 的全部根。$\sqrt[n]{b}$ 不再是一个数而是一个集合，即

$$\sqrt[n]{b} = \{\sqrt[n]{r} e^{i(\theta+2k\pi)/n} \mid k=0,1,2,\cdots,n-1\}$$

特别地，当 $b=1$ 时，称 $\varepsilon_k = e^{i\frac{2k\pi}{n}}$（$k=0,1,2,\cdots,n-1$）为 n 次幂单位根，单位根在现代代数学的研究中具有非常重要的地位。从定义出发不难推导，n 次单位根具有下述重要性质：

第 5 章 ◎ 复数与四元数

（ⅰ）n 为奇数时，$\varepsilon_0 = 1$ 是唯一的实根，其余复根共轭成对出现。当 n 为偶数时，± 1 都是 n 次单位根。

（ⅱ）$\varepsilon_k \varepsilon_l$ 仍是 n 次单位根，ε_k^{-1} 仍为 n 次单位根，即 n 次单位根组成乘法群，由 n 次单位根群生成的环是研究高深的代数数论的起源。

（ⅲ）ε_k ($k=1, 2, \cdots, n-1$) 满足分圆（圆的分割）方程 $1+x+x^2+\cdots+x^{n-1}=0$。

（ⅳ）$(1-\varepsilon_1)(1-\varepsilon_2)\cdots(1-\varepsilon_{n-1})=n$。

（ⅴ）$\varepsilon_1 \varepsilon_2 \cdots \varepsilon_{n-1} = \begin{cases} 1, & n=2l-1 \\ -1, & n=2l \end{cases}$。

（ⅵ）若复数 A 的一个 n 次根为 ρ，则 A 的全部 n 次根为
$$\rho \cdot 1, \rho \cdot \varepsilon_1, \rho \cdot \varepsilon_2, \cdots, \rho \cdot \varepsilon_{n-1}$$

我们可以对 n 次单位根作直观说明。不难明白，在复数域中，1 恰有 n 个不同的 n 次方根，它们可以用单位圆的一个内接正 n 边形的顶点来表示，$z=1$ 是其中之一（单位根因此而得名），这从右图几乎立刻就看清楚了（画的是 $n=12$ 的情形）。多边形的第一个顶点是 1，下一个顶点就是

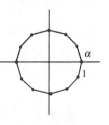

$$\alpha = \cos \frac{360°}{n} + i\sin \frac{360°}{n}$$

因为它的幅角必须是周角 $360°$ 的 n 分之一。再下一个顶点是 $\alpha \cdot \alpha = \alpha^2$，因为把向量 α 旋转 $\frac{360°}{n}$ 角，我们就得到它。再下一个是 α^3，等等。第 n 步后，我们最终回到顶点 1，即我们有 $\alpha^n = 1$。这也可以由公式 (1) 导出，因为

$$\left(\cos\frac{360°}{n}+\mathrm{isin}\frac{360°}{n}\right)^n=\cos360°+\mathrm{isin}360°=1+0\mathrm{i}$$

可见 $\alpha^1=\alpha$ 是方程 $x^n=1$ 的一个根。对下一个顶点 $\alpha^2=\cos\frac{720°}{n}+\mathrm{isin}\frac{720°}{n}$，同样为真，这一点由 $(\alpha^2)^n=\alpha^{2n}=(\alpha^n)^2=1^2=1$，或由棣莫弗公式：

$$(\alpha^2)^n=\cos\left(n\cdot\frac{720°}{n}\right)+\mathrm{isin}\left(n\cdot\frac{720°}{n}\right)$$
$$=\cos720°+\mathrm{isin}720°=1+0\mathrm{i}=1$$

可以看出。用同样的方法，我们看到所有这 n 个数：

$$1,\alpha,\alpha^2,\alpha^3,\cdots,\alpha^{n-1}$$

都是 1 的 n 次方根。这指数序列再往后，或利用负指数，都不会产生新的根。因为 $\alpha^{-1}=\frac{1}{\alpha}=\frac{\alpha^n}{\alpha}=\alpha^{n-1}$，而 $\alpha^n=1$，$\alpha^{n+1}=\alpha^n\cdot\alpha=1\cdot\alpha=\alpha$ 等，所有这些都只是简单重复以前的值，这就说明没有其他的 n 次方根。请有兴趣的读者自己给出完整的论证。

特别地，3 次单位根由 1，$w=-\frac{1}{2}+\frac{\sqrt{3}}{2}\mathrm{i}$ 及 $\overline{w}$ 组成，它们之间满足下述系列关系：

(ⅰ) w^3 $(\overline{w})^3=1$，$w^2+w+1=0$，$(\overline{w})^2+\overline{w}+1=0$，
$w^2=\overline{w}$，$(\overline{w})^2=w$，$\overline{w}+w+1=0$，$\overline{w}\cdot w=1$；

(ⅱ) $w^{3n}=1$，$w^{3n+1}=w$，$w^{3n+2}=\overline{w}$ $(n\in\mathbf{N}_+)$；

(ⅲ) $w^n+w^{n+1}+w^{n+2}=0$ $(n\in\mathbf{N}_+)$。

注 复数的实数幂及复数幂要用到复变函数知识，这里略。

第 5 章 复数与四元数

(3) 代数基本定理

该定理可陈述为

> n 次代数方程 $a_n x^n + a_{n-1} x^{n-1} + \cdots + a_1 x + a_0 = 0$ 在复数域 **C** 内必有解。

该定理由吉拉尔（Girard）在 1692 年提出，法国数学家达朗贝尔（Alembert）在 1746 年、欧拉在 1749 年给出过证明，但他们的证明都不完善。第一个完全正确的证明由高斯在 1799 年的博士论文中给出，尽管用了复数的观念，但为了论文资格审查被通过，高斯避免让复数的名词出现。高斯这样做的目的，按他自己的话说，怕当时的大学数学教授们看不懂，另一方面为了尽量避免遭到反对复数的那些权威们的不必要的指责。这里我们暂时不给出高斯的证明（用到复变函数论的知识），然而可以应用代数基本定理证明在代数学中应用很广泛的因子分解定理（实际上这是代数基本定理的一种等价形式）：

> 每一个 n 次多项式 $f(x) = x^n + a_{n-1} x^{n-1} + \cdots + a_1 x + a_0$ 可以恰好分解为 n 个因式的乘积 $f(x) = (x - \alpha_1)(x - \alpha_2) \cdots (x - \alpha_n)$，其中复数 $\alpha_1, \alpha_2, \cdots, \alpha_n$ 都是方程 $f(x) = 0$ 的根。

我们先举一个例子来说明这个定理，多项式 $x^4 - 1$ 可以分解为 $f(x) = (x-1)(x-i)(x+i)(x+1)$。这里的 $1, -1, i, -i$ 是方程 $f(x) = 0$ 的根，这一点从因式分解来看是显然的。

在某些情形下，一个 n 次多项式 $f(x)$ 的因子 $(x - \alpha_1)$, $(x - \alpha_2)$, $\cdots$ 中可能有些是相同的，如 $f(x) = x^2 - 2x + 1 = (x-1)(x-1)$，只有一个根 $x = 1$，它"算作两次"或者说是"二重的"。在任何情况下，一个 n 次多项式的不同因子不能多于 n 个，而相应的方程的根不能多于 n 个。

为证明因式分解定理，我们再次用代数等式

$$x^k - \alpha^k = (x-\alpha)(x^{k-1} + \alpha x^{k-2} + \cdots + \alpha^{k-2}x + \alpha^{k-1}) \quad (1)$$

对 $\alpha = 1$ 来说，它就是等比级数公式。由于我们假定代数基本定理是对的，我们可以假设 $\alpha = \alpha_1$ 是方程的一个根，所以有

$$f(\alpha_1) = \alpha_1^n + a_{n-1}\alpha_1^{n-1} + a_{n-2}\alpha_1^{n-2} + \cdots + a_1\alpha_1 + a_0 = 0$$

从 $f(x)$ 中减去它并将各项重新排列，我们得到等式

$$f(x) = f(x) - f(\alpha_1)$$
$$= (x^n - \alpha_1^n) + a_{n-1}(x^{n-1} - \alpha_1^{n-1}) + \cdots + a_1(x-\alpha_1) \quad (2)$$

现在，由（1），我们能从（2）的每一项中提出因子 $(x-\alpha_1)$，使得每一项剩下的因子的次数都降一次。因此，将各项重新排列，我们得到 $f(x) = (x-\alpha_1)g(x)$ 这里 $g(x)$ 是 $n-1$ 次多项式，设（对我们的目的来说，完全无需计算系数 b_k。）

$$g(x) = x^{n-1} + b_{n-2}x^{n-2} + \cdots + b_1x + b_0$$

现在我们可以对 $g(x)$ 施以同样的办法，根据代数基本定理，存在方程 $g(x) = 0$ 的一个根 α_2，使得

$$g(x) = (x-\alpha_2)h(x)$$

这里 $h(x)$ 是一个 $n-2$ 次多项式。用同样的方式一共进行 $n-1$ 次（当然这句话仅仅是用数学归纳法进行论证的代用语），我们最后得到完全的分解式

$$f(x) = (x-\alpha_1)(x-\alpha_2)(x-\alpha_3)\cdots(x-\alpha_n) \quad (3)$$

从（3）得知，不仅复数 α_1，α_2，$\cdots$，α_n 是方程的根，而且它再没有其他的根，因为如果 y 是方程的一个根，则由（3）有

$$f(y) = (y-\alpha_1)(y-\alpha_2)\cdots(y-\alpha_n) = 0$$

很显然，复数的乘积等于零必需而且只需其中一个因子等于零，因此必有一个因子 $(y-\alpha_r)$ 等于零，即 y 必须等于 α_r，这正是要证明的。

第 5 章 复数与四元数

注 介绍代数基本定理的同时应该介绍与其具有同样重要性的韦达定理,由于篇幅关系,这里只能暂略。

5.1.5 复数的重要特性

复数系具有许多优良的品质,性质比较重要的代数系(特别是涉及加法与乘法两种运算的代数系统)都以复数作为其特例,因此从代数学的角度看,没有哪个代数的重要性能超越它。以下,我们仅介绍最重要的几个常用结论。

(1) **最小性** 复数域 **C** 是含有实数域 **R** 及 i(i 满足 $i^2=-1$)的最小域。

(2) **封闭性** 复数域 **C** 是代数封闭域(即 **C** 上的每一个多项式都能分解成一次因子的积)。

(3) **全序性** 可以选择序使得复数集 **C** 是全序集。

(4) **非有序域** 复数域 **C** 不是有序域。

(5) **可除性** 复数域 **C** 是唯一可除的 Banach 代数。

上述的最小性定理可以用构造性的代数方法证之。封闭性在前面刚刚证明过。复数域 **C** 上规定全序是容易的,如通常的字典序就可以,即对任意两个复数 $z_1=a_1+ib_1$, $z_2=a_2+ib_2$,规定

$$z_1 < z_2 \text{ 当且仅当 } a_1 < a_2 \text{ 或 } a_1=a_2 \text{ 但 } b_1 \leqslant b_2$$

易证"<"在 **C** 上满足自反性、反对称、传递性及全序性,但这里定义的序"<"与复数 **C** 上的加法运算及乘法运算是不相容的(即单调性不满足)。

进一步,复数域 **C** 上的任何序关系"<"都不可能与加法"+"与乘法"·"相容,即不能满足单性。假若"<"与"+"及"·"相容(在预备知识中已介绍),特别地,对于 i($\neq 0$),

由全序性必有 i<0 或 i>0（注：这里的"<"与通常的"<"有区别！）。

若 i>0，则由乘法单调性有

$$0 = 0 \cdot i < i \cdot i = i^2 = -1$$

再由可加法单调性有 0+1<−1+1，即 1<0。

因为刚证得 0<−1，再由乘法单调性得

$$0 = 0 \cdot (-1) < (-1) \cdot (-1) = 1$$

因此有 0<1，这与前面已证的 1<0 矛盾！

若 i<0，也可以用类似的推得方法推出矛盾！因此 C 不是有序域。可除性的证明要用到现代泛函分析的知识，这里略。

5.1.6　追问复数诞生的源头及其发展状况

以下介绍的内容，参阅了很多文献，核心内容来自徐品方、张红著的《数学符号史》。在这里，我们打算用一首自编的打油诗对复数的诞生及发展状况作概括：

虚无缥缈曲折，虚实联盟为复；

怪异玄乎神奇，妙哉人间极品；

管它不可思议，重在心安理得。

怪异　历史的脚步跨进 15 世纪，欧洲数学家们被负数、无理数的问题弄得晕头转向，当他们还没有清醒过来的时候，又遇到了一种脾气古怪的"数"。公元 1484 年，法国数学家许凯（N. Chuquet，1445～1500 年）在《算术三篇》中，解二次方程 $x^2-3x+4=0$ 时，得到 $x=\dfrac{3}{2}\pm\sqrt{2\dfrac{1}{4}-4}$（第一次形式地出现负数平方根），他对这个怪物 $\sqrt{2\dfrac{1}{4}-4}$ 认不清，因为

第 5 章 复数与四元数

$2\frac{1}{4}-4$ 是负数,负数是不能开平方的。于是,他一再声明这个根是不可能的。很显然,许凯求得的 x 已经孕育虚数的概念,但快煮熟的鸭子却让他放走了。

虚无 公元 1545 年,那个以争夺 3 次方程求根公式发明权闻名的意大利数学家卡尔达诺(G. Gardano, 1501~1576 年,又名卡当)在《重要的艺术》一书中研究这样一个问题:把 10 分成两部分,使它们的乘积为 40。他列出方程 $x(10-x)=40$,求得根 $x=5\pm\sqrt{-15}$。当他首次碰到这个情况时,他心知肚明,一个负数开平方是不允许的。但是在解方程中它又出现了,他无法解释负数的平方根是不是"数",十分为难。他书中描述这个怪物时说"不管我的良心受到多么大的责备,事实上 $5+\sqrt{-15}$ 乘以 $5-\sqrt{-15}$ 刚好是 40"。在他自己捉摸不透的背景下,他给 $\sqrt{-15}$ 起了一个名词叫"诡辩量"或"虚构量"。因他称正根为真实根,虚根是虚构的根,或虚伪的数或想象的和神秘的数。他的书中还这样写道"算术就是这样神秘地进行,它的目的正像人们说的又精密又不中用。"

玄乎 公元 1572 年,意大利数学家邦贝利(R. Bombelli, 1526~1572 年)第一个理直气壮地承认虚数、第一个认真研究虚数的运算问题。他在解 3 次方程 $x^3=7x+6$ 时出现 $\sqrt{9-12\frac{19}{27}}$,他认为为使方程存在的这种根得到统一,必须承认 $\sqrt{9-12\frac{19}{27}}$ 是"实实在在"的数,要让它加入数的运算家族,不能排弃,让虚数参与运算,这是虚数史上的一件大事。然而,他对虚数的实际用途仍持怀疑态度,认为它太"玄"。

数的家园

联盟 公元1637年,法国数学家笛卡儿在《几何学》一书中说:"负数开平方是不可思议的。"但他后来改变了看法,正确地认识了虚数的存在,于是站出来替虚数说了公道话,并把"虚构的根"改为"虚数",与"实数"对应,"虚数"因此而得名并沿用至今。同时,他还进一步给 $a+bi$(a,b 为实数)取名为"复数",这个美名也沿用至今。虚实联盟,复数让虚数找到自己的家。

尝试 公元1685年,牛津大学数学教授沃利斯(J. Wallis,1616～1703年)绞尽脑汁地在直线上找不到虚数的几何表示,尝试着平面上找出虚数的几何解释。他大胆地作了这样一个假设:"某人失去10亩地,也就是得到-10亩地,又如果这块地恰好是正方形,那么一边的长不就是 $\sqrt{-10}$ 了吗?"这里的 $\sqrt{-10}$ 相当于虚数符号。很显然,沃利斯这里的解释是有点牵强附会,但他利用平面表示虚数的想法,对深入研究虚数的几何意义给后人具有一定启发性。

缥缈 公元1702年,德国数学家莱布尼茨对虚数作了带有几分神秘色彩的描述:"虚数是神灵与惊奇的避难所,它几乎是又存在又不存在的两栖物。"莱布尼茨对虚数的态度比较消极,他认为虚数虽然是逻辑推演的必然结果,但是一种虚无缥缈的东西。同时代的牛顿在研究二次方程 $ax^2+bx+c=0$ 的根和判别式 $\Delta=b^2-4ac$ 之间关系时,指出 $\Delta<0$ 时,方程有虚根。但他认为虚数只有纯逻辑演算意义,在几何和物理问题上没有什么意义。

神奇 公元1722年,生于法国,卒于英国的数学家棣莫弗(de Moivre,1667～1754年)发现了一个神奇的公式(称之为棣莫弗公式或定理)

第 5 章 ◎ 复数与四元数

$$(\cos x + \sqrt{-1}\sin x)^n = \cos nx + \sqrt{-1}\sin nx$$

该公式的发现，给三角学的研究带来极大的方便。

更神奇的奇情发生在公元 1748 年，瑞士数学家欧拉利用他早在 1743 年发现的重要结果

$$\cos x = \frac{e^{\sqrt{-1}x} + e^{-\sqrt{-1}x}}{2}, \sin x = \frac{e^{\sqrt{-1}x} - e^{-\sqrt{-1}x}}{2\sqrt{-1}}$$

证明了棣莫弗定理不仅对 n 为正整数时成立，并且 n 是实数时也成立，并且从中得到了他名字命名的"欧拉公式"

$$e^{\sqrt{-1}x} = \cos x + \sqrt{-1}\sin x$$

在上述公式中，令 $x=\pi$，记 $\sqrt{-1}=i$（这个符号很迟才引进）就得到

$$e^{i\pi} + 1 = 0$$

这又是一个神奇的公式，巧妙地把五个神奇数字珍珠 1，0，i，π，e 串联起来了。今天，它被数学家们公认为最美的数学公式之一。伟大的欧拉发现的伟大的这一神奇公式，数百年来一直震撼着数学家们的心灵！

曲折　尽管欧拉建立了流芳百世的神奇公式，但他认识虚数的道路却走得很曲折。欧拉开始的时候对虚数认识是模糊的和矛盾的。公元 1768 年，他在《对代数的完整性的介绍》一文中说道："由于虚数既不比零大，也不比零小，又不等于零，因此它不能包括在数（实数）中……就虚数本性来说，它只存在于想象中。"因此，欧拉在使用虚数时还加上这样一个掣肘的评语："一切形如 $\sqrt{-1}$、$\sqrt{-2}$ 的数学式，都是不可能有的、想象的数，因为它们所表示的是负数的平方根。对于这类数，我们只能断言，它们既不是什么都不是，也不比什么都不是多些什么，更不比什么都不是少些什么，它们纯属虚幻。"这表

数的家园

现出欧拉认识上的双重性,既承认存在虚数(不是一个实数,且不能比较大小),但又看不见,疑虑重重。9 年后的 1777 年 5 月 5 日,欧拉在递交给彼得堡科学院的论文《微分公式》中。一改他过去的认识,首次提出支持 1637 年笛卡儿用法文 "imaginaires?(虚的)的第一个字母 i 表示虚数 $\sqrt{-1}$。于是虚数符号 i 诞生了,可惜用 i 表示 -1 的一个平方根 "$\sqrt{-1}$"并没有引起人们的注意。"i"发明权归属欧拉,后人没有异议。

妙哉 对复数所做的所有事情中,让复数几何化是最为美妙的事情。给复数的几何意义做出解释,对促进人们接受复数具有决定性的作用。揭去复数红盖头,显露美人真面目的大功臣是两位名不见经传的业余数学家及数学王子高斯。

首先揭去虚数神秘的面纱而使之被大家公认的是出生于挪威的丹麦业余数学家、测绘员韦塞尔(C. Wessel,1745~1818 年),他在 1797 年向丹麦科学院递交了题为《方向的解析表示》的论文,引进了实轴和虚轴,并把虚数 $\sqrt{-1}$ 记作 ε,从而建立了复数的几何表示。他把复数 $a+bi$ 记作 $a+b\varepsilon$ 或写成 $\cos v+\varepsilon\sin v$ 形式,与现代复数三角式基本一致,但也未引起人们重视。

其次是瑞士自学成才的业余数学家、巴黎一位会计员阿尔冈(J. R. Argand,1768~1822 年)。他于 1806 年出版《虚量,它的几何解释》的论文,将虚数看做是平面直角坐标逆时针 90°旋转,从而使复数的几何表示简洁化。

在促使人们接受复数方面,最有成效、贡献最大的人物,高斯当仁不让。公元 1799 年,高斯运用复数的观念证明了 200 多年来一直没有获得证明的代数基本定理,让数学界的大亨们不再藐视复数。如果说高斯开始对承认复数也心存顾忌的

第 5 章 ◎ 复数与四元数

话,时间到达 1831 年,他已经无所牵挂了,这对一向谨慎闻名的高斯来说,的确很不容易。他公开陈述了复数的几何表示,在同年发表的一篇论文中,高斯非常清楚地将 $a+bi$ 表示为复数平面中一点,而且用几何方法实现了复数的加法和乘法。他又指出:虽然现在已充分理解了分数、负数和实数,但对于复数只是抱了一种容忍的态度,而不顾它们的巨大价值。对许多人来说,它们不过是一种符号游戏,但是,$\sqrt{-1}$ 的直就能将这些数归入算术的范畴。因此,高斯满足于这种直观理解,他认为,如果 1,-1,$\sqrt{-1}$ 不被称为正、负、虚单位,而是被称为直、反和侧单位,人们就不会觉得这些数非常晦涩难懂。他说几何表述将原本深奥的虚数变得清晰明白了。他引入术语"复数"与笛卡儿的术语"虚数"相对应,并用 i 代替 $\sqrt{-1}$。从此,他便随心所欲地使用复数。非常有意思,与承认复数具有同样重要的另一事实,即高斯自己和他的同时代人随意地使用没有事实基础的实数,高斯却未置一词。从现在的眼光看,这种事情也发生在"一丝不苟"的高斯身上,简直不可思议。

不可思议 风靡 19 世纪的复变函数论的基础建立在复数上,但作为复变函数论的主要创始人之一——伟大的法国数学家柯西一直不承认复数,他坚决不同意把表达式 $a+b\cdot\sqrt{-1}$ 当作数。在他的名著《分析教程》(1821 年)中,柯西认为将这些表达式作为一个整体是毫无意义的。然而,它们还是说明了实数 a、b 的一些情况。例如,由方程 $a+b\sqrt{-1}=c+d\sqrt{-1}$,可推出 $a=c$,$b=d$,"每一个虚数方程仅仅是两个实数方程的符号表达式"。1847 年,晚年的柯西又提出了一个相

数的家园

当复杂的理论,可以用来判断用复数进行运算是否正确。但没有使用 $\sqrt{-1}$,对此,他说:"我们可以毫无遗憾地完全否定和抛弃一个我们不知道它表示什么,也不知道应该让它表示什么的数。"

心安理得 公元1837年,英国数学家哈密顿从代数的观点给复数下了严格的定义(见正文),帮助人们消除了由 $i^2=-1$ 这个怪物引起的恐惧感。从此,数学家们可以心安理得地使用复数,"虚数不虚",虚数是实实在在的复数的一部分,得到数学界的认同。

人间极品 公元1851年,高斯的弟子——德国数学家黎曼(Riemann,1826~1866年)创建了以他的名字命名的"黎曼曲面",神奇的黎曼球面(也称高斯球面)把无穷的大千世界囊括在一个小小的球面中,堪称人间极品。

附录J 复数趣味性思考题

关于复数,还有很多精彩的话题可以谈,如复数域内解方程、复数几何意义应用、复数在实际问题中的应用等,由于篇幅关系,我们这里只能打住。最后,从各种参考书中挑选出8个趣味性思考题让感兴趣的读者玩玩。

问题1(荒岛寻宝) 从前有一个年轻人在他的曾祖父的遗物中发现一张破羊皮纸,上面指明了一项宝藏。内容如下:

"在北纬××,西经××,有一座荒岛,岛的北岸有一大片草地,草地上有一棵橡树,一棵松树和一座绞架。从绞架走到橡树,并记住走了多少步,到了橡树向左拐一个直角,再走相等的步数在那里打桩。然后回到绞架,再朝松树走去,同时记住所走的步数,到了松树向右拐一个直角,再走向同样的步

第 5 章 复数与四元数

数,在那里也打个桩,在两个桩连线的正中挖掘,就可得到宝藏。"

年轻人欣喜万分,租船来到荒岛上找到了那片草地,也找到了松树和橡树,但绞架却不见影子而且一丝痕迹也不复存在。年轻人只好气恼地在岛上狂掘一阵,自然一切均属徒劳,终于两手空空,扫兴而归,这是一个令人伤心的故事。其实,这个年轻人如果懂点复数知识(复数相乘与相加),就肯定能把宝藏找到,你可以帮助他寻找吗?

问题 2(草原漫步) 某人在宽广的大草原上自由漫步,突发如下想法:向某一方向走 1 千米后向左转 $30°$,再向前走 1 千米后向左转 $30°$,如此继续下去,他能回到出发点吗?如果能的话,需转多少个弯?

问题 3(青蛙对称跳) 地面上有 A、B、C 三点,一只青蛙位于地面上距 C 为 0.27 米的 P 点处。青蛙第一步从 P 跳到关于 A 的对称点 P_1,第二步从 P_1 跳到关于 B 点的对称点 P_2,第三步从 P_2 跳到关于 C 点的对称点 P_3,第四步从 P_3 跳到关于点 A 的对称点 P_4……按这种方式一地跳下去。若青蛙在第 2009 步跳到了 P_{2009},问 P 与 P_{2009} 相距多少厘米?

问题 4(机器人左转弯运动) 见右图在同一平面上,有点 A 和点 P。一机器人从点 P 开始向点 A 直线前进,到达点 A 后,向左转 $90°$,继续前进,走同样长的一段距离到达一点 P_1,这样,我们说这个机器人完成了一次关于点 A 的"左转弯运动"。设 A、B、C、D 是平面上的正方形的四个顶点,另一点 P 距离点 D 为 10 米。一个人从点 P 出发,先关于点 A 作一次左转弯运动,到达 P_1 点,接着再对 B 作一次左转弯运动,到达 P_2 点,然后关于 $C, D, A, B, \cdots\cdots$ 连续地作左转弯运动,作过 11111 次左转弯运动后,到达点 Q,问 Q 距出发点多少米?

问题 5(机器人定位) 机器人在草原上接收到下列指令:从出发点 P 向东移动 1 千米到达 P_1 点,然后向北移动 $1/2$ 千米到达 P_2 点,然后再向西移动 $1/2^2$ 千米,到达 P_3 点,再向南移动 $1/2^3$ 千米到达 P_4 点。以后依次按东、北、西、南这个次序移动,并且每次移动的距离是上一次的 $1/2$,一直下去……试问,无限地进行下去,机器人将趋近于哪一处,离原出发点有多远?

问题 6(距离问题) 请你应用 n 次单位根的性质回答下述问题:

(1) 从单位圆的内接正 n 边形的一个顶点出发到其他的 $n-1$ 个顶点的距离之和是多少?

(2) 可以证明从单位圆周上的任意一个点 P 到内接正 n 边形 $A_1 A_2 \cdots A_n$ 的各个顶点的距离平方和为定值,你能找到这个定值吗?

问题 7(凸多边形存在性) 请你证明存在一个凸 1990 边形,使得下述两个性质同时成立:

(1) 所有的内角都相等。

(2) 1990 条边的长度恰好是 $1^2, 2^2, \cdots, 1990^2$ 的一个排列。

问题 8(庞加莱的非欧距离公式) 大数学家庞加莱运用复数方法建立了他的双曲几何模型,该模型实际上是建立在用下述公式定义的非欧距离之上:

第5章 复数与四元数

$$d(z_1, z_2) = \ln \frac{1 + \left|\frac{z_2 - z_1}{1 - \overline{z_1} z_2}\right|}{1 - \left|\frac{z_2 - z_1}{1 - \overline{z_1} z_2}\right|} \quad (|z_1| < 1, |z_2| < 1)$$

你能证明 $d(\cdot,\cdot)$ 是复平面的单位圆 $\Delta = \{z \mid |z| < 1\}$ 上的距离函数吗？你能分析出在这种距离下将会产生哪些奇特现象吗？

5.2 四元数

让我们首先回顾数概念发展的历史进程。最初，人类认识了自然数、分数、个别无理数（如 $\sqrt{2}$ 等），属于绝对量认识的阶段，这时候的数是不带（正、负号）符号的，人们之所以在很长的历史时期内不能认识负数，是因为人们自身绝对量观念的长期禁锢与束缚。一旦突破了禁锢与束缚，解放了"负数"后，数的运算面貌极大地被改变了，减法通行无阻了，随之整数、有理数、实数（通过极限）建立了，这样就完成了一维向量的数化进程。进入复数世界，虚数 $i^2 = -1$ 之所以难以被认识，其实质乃是：人们始终受数只能是正负数这种线性思维的长期禁锢与束缚，只有当线性思维发展到平面思维时，人们对数的认识才会有实质性的突破。进一步，人们对数的认识能否可以从平面思维飞跃到空间思维呢？换句话说，3 维向量可以数化吗？大数学家哈密顿经过长期的研究表明，3 维向量不可以数化（因为奇数个分量在定义乘法时难以配对），然而却意外地发现，4 维向量可以数化，不过这种"数化"是有缺陷的，乃就是以牺牲乘法交换律为代价。紧跟着，数学家们又证明 8 维向量可以数化，这就是后面要提到的八元数。

下面，让我们来揭开四元数的神秘面纱。

四元数（quaternion）是由地位仅次于牛顿的最伟大的英国数学家、物理学家哈密顿（R. Hamilton，1805～1865 年）发现的，1843 年 10 月 16 日是四元数的生日。许多数学家都认为"四元数"的发现是 19 世纪纯数学方面的一个最重要的发现。爱尔兰政府为了纪念这个发现，在 1943 年特别发行了纪念哈密顿的邮票。

有一位英国人汤姆斯·修（Thomas Hill）曾经这么说："牛顿的发现对于英国及人类的贡献超过所有英国的国王；我们无可置疑的 1843 年哈密顿的四元数的伟大数学的诞生，对人类所带来的真正利益和维多利亚女皇朝代的任何大事件一样。"

历史已经证明，后来许多从事科学工作的人常常用从哈密顿发现的四元数那里获得很多收益。四元数的发现，堪称数学历史上的一场革命，它推动了代数学学科大踏步地向前发展。但我们当中不少人对这一重大历史事件了解很少，因此有必要让大家了解一些关于四元数的数学科普知识。另外，四元数的发现过程还可作为数学发明心理学中的一个典型案例供大家品味。

本节将介绍四元数的相关知识及四元数发现的全过程。

5.2.1 四元数概念

哈密顿（实）四元数代数 $H = \{\alpha = a + bi + cj + dk \mid a, b, c, d \in \mathbf{R}\}$ 的基础数域是实数域 $\mathbf{R}$，H 作为 $\mathbf{R}$ 上的线空间是四维的，以元 1、i、j、k 为一组基，任意一个四元数可唯一地表示为

第 5 章 复数与四元数

$$\alpha = a + b\mathrm{i} + c\mathrm{j} + d\mathrm{k}\,(a,b,c,d \in \mathbf{R})$$

基元的乘法定义为

	1	i	j	k
1	1	i	j	k
i	i	−1	k	−j
j	j	−k	−1	i
k	k	j	−i	−1

不难看出，四元数之间的乘法符合结合律，因而 H 是结合代数，但 H 不满足交换律，如 ij≠ji，所以 H 是非交换代数。但容易证明 H 的非零元素集组成一个乘法群，因此四元数集 H 是一个除环。

像复数一样，我们可以定义四元数 $\alpha=a+b\mathrm{i}+c\mathrm{j}+d\mathrm{k}$ 的共轭为

$$\bar{\alpha} = a - b\mathrm{i} - c\mathrm{j} - d\mathrm{k}$$

于是有 $\alpha \cdot \bar{\alpha} = a^2 + b^2 + c^2 + d^2$，这样又可以定义 α 的模（norm）或长度

$$|\alpha| = \sqrt{\alpha \cdot \bar{\alpha}} = \sqrt{a^2 + b^2 + c^2 + d^2}$$

在四元数的一般表示式 $\alpha=a+b\mathrm{i}+c\mathrm{j}+d\mathrm{k}$ 中，若令 $b=c=d=0$，则得到实数 a；若令 $c=d=0$，则得到 $\alpha=a+b\mathrm{i}$ 是复数。因此四元数是把实数和复数作为其特例。

另一方面，还可以把四元数的一般表示式改写如下

$$\alpha = a + b\mathrm{i} + c\mathrm{j} + d\mathrm{k} = (a+b\mathrm{i}) + (c\mathrm{j}+d\mathrm{k})$$
$$= (a+b\mathrm{i}) + (c+d\mathrm{i})\mathrm{j} = v + w\mathrm{j}$$

其中，$v=a+b\mathrm{i}$，$w=c+d\mathrm{i}$。这样，我们又可以说四元数是由任意两个复数 v 和 w 构成的数（$\mathrm{j}^2=-1$）。到这里，四元数的

基本知识已介绍完毕。

5.2.2　四元数的意义

从上所述，我们已经看到，人们千方百计寻找四元数与复数、实数的联系，实数系与复数系的大部分性质都能在四元数中找到，就是交换律不成立。以牺牲交换律为代价的四元数，看上去并没有像实数系、复数系那么理想，但数系革命成功（历史上称四元数发现是代数学的一场革命）的标志就体现在这里！四元数首次打破代数运算的传统规范，启示人们看到沿着什么样的路径能创造出什么样的新数系，大量的超复数系就是在这样的背景下被探索出来的。

法国著名数学家让迪厄多内（Jean Dieudonné）曾评论说，四元数理论诞生堪称数学史上首开先河，是第一个例子，也是一种理论的原型：新对象的引进不是由于它出现的那个时代的需要，把它引到这个世界上来仅仅出于好奇，只是"为了了解"。其实，这里的话有点言过其实，历史上复数的发现也不是有类似的情况吗？更况哈密顿创造四元数（见下段）的动机本来就很明确，而且在他辉煌地解决了四元数的理论问题后，哈密顿就紧跟着提出他的四元数"会有什么用途"的问题。在他生命最后的20年，在一些或许有点过分热心的门徒的帮助下，他把自己的一切都献给探索四元数的应用上。

哈密顿本人利用四元数研究刚体运动，知道月球运动的规律，并且计算彗星与行星和地球的距离，并且研究光通过双轴结晶体产生的波面的特性。这些抽象的东西后来在爱因斯坦的相对论中找到应用。当时有些几何学家也利用四元数解决了圆锥曲面和二次曲面的一些问题，也有一些物理学家利用四元数

第 5 章 ◎ 复数与四元数

解决刚体运动、数学物方法中的一些问题。但光有这些还不够，这与哈密顿及其门徒们坚信四元数理论是解决各种问题的万应灵丹的理想存在着一定的距离，他们也未能成功地向当时的数学界传播他们的信念。直到 19 世纪末，四元数才在诸如群的线性表示或李群的结构这些理论中自然地显现出来，而这些理论在哈密顿时代并不存在。特别值得称道的事情是，四元数理论直接促进了量子力学等自然科学的发展，可以说，如果没有四元数的发现，就不会有现代量子物理学。现在许多人都知道所谓的"测不准原理"，而且写出了大量文章来讲述其哲学意义，但是似乎很少有人知道在数学上刻画测不准性质时用的正是表征某些物理量的算子（或算符）的"乘法之不可交换性"。

此外，随着现代计算机技术的快速发展，四元数理论又有了新的用途，人们运用四元数理论通过描述三维空间中的旋转在计算机上进行图像信息传递。英雄总有用武之地，我们坚信四元数理论能帮助人类创造更美好的明天。

5.2.3 四元数发现过程浏览

让·迪厄多内曾经说，追随一位创造性数学家的试验足迹是十分有教益的，他还认为哈密顿发现四元数的历程比大数学家彭加莱介绍他自己发现"富克斯"函数的思想火花产生的经历描绘要易于理解得多。本书作者从美国数学家李学数著的《数学家的故事》中初次看到哈密顿发现四元数的全程，真像出席大数学家讲述数学创造历程的心灵盛宴一样，受益多多。我们这里将其主要内容摘录下来，略作修改，其中第 1 个小标题、第 4 个小标题由本书作者所添，有些内容的行文略作变动。

数的家园

5.2.3.1 天涯处处有芳草

美国著名数学家哈尔莫斯说"问题是数学的心脏"。历史已经证明，唯有好的数学问题才能推动数学向前发展。有人问罗素的学生维特根斯坦，影响这么大的罗素现在的名气为什么没有比你大？维特根斯坦回答说，因为罗素没有问题。由此可见，数学家能发现问题，尤其是好的问题，真是太重要了。哈密顿在成功地构建好复数理论之后，他就给自己提出一个非常了不起的问题：是否存在一种新的数，它的几何表现是三维空间的一点 (a,b,c)，而我们可以将它类似复数 (a,b) 那样施行乘法运算？

毫无疑问，这个问题的实际背景来自力学。如果能够真正解决这个问题，无疑给力学研究带来极大的方便。哈密顿模仿复数 $a+bi$ 的写法，他把这个能存在的新数用 $a+bi+cj$ 来表示，他要求两个新数 $(a+bi+cj)$，$(x+yi+zj)$ 相乘其所对应的三维空间的向量的长，恰好是原先两数所对应的向量的长的积。这就是哈密顿所称的"新数的模法则"。详细地说，就是找到 u,v,w，使得

$$(a^2+b^2+c^2)(x^2+y^2+z^2)=u^2+v^2+w^2$$

这可以看作是从欧拉（费马、丢番图）等式

$$(a^2+b^2)(c^2+d^2)=(ac-bd)^2+(ad+bc)^2$$

那里得到的启示。

这个问题的答案是否定的。因为在 18 世纪的法国大数学家勒让德（Legendre）写的名著《数论》一书里就举一个例子：$3=1+1+1$ 及 $21=16+4+1$ 都可以表示成 3 个平方数的和，可是 $3\times 21=63$ 却不能表示为 3 个平方数的和（理由：凡

第 5 章 ◎ 复数与四元数

是形如 $8n+7$ 的整数都不能表示为 3 个平方数的和)。

如果哈密顿知道勒让得的结果,他就不会花太多时间去寻找这新数的乘积,因为这是徒劳无功的工作。可是,或许哈密尔顿就不会由此从错误走向正确,因而发现了四元数。哈密顿为了找这新数花了 15 年的时间去探索!

数学史书记载,"四元数"这颗啃不动的核桃,长时间地留在哈密顿的心头,以致他的家人也因此为他发愁。正如他给他的儿子写的回忆他工作经历的信中所说,当他下楼吃早餐时,他的儿子会问:"爸爸,你能把三(三元数组)相乘了吗?"而爸爸只能悲伤地摇摇头"不,还不行,我只能把它相加或相减"……

5.2.3.2 山重水复疑无路

研究一下哈密顿在发现四元数过程所犯的错误是很有意义的。这一方面提供数学家怎样研究的活生生的例子,另一方面也告诉我们:如果我们每次在工作失败后懂得总结经验,分析失败的原因,然后百折不挠,坚持到底,这样失败的黑暗将慢慢消失,胜利的曙光就会在远处鼓舞我们前进,最后达到目的地。

(1) 第一次失败

哈密尔顿想找的新数 $a+bi+cj$ 的集合要把复数集作为其子集,就像复数集是包含实数集为其子集一样。因此复数的一些性质,如 $ii=-1$ 是应该保留的。

类比这个结论,哈密顿猜想 $jj=-1$。可是 ij 和 ji 是什么东西呢?最初他是设想 $ij=ji$,由此计算出

$$(a+bi+cj)(x+yi+zj)i$$

$$= (ax - by - cz) + (ay + bx) + (az + cx)\text{j} + (bz + cy)\text{ij}$$

现在怎么样处理 ij 呢？它是否也是 $e + f\text{i} + g\text{j}$ 的形式？

我们先看 ij 的平方是什么？

$(\text{ij})^2 = (\text{ij})(\text{ij}) = \text{i}(\text{ji})\text{i} = \text{i}(\text{ij})\text{j} = \text{i}^2\text{j}^2 = (-1)\cdot(-1) = 1$

所以 ij=1 或 ij=-1。

可是假定 ij=1 或 ij=-1 也好，都不能使这新数满足他所要求的"模法则"。因此最初假定 ij=ji 是不能得到所需要的结果。那么怎么办呢？

(2) 第二次失败

这时哈密顿考虑最简单的情况：

在 $(a+b\text{i}+c\text{j})^2 = a^2 - b^2 - c^2 + 2ab\text{i} + 2ac\text{j} + 2bc\text{ij}$ 中，现右边向量 1, i, j 的系数 $(a^2 - b^2 - c^2)$，$2ab$，$2ac$ 的平方并取和，哈密顿发现

$$(a^2 - b^2 - c^2)^2 + (2ab)^2 + (2ac)^2 = (a^2 + b^2 + c^2)^2$$

这刚好就是"模法则"，因此他假设 ij=0，这样就不必考虑到 $(2bc)^2$ 这项了。

可是过不久他觉得这样做有些不妥当的地方，因为 i、j 的模都是 1，照"模法则"ij 的模应该是 1 而不会等于零，因此设 ij=0 就不合理。

而他这时选择 ij=-ji，并设 ij=k。这样假定的好处是"模法则"成立，但是 k 究竟是什么东西呢？

这时他考虑一般新数的乘积

$$(a+b\text{i}+c\text{j})(x+y\text{i}+z\text{j})$$
$$=(ax-by-cz)+(ay+bx)\text{i}$$
$$+(az+cx)\text{j}+(bz-cy)\text{k}$$

如果设 k=0 是否"模法则"能成立？由左式可得

第 5 章 复数与四元数

$$(a^2 + b^2 + c^2)(x^2 + y^2 + z^2) \qquad (A)$$

由右式可得

$$(ax - by - cz)^2 + (ay + bx)^2 + (az + cx)^2 \qquad (B)$$

是否(A)=(B)呢？读者算算看会发现(A)−(B)=$(bz-cy)^2$

这刚好是 k 的系数的平方，如果把 k 当作也同时垂直 1，i，j 的向量那就跑到 4 维空间的情形。真是奇怪两个属于 3 维空间的向量乘积，却跑到 4 维空间来，这令哈密顿觉得莫名其妙。

5.2.3.3 柳暗花明又一村

哈密顿这时想是否最初不应该设"三元数"而是应该考虑"四元数"呢？

这时他就对 $a+bi+cj+dk$ 进行研究。既然 ij=−ji=k，那么 ik，ki，jk，kj 究竟是什么东西呢？

我们现在回过来看看哈密顿写给儿子那封信吧！

"……我看我们或许有 ik=−j，因为 ik=i(ij) 而 i^2=−1，类似这样子我们或许可期望 kj=−jk，ik=−ki。"

我们知道对普通整数 z 来说，二元运算加（+）及乘（×）都满足结合律

$$a + (b + c) = (a + b) + c, \quad a \times (b \times c) = (a \times b) \times c$$

因此加法和乘法运算时，次序先后显得不重要。

可是哈密顿还不知道这新数对于乘法是否能满足结合律，不然的话他就可以由 i(ij) = (ii)j=(−1)j=−j，同样也可以用结合律很容易得到

$$ki = -(ji)i = -j(ii) = (-j)(-1) = j$$

数的家园

因此他只能用类比的方法猜测结果。

哈密顿寻找三元数的乘积的规律，不断冥思苦想，可是"上穷碧落下黄泉，两处茫茫皆不见"。怎么办呢？应该停止去搞其他工作还是坚持下去呢？

中国人有句老话说得很好："锲而舍之，朽木不折；锲而不舍，金石可镂。"科学创造是需要艰苦劳动，不怕困难，长期坚持下去就会有"柳暗花明又一村"的境界出现。

1843年10月16日这一天是爱尔兰皇家科学院集会的日子，而且哈密顿必须主持会议，他和妻子一起沿着"皇家运河"走，妻子喋喋不休和他谈一些东西，可是他却在想他的"四元数问题"，妻子的谈话他似听进又像没听进，他回想这几年的工作，几次的失败，现在怎样去找到i,j,k这三数之间乘积的关系式，如果这关键能掌握，整个问题就可以迎刃而解了。

突然间像电火花的迸发，他脑海中出现了一个这样的公式$i^2=j^2=k^2=ijk=-1$。对了，应该是这样，他激动起来，怕这公式会遗忘掉，马上掏出记事簿把这个公式写下来（这记事簿现在保存在都柏林三一学院的图书馆，这里影印哈密顿记下来的i,j,k之间乘积的公式）。

在记事簿上他写的公式是

$$i^2=j^2=k^2=-1$$
$$ij=k \quad jk=i \quad ki=j$$
$$ji=-k \quad kj=-i \quad ik=-j$$

他是那么的冲动，马上从袋子取出一把小刀就在"布尔罕桥"（Burham bridge）上的石头刻上最初出现的公式。如果你以后有机会到爱尔兰都柏林游历，你应该去看那座石桥，现在

第 5 章 复数与四元数

在桥上人们立一个小小石碑,上面刻上:"这里在 1843 年 10 月 16 日当威廉罗旺·哈密顿爵士走过时,天才的闪光发现了四元数的乘法基本公式 $i^2=j^2=k^2=ijk=-1$,他把这结果刻在这桥的石头上。"

晚上回去后,他开始计算

$$(a+bi+cj+dk)(\alpha+\beta i+\gamma j+\delta k)$$
$$=(a\alpha-b\beta-c\gamma-d\delta)+(a\beta+b\alpha+c\delta-d\gamma)i$$
$$+(a\gamma-b\delta+c\alpha+d\beta)j+(a\delta+b\gamma-c\beta+d\alpha)k$$

而且也发现右式的 1,i,j,k 前的系数平方的和恰好等于左边两个四元数的模平方的积,即

$$(a^2+b^2+c^2+d^2)(\alpha^2+\beta^2+\gamma^2+\delta^2)$$
$$=(a\alpha-b\beta-c\gamma-d\delta)^2+(a\beta+b\alpha+c\delta-d\gamma)^2$$
$$+(a\gamma-b\delta+c\alpha+d\beta)^2+(a\delta+b\gamma-c\beta+d\alpha)^2$$

这正是伟大的欧拉已经发现的恒等式。因此这四元数真的是满足"模法则"。伟大的四元数就这样诞生了。

5.2.3.4 美中不足真风景

雅称第二牛顿的哈密顿是属于科学史上少数几个天才人物之一,哈密顿从小一直到进大学之前没有进过学校读书,他的教育靠叔父传授以及自学。他在 14 岁时已经能读 8 种文字的书。他找到了法国数学家克莱罗(Clairaut)写的《代数基础》一书,很快就学会了代数,然后再看牛顿写的《数学原理》(到现在还有很多数学工作者看不懂!)。在他 16 岁时就去读法国著名数学家和天文学家拉普拉斯(Laplace)著的 5 册《天体力学》,他还发现拉普拉斯关于力的平行四边形法则的证明是错误的。他 18 岁进入都柏林大学三一学院,由于学业出色,

在他22岁那年（大学还没有毕业），就被（全票）任命为三一学院的天文学教授，这在科学史上是罕见的。

哈密顿一生献给科学，他为人谦虚和专一，并不太重视他的科学成果给他带来的荣誉，他对生活的要求很低，按现代人的眼光看，他的工作场所简直不是人呆的地方，尤其在他发现四元数之后的22年里，就像中世纪不食人间烟火的隐士那样生活着。哈密顿一直认为，他发现的"四元数"就像17世纪下半叶牛顿所发现的微积分那样重要，可以揭开物理世界的奥秘。因此，他集中全力想在力学、天文学、光的波动理论方面寻找到四元数应用的地方，这个时期的他，心中除了"四元数"还是"四元数"。后世有人评价说，对自己发现的"四元数"估价太高是哈密顿一生的悲剧，他把自己宝贵的生命的1/3多全投入在"四元数"中，太不值得了。按中国人的话说，就是成也萧何，败也萧何！还有人说，如果哈密顿对待"四元数"的态度摆得正一些，也许他对科学还会作出更大的贡献！其实真是这样，又怎么样呢？没有了牛顿，没有了高斯，没有了哈密顿，地球照样转得很好！事实上，不管多么伟大的人，总存在这样那样的缺点，最真实的美往往留点瑕疵。

5.2.4 后四元数

数系扩张从正整数一路走过来，已经走到"四元数"，这种路很能走下去吗？哈密顿本人在四元数理论建立不久，又给出了拟四元数，即把实四元数表达式中的4个系数换作复数（实的8维空间！）。1845年，英国数学家凯莱（A. Cayley）提出了一个八元数系 O，一个任意的八元数 $\alpha = a_0 + a_1 e_1 + a_2 e_2 + \cdots + a_7 e_7$，其中 $1, e_1, e_2, \cdots, e_7$ 为数系 O 的单元，具有

第 5 章 复数与四元数

性质

$$e_i^2 = -1, e_i e_j = -e_j e_i, i, j = 1, 2, \cdots, 7 \text{ 且 } i \neq j$$

$$e_1 e_2 = e_3, e_1 e_4 = e_5, e_1 e_6 = e_7, e_2 e_5 = e_7, e_2 e_4 = -e_6$$

$$e_3 e_4 = e_7, e_3 e_5 = e_6$$

如此定义八元数既不满足交换律，也不满足结合律。尽管是这样，人们还是会问，在这条道上，我们还可以走多远呢？德国数学家弗罗贝尼乌斯（F. G. Frobenius）给出了如下重要定理：实数域、复数域和四元数系是实数域上仅有的有限维可除的结合代数。其作为 **R** 上的线性空间，维数分别为 1，2，4。进一步，又有结论：实数域、复数域、四元数域、八元数域系是实数域 **R** 上仅有的有限维可除交错（非结合）代数，其维数分别为 1，2，4，8。前一个结论是说，满足结合律的最后一个数系是四元数系；后一个结论是说，从实数域上的代数意义上讲，八元数又是一个结束。

5.2.5 四元数与数字们的争论

美国数学科普作家西奥妮·帕帕斯在其著作《数学的奇妙》中介绍了一个关于四元数与数字们争论的故事，读起来真是赏心悦目。我们把它略作修改作为本节的附录，供有兴趣者阅读欣赏：

在数字社会中，小集团已经按惯例开始形成。真令人遗憾，数字们竟然不能认识到它们自己是一个快乐的大家庭。

在计数数一统天下的那些岁月中，奇数和偶数要争论谁更有用。但是当整数带着它们的负数登场时，奇数和偶数就把它们的力量联合起来了。

现在面临着的是重大的原则问题——谁将会接受四元数这

数的家园

个新来者，不同的派别已经开始形成。

计数数一直是很高傲的——只接纳大于或等于 1 的整数。它们必须研究一下这个新来者，然后决定它是否属于它们的集合。整数对于四元数是既热又冷，而中性的零则不偏不倚，因为它既不是负的又不是正的。

有理数当然要更加认真地考虑这问题。但是分数照例对展现它们的分子和分母更感兴趣，而对小数则甚至不愿提及。若干年来，小数对分数已经习惯了。它们不再受到分数的古怪行为的干扰。小数知道它们运算起来比分数容易得多，特别是用计算器时。0.007 甚至说分数过时了。但是 1/7 跳进来说，"虽然人们必须找到公分母来将我们相加或相减，而且我们需要一些奇特的步骤来进行乘除，同时我们宁愿排在最后，但是你们有些表示有理数的小数方式是不时兴的了。事实上，有些计算器的存储器不能存储你们的小数表示。"于是包括计数数、整数、分数和小数在内的有理数就继续在互相争斗。

四元数理所当然地害怕快餐店边上的一群根式，如 $\sqrt{2}$，$\sqrt{3}$，$\sqrt{15}$ 和 $\sqrt{6}$，因为它看到过它们与"有理"数进行的争吵。四元数听说过它们会怎样地无理。但使它惊奇的是，它们喜欢交谈。"我听说你有许多部分，人们称你为四元数"，$\sqrt{2}$ 说。"嗯，这不必顾忌，我的小数形式是无穷而且不循环的。所有那些一位一位的数是一长条拖着走的东西，所以我宁愿穿我的平方根衣服。或许你也能找到一种更简略地表示自己的方式。"

四元数受到了一点鼓舞，觉得比较轻松了。$\sqrt{3}$ 不想让四元数的希望抬头，补充道，"你务必弄清复数集。它把我们全都掌握了——计数数、整数、有理数、无理数、实数和虚数。""但是我听说复数集有一种分裂的性格，它在实数与虚数之间

第 5 章 ◎ 复数与四元数

摇摆着。"四元数这样回答着。

突然，复数 3－5i 走了过来，说道，"你理解得对，不过复数平面给了我们各自一个单一的点，我们可以在上面安身。即使最坏的情况发生，我总能避居在那里。我知道那是完全属于我自己的点，除我以外，其他一概不能占据那个位置，所以我在那里能够独处，能够休整，能够松弛和沉思。我们各自有自己的据点，我们可以把它叫做家。"

"你看来具有多重性格，这就是你的向量和标量而言的"，3－5i 对四元数说。"我肯定复平面上没有你的位置。"

"我希望我能找到自己的据点和家"，四元数说。它带着忧伤的语调继续说下去，"我不知道该走哪条路，或者应该说不知道要找到哪种集合。"

"这当然是困难的"，一个相当深沉的声音说话了。四元数转过来看到了 π。"我很难被实数接受。虽然我像 $\sqrt{2}$ 和其他数一样地无理，但是它们不肯让我径直进入实数中去，说没有办法找到我在实数轴上的精确位置，不像 $\sqrt{2}$、$\sqrt{3}$、$\sqrt{5}$ 等，它们利用毕达哥拉斯定理找到了它们的位置。那么我该怎么办呢？我必须花言巧语一番，使实数终于明白我是多么重要的一个无理数，特别因为所有的圆都靠我来求出它们的周长和面积，不仅如此，我还是一个超越数。""什么？π，你似乎说你是唯一的超越数"，数 e 说，它是以说大话闻名的。"我恰好也是超越数，是自然对数的底，而且除了用在微积分中以外，还广泛存在于自然界中。"

四元数开始头痛起来，它对所有这些戏弄和争吵感到厌烦了。"也许我不属于这里"，四元数说。"也许你不，"所有复数都叫喊道，"但是你属于哪里呢？"它们嘲笑着四元数。

"我与你们大家都不同。我有更大的深度,更多的维。也许我属于我自己的集合。是的,正是它!我是四元数即四维数集中的一分子,因为我的一般形式是 $q=a+x\mathrm{i}+y\mathrm{j}+z\mathrm{k}$。"讲完这话,四元数开始从常规地面升起,突然消失,好像它已经到另一个世界中去了。

附录 K 关于四元数的若干思考题

在李学数的著作《数学家的故事》中有几道关于四元数的思考题,挺有意思,摘录在这里供有兴趣者玩玩。

思考题 1 利用哈密顿发现的结果,试试找 $A=a+b\mathrm{i}+c\mathrm{j}+d\mathrm{k}$ 应该乘上什么的数 B,才能有 $AB=BA=1$(即逆元求法!)。

思考题 2 每一个整数都能表示为 4 个平方数的和。试试找出 31,47,97 这 3 个数的 4 个平方和的表示式(这与四元数模的计算有关),其中有哪一些是能表示成 3 个平方数的和?

思考题 3 利用哈密顿的四元数,寻找对于任意给的 $x_1, \cdots, x_4, y_1, \cdots, y_4$,所有可能的 z_1, z_2, z_3, z_4(用 $x_1, \cdots, x_4, y_1, \cdots, y_4$ 来表示)使得
$$(x_1^2+x_2^2+x_3^2+x_4^2)(y_1^2+y_2^2+y_3^2+y_4^2)=z_1^2+z_2^2+z_3^2+z_4^2$$

思考题 4 如果你找到以上的表示式,试试验证拉格朗日的结果

$$(x_1^2+w_1x_2^2+w_2x_3^2+w_1w_2x_4^2)$$
$$\times(y_1^2+w_1y_2^2+w_2y_3^2+w_1w_2y_4^2)$$
$$=z_1^2+w_1z_2^2+w_2z_3^2+w_1w_2z_4^2(这里 w_1,w_2 是任意数)$$

思考题 5 1844 年 1 月 4 日约翰·克拉夫斯给哈密顿的信报告他发现的八元数基本乘法公式

第 5 章 ◎ 复数与四元数

$$i^2 = j^2 = k^2 = l^2 = m^2 = n^2 = o^2 = -1$$
$$i = jk = lm = on = -kj = -ml = -no$$
$$j = ki = ln = mo = -ik = -nl = -om$$
$$k = ji = lo = nm = -ij = -ol = -mn$$
$$l = mi = nj = ok = -im = -jn = -ko$$
$$m = il = oj = kn = -li = -jo = -nk$$
$$n = jl = jo = mk = -lj = -oi = -km$$
$$o = ni = jm = kl = -in = -mj = -lk$$

试证明八元数满足"模法则"。

第6章 无穷与超穷数

大数学家希尔伯特说:"数学是关于无穷的科学。"他的得意门生外尔(H. Weyl)说,"数学的本质就是研究无穷"、"无穷是数学的灵魂"。不管哪一句话都表明:无穷与数学结下不解之缘。本章安排3节,第1节相识无穷,主要介绍关于无穷的常识,谈论对无穷的一般认识,作者在本节写作过程中,感想很多(自己怎么这么渺小!),与其说是写作,还不如说是在经历一场心灵的洗礼!但愿其中某些观点能引起同行的注意与商榷。第2节基数,介绍无穷比大小的基本知识,并通过几个趣味性话题加深对无穷的认识,尽管这一节的数学理论要求较高,但体现基数理论灵魂的几个典型故事(放在附录中)以及基数理论所蕴涵着的深刻思想,对大家不论是做人还是做学问都具有很大的启示意义。第3节序数,简单介绍关于无穷集排序形式的基本知识,尽管内容很难,但作为数的理论的最高峰,我们认为还是有必要介绍的。

6.1 相识无穷

"相识无穷"?谈何容易!大家都在说无穷、道无穷,到头来又有多少人能真正明白无穷的真正含义呢?既然你在谈论无穷,那么就请你拿出一些具体的例子解释一下无穷到底是怎么回事,这点要求不算高吧!其实,这并不是一件很容易的事

第 6 章 ◎ 无穷与超穷数

情。世界上有很多事情是这样的，"明知不可为，但又不得不为。"相识无穷很困难，但我们大家又得试着去相识。本节我们将介绍关于无穷的一些常识性话题，谈论对无穷的一般性认识。本节在写作过程中参阅了很多文献，其中也加进本书作者自己的一些观点。

6.1.1 何谓无穷？

何谓无穷？其实没有一个人能真正给出令大家都满意的答案！

首先，人类竟然能想出"无穷"这么艰深的概念，这本身就是一种奇迹！这是因为我们身边没有任何东西看起来是无穷的：我们极目远望的地平线，尽管很遥远，毕竟还在有限的范围内；我们的亲朋好友人数是有限的，我们所拥有的物品数量是有限的，我们活在世界上的时间是有限的；全世界人口目前已有 60 亿，这尽管还是一个很大的数字，毕竟是一个有限数。也许平日人们所能想到的离"无穷"最近的事例该是世界首富比尔盖茨的资产吧。

接着，我们用苏轼的七绝《题西林壁》："横看成岭侧成峰，远近高低各不同；不识庐山真面目，只缘身在此山中"回应何谓"无穷"的作答，也许非常合适。其实，"无穷"在不同人的心目中差异是很大的。在平常人看来，"无穷"就是不计其数。在诗人的眼里，无穷也是一个充满想像的词，是一种意境，它能唤起一种壮丽的感觉，浩瀚、神秘，但超出常人的理解之外。在艺术家眼里，无穷也是一种意境，它可以刺激想象力。在神学家眼里，无穷是一种信仰，无穷就是上帝。在思想家（包括哲学家）眼里，无穷是一种境界，无穷就是博大精深。在探险家眼里，无穷是心灵的家，无穷能治疗心理创伤。在科学家（包括数学家）眼里，无穷是科学研究（探索）的对象，也是科学研究（探索）的工具。

6.1.1.1 诗人眼里的"无穷"

以下摘录部分能让人回味无穷的诗词供大家欣赏：

第1首由莎士比亚（W. Shakerspeare）所作：

　　　　心愿无限，成事可数。欲海无边，实践有垠。

第2首由布莱克（W. Blake）所作：

　　　　在一粒沙中看见世界，在一朵野花中看见天堂；
　　　　在你手掌心掌握无穷，在刹那时光中掌握永久。

第3首由哈勒尔所作：

　　　　我们积累起庞大的数字，
　　　　一山又一山，一万又一万。
　　　　世界之上，我堆起世界；
　　　　时间之上，我加上时间。
　　　　我从可怕的高峰，
　　　　仰望着你——心眩晕的眼。
　　　　所有的乘方，再乘以万千遍，
　　　　距你的一部分还差很远。

第4首由席勒所作：

　　　　空间有三个维度，
　　　　它的长度绵延无穷，永无间断。
　　　　它的宽度辽阔广远，没有尽头。
　　　　它的深度，下降至不可知处。

第6章 ◎ 无穷与超穷数

第5首由雪莱所作：
>狂飙飞雪纷纷下，层层叠叠堆成塔，
>霹雳一声金乌醒，地塌天崩！
>恰如战天靠智慧，点点滴滴多积累，
>伟大真理一朝出，震宇回响！

第6首由李白多首诗集句而成：
>黄河之水天上来，奔流到海不复回。
>天生我材必有用，千金散尽还复来。
>桃花潭水深千尺，不及汪伦送我情。
>抽刀断水水更流，举杯消愁愁更愁。

第7首由杜甫多首诗集句而成：
>无边落木萧萧下，不尽长江滚滚来。
>人生有情泪沾臆，江水江花岂终极？
>会当凌绝顶，一览众山小。
>随风潜入夜，一岁一枯荣。

第8首由白居易所作：
>离离原上草，一岁一枯荣。
>野火烧不尽，春风吹又生。

第9首由王之涣所作《登黄鹤楼》：
>白日依山尽，黄河入海流。
>欲穷千里目，更上一层楼。

第10首由李商隐所作：
>向晚意不适，驱车登古原。
>夕阳无限好，只是近黄昏。

实际上，诗人眼里的"无穷"，所描述的是一种意境。我国著名数学教育家张奠宙先生有一篇题为《数学与诗词的意

数的家园

境》的佳作,赠送给本书作者,现将其转摘在这里与大家分享:

数学和诗词,历来有许多可供谈论的话题。例如,

一去二三里,烟村四五家;

楼台七八座,八九十支花。

把 10 个数字嵌进诗里,读来朗朗上口。郑板桥也有咏雪诗:

一片二片三四片,五片六片七八片;

千片万片无数片,飞入梅花总不见。

诗句抒发了诗人对漫天雪舞的感受。不过,以上两诗中尽管嵌入了数字,却实在和数学没有什么关系。

数学和诗词的内在联系,在于意境。李白《送孟浩然之广陵》诗云:

故人西辞黄鹤楼,烟花三月下扬州;

孤帆远影碧空尽,唯见长江天际流。

数学名家徐利治先生在讲极限的时候,却总要引用"孤帆远影碧空尽"的一句,让大家体会一个变量趋向于零的动态意境,煞是传神。

近日与友人谈几何,不禁联想到初唐诗人陈子昂的名句(登幽州台歌):

前不见古人,后不见来者;

念天地之悠悠,独怆然而涕下。

一般的语文解释说:上两句俯仰古今,写出时间绵长;第 3 句登楼眺望,写出空间辽阔。在广阔无垠的背景中,第 4 句描绘了诗人孤单寂寞悲哀苦闷的情绪,两相映照,分外动人。然而,从数学上看来,这是一首阐发时间和空间感知的佳句。前

第 6 章 ◎ 无穷与超穷数

两句表示时间可以看成是一条直线（一维空间）。陈老先生以自己为原点，前不见古人指时间可以延伸到负无穷大，后不见来者则意味着未来的时间是正无穷大。后两句则描写三维的现实空间：天是平面，地是平面，悠悠地张成三维的立体几何环境。全诗将时间和空间放在一起思考，感到自然之伟大，产生了敬畏之心，以至怆然涕下。这样的意境，是数学家和文学家可以彼此相通的。进一步说，爱因斯坦的四维时空学说，也能和此诗的意境相衔接。

贵州六盘水师专有一位杨老师告诉我他的一则经验。他在微积分教学中讲到无界变量时，用了宋朝叶绍翁的诗句（《游园不值》)：

满园春色关不住，一支红杏出墙来

学生每每会意而笑。实际上，无界变量是说，无论你设置怎样大的正数 M，变量总要超出你的范围，即有一个变量的绝对值会超过 M。于是，M 可以比喻成无论怎样大的园子，变量相当于红杏，结果是总有一支红杏越出园子的范围。诗的比喻如此恰当、贴切，其意境把枯燥的数学语言形象化了。

数学研究和学习需要解题，而解题过程需要反复思索，终于在某一时刻出现顿悟。例如，做一道几何题，百思不得其解，突然添了一条辅助线，问题豁然开朗，欣喜万分。这样的意境，想起了是王国维用辛弃疾的词来描述的意境：

众里寻他千百度，蓦然回首，那人却在灯火阑珊处

一个学生，如果没有经历过这样的意境，数学大概是学不好的了。

6.1.1.2 艺术家眼里的"无穷"

著名画家梵·高说："我在画无穷大，展现在面前的无穷

大,平原上的无穷大,一直延伸到目光所及的所有范围:田野、橄榄树、葡萄树和石头的无限小增生,地球面上那些数不清的微小孔隙……"在梵·高的眼里,"无穷"既迷惘又刺激!

西班牙艺术家琼·米罗在一幅《走向无穷大》的作品中,使用他自己最喜欢的蓝色,画出了无尽的空旷,并深有体会地说:"天空和海洋的广阔区域,迎合了人们通过某种无穷大释放精神渴望的需要。"

6.1.1.3 政治家眼里的"无穷"

我国现任国务院总理温家宝先生于 2007 年 9 月 14 日在《人民日报》上发表了一首与"无穷"有关的壮丽诗篇《仰望星空》,现将其转摘在这里供大家欣赏:

我仰望星空,它是那样寥廓而深邃;
那无穷的真理,让我苦苦地求索、追随。
我仰望星空,它是那样庄严而圣洁;
那凛然的正义,让我充满热爱、感到敬畏。
我仰望星空,它是那样自由而宁静;
那博大的胸怀,让我的心灵栖息、依偎。
我仰望星空,它是那样壮丽而光辉;
那永恒的炽热,让我心中燃起希望的烈焰、响起春雷。

6.1.1.4 哲学家、神学家眼里的"无穷"

大科学家(也是哲学家、神学者)牛顿在他的名著《上帝与第一推动力》中说:"我们必须得承认有一个上帝,他是无限的、永恒的、无所不在、无所不知、无所不能的;他是万物的创造者,最聪明、最公正、最善良、最神圣。我们必须爱戴

第 6 章 ◎ 无穷与超穷数

他、畏惧他、尊敬他、信任他、祈求他、感谢他、赞美他、赞颂他的名字，遵守他的戒律……"牛顿虽然被公认为有史以来最伟大的科学家，但他最终还是皈依了上帝。

哲学家布朗（Thomas Brown）坚信：人的能力是有限的，上帝的能力是无穷的。上帝具有完成人类所不能完成的无穷能力的特征，正好确立了上帝与人类之间的鸿沟。正因为是这样，存在才有等级区分，存在等级的高低取决于其行为所受限制的强弱，限制越弱等级越高，上帝不受任何限制，因此等级最高。术师和巫师们正是通过显示他们具有超自然的力量（骗术）做一些通常人难以实现的事，来确立他们的地位，提高他们的等级。

6.1.1.5 探险家眼里的"无穷"

德国著名的撒哈拉沙漠探险家海因里西·巴特说："我已经习惯了沙漠，习惯了无穷大的空间，在这里我不必为那些使人窒息的琐事而烦恼。"的确，无穷在某种场合是一种很有疗效的心理治疗剂，它能帮助人们解决有些不必要引起烦恼的心理问题。

6.1.1.6 数学家眼里的"无穷"

尽管科学家（包括天文学家、物理学家、生物学家、化学家等）一直在探索"无穷"，然而只有数学家才真正把"无穷"的理论建立在理性基础之上。自从"无穷"来到人世间，一代接一代的数学家们一直在"无穷"王国里忙忙碌碌地耕耘着，辛苦多多，硕果多多。目前在数学圈里讨论的"无穷"，其对象层出不穷，最基本的无穷有以下几种："无穷大"、"无穷小"、"无穷多"、"无穷元"等。"无穷大"与"无穷小"是高等数学（数学分析）中的研究对象。"无穷多"则要划分成两大类：其中一类是无穷多元素的组合关系研究，如数论、组合数学、群论、计算机数学、计算复杂性等学科可归属此类；另一类是对无穷集合自身特性及无穷集合的结构认识，如集合论、泛函分析、拓扑学可归属此类。"无穷元"即"理想元"则是射映几何、非欧几何、点集拓扑的研究对象。

最后我们借用大数学家希尔伯特的名言作为第一个小话题的结束语：

"自远古以来，无穷问题就比任何其他问题更加激动人的情感。几乎没有任何其他概念如此有效地刺激着心智。然而，也没有任何其他概念比无穷更需要阐明。"

6.1.2 无穷存在吗？

在数学界，不可能有人证明无穷存在，也不可能有人证明无穷不存在，数学家们只不过是假设了无穷存在（即公理化集合论中的无穷存在公理）。

在数学的世界里，如果没有"无穷"，那肯定是一个很无聊的地方；如果没有"无穷"，数学家们又能干些什么呢？

艺术家罗伯特·卡普兰在其著作《无穷的艺术》中说"无穷的真正的家在我们自己的头脑里，我们的思想，还是我们的灵魂？或许无穷既不在这里也不在那里，它是诗歌的一种可爱的幻想，仅仅在语言中而已？"作为参照，我们是否可以说："无穷"不存在于自然界中，它既不是空间的无限延伸，也不是时间上的无穷无尽，无穷只存在于观念世界中。这种论调是否有点像柏拉图的"理念"论？

第 6 章 ◎ 无穷与超穷数

现在，世界上大多数人都能认同，数学中的定义、公式、符号等都是人为的。从本质上说，所有的数学对象都是属于理性思维的产物。最简单的自然数 1，2，3，……也是人类创造出来的思维产物，几何学中最简单的直线也是存在于人的意念之中的事物。你能看到真正的直线吗？在黑板上、在纸上用直尺作工具画出来的直线不是真正的直线，这种留在黑板上、纸上的笔迹只不过是一种粗糙的近似物，充其量只能协助人们思考存在于头脑中的理性思考对象而已。

数学界（包括哲学界）一直对两种相互对立着的"实无穷观点"与"潜无穷观点"争论不休（见附录）。这种争论的本质，归根结底，就是无穷存在与不存在的问题。适度的争论对促进数学发展是有益处的，但陷入泥潭拔不出来就大可不必了。历史已经证实，引进潜无穷与实无穷具有同等重要性。不论你的观点如何，大多数人都在采用两种无穷观是不争的事实。例如，最简单的数学归纳法、数列极限、无穷级数求和与实数表示等，如果没有潜无穷的观念指导，你能明白吗？又如自然数集合、整数集合、闭区间 $[a,b]$ 上的单调函数等，如果你的头脑中没有"实无穷"的意识在统领，这些概念你能悟得透吗？如何看待"实无穷"与"潜无穷"，我们想说一句可能不是很确切的大白话"**眼中有实无穷，心中有潜无穷**"供大家参考。

6.1.3 无穷能认识吗？

这是哲学上的问题，也是数学上的问题。成云雷在他的著作《趣味哲学》中指出："在哲学界中，当代颇有影响的西方哲学家波普尔，童年时向父亲问了一个哲学问题：空间是无限还是有限的？他的父亲回答不了这个问题，让波普尔去问他的叔叔。他的叔叔让波普尔想象一堆叠起来的砖，并且把一块又一块砖加在砖堆上，如此类推，以至无穷；它永远填不满空间。但波普尔对此感到不满意，因为潜在的无限和实际的无限有区别，我们无法把实际的无限还原为潜在的无限。我们不可能直接想象没有边界的东西，我们先想象它的一部分，这个部分是有边界的，然后再想象与它相邻的一个部分，这样逐步扩展和黏合。但是不管你想象了多少部分并且把它们黏合起来，你得到的结果仍然是一个有限的东西。'这样一直推到无限远'，只是一句只能想象而无法去实践的话语。"

成云雷还说：在哲学史上第一个试图论证空间无限性的是毕达哥拉斯。毕达哥拉斯曾经说："假如我处于宇宙的极端，那么我能不能把手臂或手杖升到外面的空间？如果我伸一下手，那么外面必然是物体或是空间。在该伸手时就伸手的场合下，我们可能转移到新得到的边界而再提出同样的问题。既然手杖每一次都要碰到某些新东西，那么这样显然是无限的。如果碰到的不是物体而是空间，那么空间就是其中存在着物质或可能存在着物体的容器，而在永恒中可能性与存在性并无差别。因此不论物体和空间都是无限的。"

此外，大思想家帕斯卡尔认为无穷是不可认识的，他的思辨很深刻，即使在今天去审视他的观点，仍然有不少值得借鉴之处，我们将其作为附录单独列出。

对待无穷能否认识这个问题，数学家的"野心"好像要比哲学家大一些。最典型的代表人物是大名鼎鼎的希尔伯特，他认为"在数学内部没有不可知"，而且在他的墓碑上刻有誓言："我们必须知道，我们将会知道。"这句名言引领不知其数的杰

第6章 ◎ 无穷与超穷数

出人物投入到数学这项伟大的事业中。相比而言，拉普拉斯要低调得多，他的遗言是："我们知道的是微小的，我们不知道的是无限的。"其实，这两位大师的经典说法是异曲同工，前者用的是将来时，后者用的是过去时。

不幸的事情发生在1931年。著名数理逻辑专家哥德尔在这一年发表了他的不完备定理，震惊整个数学界（波及科学界）。用通俗的数学语言写出来，他的定理可陈述为：

"在包含自然数的任何系统中，一定有这样的命题，它是真的，但不能被证明；任何包含了自然数的形式系统，如果它是相容的，那么它的相容性不可能在系统之内得到证明。"

哥德尔的不完备定理告诉人们：数学的能力是有限的，任何数学体系都不可能证实它的相容性，不能证明所有真命题正确与否，都可能有自相矛盾的内容；数学家也面临着传播谬误的危险！这真是晴天霹雳，骤然粉碎了希尔伯特追随者们的美梦！

哥德尔的发现对数学界的打击是巨大的，数学作为绝对真理的化身早已丧失其不该拥有的地位。数学也像其他科学一样，作为一个整体已经历了数个黄金时代，现在数学圈的蜜月期行将结束，谁都无法阻挡。数学新的发现将会越来越难，小的改进将会成为主要目标，更加深入的理解将需要日益艰巨的思考才能达到。既然这样，数学家们是否该垂头丧气，什么事情都不干呢？世界上有许多事情明知不可为，但是还得为！一个好端端的人总不能坐着干等死，总要干点什么，干多少就算多少吧！实际上，人类自远古以来就恐惧无穷大，但又期望达到无穷大。在《圣经》"创世纪"篇中就有建造巴别通天塔的记载：

数 的 家 园

"来吧!我们要建造一座城和一座塔,塔顶通天,为要传扬我们的名,免得我们分散在全地上。"耶和华(上帝)降临,要看看世人所建造的城和塔,耶和华说:"看那,他们成为一样的人民,都是一样的语言,如今既做起这事来,以后他们要做的事就没有不成就的了。我们下去,在那里变乱他们的口音,使他们的言语彼此不通。"于是,耶和华使他们从那里分散在全地上,他们就停工不造那城了。因为耶和华在那里变乱天下人的语言,使众人分散在全地上,所以那城就叫巴别(就是"变乱"的意思)。

我们把《圣经》中的这段原文抄录在这里,意图是从中悟出点什么来。从这里我们可以看到:上帝(即无穷)不喜欢人们认识他。建造巴别通天塔,恰恰是人类企图达到无穷的象征。接下来,我们将会看到,数学家们是怎样努力创造他们的通天塔的壮丽景观。

6.1.4 如何认识无穷?

在这一个片段中,我们首先探讨一下,人们是如何利用直观协助思考无穷的。然后,介绍数学家们发明的认识无穷的两条主流通道。

6.1.4.1 借助直观——协助形象化思考

人们可以用许多直观描述的方式协助思考无穷:"无边无际"、"永不穷尽"、"无限延伸"、"永远重复下去"、"无穷大就是很大很大"、"无穷大要多大就有多大"、"无穷大比任何一个有限数都大"等,尽管这些词句中的大多数,在数学上,是经不起仔细推敲的,但用它们来协助思考无穷却是很有益处的。

第 6 章 ◎ 无穷与超穷数

一个人如果采用某种直观表示对无穷的衍生物的思考越多,那么他的大脑就有可能越好地领会需要思考的真正对象。关于无穷的直观往往是作为一种模糊的印象开始,然后认真思索下去,最终就有了能使得大脑中的代表性图像发展成为一种更为深刻的智力上的真正理解。

但是,仅仅停留在直观层面上去理解无穷,无疑会造成理解上的不到位。有时候,人们使用一些泛泛而谈的词语将会引起意义上的混乱。例如,不论是说"空气有限"、"水资源有限"、"雪花数目有限"、"音乐作品有限"、"宇宙有限",还是说"空气无限"、"财产无限"、"水资源取之不尽用之不竭"、"雪花数目无限"、"音乐作品无限"、"宇宙无限",这两种类型的说法都不是很确切。如果前面所说的都是指存量上的有限,肯定正确!但是从流量的角度去看,就不一定正确。例如,水,此刻全世界的水量是有限的,但在用水的那一时刻中同时还有另一部分的水会再生,这就像人口一样,死去一部分又会生出一部分。只有对同一性质的量(要么大家都是存量,要么大家都是流量)进行比较,才能有明确的意义。一般说来,人口的总存量越来越大是一种必然规律,那么水的总存量是否一直保持不变或者变得越来越少,我们不清楚有哪个科学家认真研究过!煤炭、石油等不能再生的资源越用越少是不证自明的。至于宇宙是否有限,科学界还没有定论。通常所说的有限宇宙,都是指在哈勃望远镜意义上的有限。如果人类进一步发明出更先进的观察工具,结论又会怎样呢?

6.1.4.2 通向天堂的天梯——"就这样继续下去"

现在的人们,最初接触无穷可能是从认识自然数列开始

数 的 家园

的。自然数列 1，2，3，4，……文章就做在 3 个不起眼的小点上。"……"可以告诉人们"就这样继续下去"。按照国际知名数学教育学家弗赖登塔尔的观点，"就这样继续下去"就是数学，它是人类创造的既伟大又重要的数学，也是最深奥的数学之一。这些话初听起来，觉得有点不自然，不妨请你耐心地听一下两个小朋友的争论（不妨假设哥哥 10 岁，妹妹只有 7 岁）吧！

哥哥说："数目可以一直数下去"。妹妹说"不可以"。哥哥问："为什么不可以，你说它们数到哪里为止？"妹妹沉思了一下回答说："它们数到千千万万为止——那是最后一个数。"哥哥一脸得胜的样子说"真的吗？如果我在你的千千万万后面加上一，怎么样？会得到什么？当然是千千万万加一！哈哈，我赢啦，数目可以永远数下去。"

看到兄妹争论的结果了吧！"就继续这样下去"确实是数学，最浅显的例子就是用数学归纳法作支撑的自然数集上的数学。按照大数学家庞加莱的说法，数学归纳法"就是使人们从有穷通向无穷的工具。"因此，数学归纳法就是引领人们从有限走向无穷的"天梯"。但这座天梯不会让你真正到达"无穷"，它只是告诉你，路一直可以走下去，永远不会走到尽头……

数学科普作家约瑟夫·马祖尔有一首描述走不到尽头的诗，很有韵味，我们把它摘录在这里：

"他以为自己看见了一个天使在一颗大头针上跳舞，他又看了一次，结果发现它是一个孪生子的影子。'如果针帽上放两个'，他说，'为什么不可以放三个呢？'"

"他以为自己明白了无穷需要一些东西来修正，他又看了

第 6 章 ◎ 无穷与超穷数

一次,结果需要大量东西来添加。'那么现在我问你',他说,'它究竟怎样才能终结呢?'"

现在,我们再回过头来分析一下,为什么说"就这样继续下去"是最深奥的数学。其实,"就这样继续下去"可以容纳很多东西,如它很明显包含"一直重复下去","一直重复下去"也是数学,它就是应用非常广泛的周期数学。

大家都很清楚,生命凭着它的周期可以无穷延续下去(如人类通过子孙后代),时间、天体都在凭着它的周期无限延续下去,从理论上讲,机器可以凭着周期无限地运转下去,汽车也在凭借周期无限前进,当然其前提是时间永远继续下去,而且所需的动力能源不断地提供下去……生活中的周期现象真是太多了。

因此,"一直重复下去"的确是一种能描述无穷而且非常有效的工具。不仅如此,它还是创造无穷数学的重要手段。目前,在物理学与数学中都很热门的分形与小波,其实质就是"一直重复下去"数学(即周期数学)。如"分形",从数学的角度看,它就是一直不断地把同一个规则重复作用到事先指定的数学对象上(如线段、三角形等)的产物。而且从几何学角度看,分形就是以无穷多(相似)形状呈现出来而且一直在再生长的美妙物体。像科克雪花曲线、谢尔宾斯基垫毯这些样本真是美妙极了!

6.1.4.3 路是人走出来的——"极限"给你指方向

法国分析学大师柯西(A. Cauchy)在 19 世纪初,运用潜无穷的观点建立了极限理论,相继又用极限给微积分中的无穷小量下定义,朝分析基础精确化迈出关键的一步。继之,波尔查诺（B. Bolzano）及维尔斯特拉斯等用准确（定量化）的 ε-δ 语言（包括 ε-N 语言）给极限下定义，使极限概念完全摆脱了几何直观而纯粹建立在实数的逻辑基础上。稍后，康托尔、维尔斯特拉斯、戴德金（Dedekind）等人又给实数理论奠定坚实的基础，从而使得人们在认识无穷与解释无穷方面向前跨出一大步。因此，我们认为，极限理论的创建，给人们认识无穷指明了前进的方向。极限理论（包括实数理论）是大学《数学分析》课程的核心内容之一，这里不再详述。

6.1.4.4 开启天门的金钥匙——"一一对应"

自从"无穷"来到人世界，始终是哲学家、数学家还包括物理学家共同感兴趣的话题，如何认识无穷也是人类最关心、最困难的问题之一，历史上不知道有多少大名鼎鼎的人物（欧拉就是其中之一）由于对无穷的认识出了偏差而摔跟斗。当历史的车轮滚进 19 世纪下半叶时，德国数学家康托尔（Cantor）以大无畏的顽强精神，勇于向传统挑战，以最具想象力的创造意识创建了他的无穷集合论，首次把哲学中难以界定的无穷概念变成精确的数学对象，把数学家们仅仅关注潜无穷的观点转到实无穷观点上，是他勤奋耕耘创造出来的超穷数理论（包括基数与序数），让"无穷"在数学大世界中找到自己合法的家。康托尔的无穷集合论正是奠基在人类祖先留下的最宝贵财富"一一对应"这一人类认识世界的首要工具的基础上，正是有了这个法宝，康托尔才能揭示无穷集的本质特征即"部分可以等价于整体"。因此，我们认为"一一对应"是开启天门的金钥匙。关于康托尔的无穷集合论这里不再详细介绍。

第 6 章 ◎ 无穷与超穷数

6.1.4.5 人造天堂——"添加理想元"

这是一种与寻找通向天堂的天梯完全不同的认识无穷的途径。大家都会同意,"无穷"是数学家心中的上帝,但"上帝"又不愿意显露他的真面目,数学家们只得亲自动手创造一个"上帝"作为思念中上帝的替代物。这就是运用数学中所说的外推法,添加一个理想元素到原先所考虑的对象中,得到一个新的而且把无穷圈在其中的数学实体。通常在所得到的这个新的实体中,原有的东西能原封不动地保留下来,而且能产生一些意想不到的美妙硕果。以下我们举两个实例来说明。

第一个精彩的例子是扩充复平面,即把理想元 ∞ 添加到复平面 C 后形成 C_∞。黎曼通过球极投影的手段,把扩充复平面与黎曼球面等同起来,这样就把无穷的大千世界囊括在小小的球面中,堪称人间奇迹。

第二个更加精彩的例子是射映空间(详见李浙生著的《数学科学与辩证法》)。射映空间就是射影几何学要在其中讨论的框架。据说,射影几何是文艺复兴时期法国数学家们受画家们的作画方法启发而发明的。简单地说,射影几何学就是一种把地平线看做是一条普通又特殊的直线——"无穷远直线"、平面中的每一对平行线有一个交点——"无穷远点"的几何学,这种几何学与仅研究有限点的传统欧氏几何有很大差别。

现在,我们从数学原理出发粗略地分析一下,射影几何学是如何产生的?它与经典几何学又有哪些差别?

大家知道,在一个欧氏平面上,任意两条直线一般相交于一点,但有一个例外,两条平行的线不相交。这种例外使某些定理显得复杂。为了排除这个例外,在每条直线上加上一个无穷远点,并假定平行直线相交于无穷远点。为了能与无穷远点相区别,把平面上的其他点叫做平常点。这种加上了无穷远点的直线叫做扩充直线。再假定不平行的直线有不同的无穷远点。这样,平面上所有无穷远点的集合叫做无穷远直线,而有了无穷远直线的平面叫做扩充平面。同样,在三维欧氏空间中,一切无穷远点组成的集合叫做无穷远平面。加上无穷远平面后的空间叫做扩充空间。在扩充空间里,不仅平行直线交于无穷远点,而且平行平面交于一条无穷远直线,一条非无穷远直线和一个与它平行的平面交于无穷远点。

如果把无穷远元素(无穷远点、无穷远直线、无穷远平面)和非无穷远元素平等看待,即不加以区别,这个扩大对象的空间就叫射影空间。同样,从扩充直线和扩充平面可以得到射影直线和射影平面。在射影空间中,平行的概念消失了。

无穷远点的引入不仅使关于点和直线的理论变得简单、优美,而且得到了几何学中著名的"对偶原理"。在平面几何中,点和直线称为对偶元素;过一点作一条直线和在直线上取一点叫做对偶运算;两个图形,如果其中一个图形可以从另一个用对偶变换(把其中的元素替换成对偶的元素和运算)而得到,则称为对偶图形;两个命题,如果其中一个命题中的所有元素和运算都与另一个命题中相应元素和运算的对偶,则称为对偶命题。关于对偶命题,对偶原理成立:如果一个命题是射影几何中的定理,那么它的对偶命题也一定是射影几何中的定理。

下面,给出以法国数学家笛沙格名字命名的对偶定理(原理):

第 6 章 ◎ 无穷与超穷数

笛沙格定理	笛沙格定理的逆定理
如果两个三角形的对应顶点的连线相会于一点，则这两个三角形的对应边的交点必定在一直线上。	如果两个三边形的对应边的交点在一直线上，则这两个三边形的对应顶点的连线必定相会于一点。

如果原定理成立，则它的对偶定理也成立。这是因为从代数观点看，这两个定理的证明步骤是相同的。对偶原理不仅节约了人们的时间和精力，而且具有一定的美学价值。希尔伯特说："这些理想的无穷远元素给我们带来了好处，它们使结合定律系统变得尽可能简单明了。由于点和直线之间的对称性，从此就如所共知的那样，产生了几何学富有成果的对偶原理。"

就通常的欧氏空间来说，它以距离概念为基础，因此在欧氏空间中，引进这种无穷远点没有什么意义。而在射影几何中，考虑的是以中心投影为基础的变换，不引进无穷远点、无穷远直线等就不能保证元素之间的一一对应和衔接关系。在欧氏空间中，平行与相交是两个不同的概念，而当把无穷远元素添加到欧氏空间中，拓展了空间的范围之后，它们之间的差别就消失了。

从上所述，我们很清楚地看到：射映空间就是运用外推法，即添加理想元素到已有的欧氏空间中得到的。对这种空间进行研究，实际上，这就是通过有限认识无穷的一种典型的认识无穷的方法。

另外，"添加理想元素"的数学研究方法非常广泛，如拓扑学中的单点紧化、彭加莱的非欧（双曲）几何模型、数论中的库默理想数等，其内容都非常精彩，这里不再介绍。

6.1.5 无穷的时间与空间

关于时间和空间是有限还是无限的问题,是让哲学家们入迷的话题。下述介绍的内容,主要取材于邹瑾等主编的《开心数学》与成云雷著的《趣味哲学》。

没有什么东西会像时间和空间那样显示出无穷大的魅力。我们在晴朗无月的秋夜,仰望仙女座的大星云,它是我们银河系的姊妹星系,距我们 2×10^6 光年之遥,这是人的肉眼能够看到的最远的物体。事实上,我们是在仰望"无穷大"。然而,比较起想象来,目光所及的无穷大就显得那样"小"。我们闭上眼睛,遐想一下时间的无穷无尽、空间的无限渺茫;人类文明形成的漫漫历程,未来文明永无止境;恒星和行星在万有引力的作用下互相绕转;太阳系外有"太阳系",银河系外还有"银河系"……

现代科学已经告诉人们,人类得以安身立命的这个有陆地、有海洋、有动植物的地球村,不过是太阳系中的一个小伙伴。整个太阳系在银河系中又不过是一个小伙伴。银河系也不是唯一的星系,宇宙中还有无限多的其他星系。现在的天文望远镜已经观察到,像银河系一样的星系有 10 亿个以上,其中最远的和我们的距离是 150 亿光年,这还远不是尽头,也走不到尽头。这样看来,天外有天,整个银河系在宇宙中的地位还不如大海中的一滴水。

以上是从大的方面说,空间是无限的。实际上,从小的方面说,"空间"也是无限的。我国战国时期就有"一尺之棰,日取其半,万世不竭"的说法。一尺长的一根木棒,每天分去一半,分到一万年还可以再分。这是对物质无限可分的天才猜

第 6 章 ◎ 无穷与超穷数

测。曾经有一段时间，人们认为原子是物质的最小组成单位。后来人们发现，原子又可以分成电子、中子等基本粒子。有的人认为粒子不能再分了，是构成物质的基本单位，所以称为基本粒子。现代科学表明基本粒子还可以分成层子，层子还可以继续分下去……所以，物质之小，也是无限的。《庄子》中有一个寓言叫"蜗角争锋"，说的是蜗牛角上有两个国家，天天打仗，暗示人类在宇宙中不过像蜗牛之一角罢了，所以根本没有必要争斗。《佛经》里讲一粒微尘里有 3000 大千世界（注：这里的 3000 是指 3 个千相乘，即 3000 大千世界＝1000 中千世界＝1000×1000 小千世界＝$1000\times1000\times1000$ 小世界＝1000^3 小世界），又说"纳须弥于芥子"，这也是说小的无限。

我们再回到宏观世界。就拿宇宙怪物——黑洞来说吧，自从 20 世纪早期有科学家预测存在黑洞以来，在人们眼里，黑洞一直是一个稀奇古怪的东西，在每个星系的中心都有一个深不可见的"黑洞"，它的子民是数以几十亿计的太阳系，它的疆土横亘数千光年。它先于所有的子民而存在，并一直统管着这些子民的过去和未来。

史蒂芬·霍金是当代英国最富有影响力的思想家之一，他认为宇宙是一个在时间上和空间上无边界的模型。也就是说，宇宙"起源"时只有未来而没有过去。宇宙的未来有两种可能：无限膨胀或膨胀到一定程度后坍缩再回到起点状态。与空间对称坐标不同，人们一直认为时间是"一往直前"的。但是，霍金引入了虚时间的概念，以便和实时间形成对称和闭合的时空坐标。宇宙在虚时间里也没有开端和终结。所谓的宇宙开端其实是虚时间里的一个起点。在虚时间里存在许多"婴儿宇宙"，现在宇宙有一种叫做"虫洞"的通道和"婴儿宇宙"

连接。那么,人类能够通过"虫洞"到达另外的宇宙世界吗? 能是能,但是,在"虫洞"里宇航员将被撕成碎片,以基本粒子的方式抵达"天外天",即人类所处宇宙以外的其他宇宙。这是霍金的答案。他在《果壳中的宇宙》中还这样描述道:"爱因斯坦的相对论和大量的实验相互符合,他指出时间和空间是非常复杂地相互纠缠在一起。人们不能单独使空间弯曲而不涉及时间,这样,时间就有了形态。然而,它只能往一个方向前进,正如行驶中的火车头那样。"

时间和空间的无穷大,向人类伸出魅力无穷的橄榄枝,正是这种魅力吸引着人类的科学探索,不断发现宇宙空间的无穷大和时间长河的无穷大……相对论、哈勃定律、现代原子论、天文学、天体物理学、量子物理学等,对无穷大的科学研究不断丰富了宇宙学,更使得人类对无穷大的宇宙的认识越来越深刻。

6.1.6 潜无穷与实无穷之争

何谓无穷? 自从"无穷"来到人间不久,数学界与哲学界一直存在着两种相互对立的观点:"实无穷观"与"潜无穷观"。

实无穷观点认为无穷是无限延伸或无限变化过程可以自我完成的无限实体或无限整体。潜无穷观点认为无穷是无限延伸的,且永远完成不了的一个过程。举个简单的例子来说,实无穷观点认为"全体自然数"是存在的,因为每个自然数都是可以数到的,既然每个自然数都存在,那么"全体自然数"当然存在。潜无穷观点则认为"全体自然数"是不存在的,因为自然数是数不完的,这表明自然数的产生是个无穷无尽的过程,

第6章 ◎ 无穷与超穷数

只有这个过程结束了，才能得到自然数的全体，但这个过程永远不结束，因而无法得到自然数的全体。两种无穷观的根本区别在于：承认不承认无限延伸过程能否自我完成。

这两种观点的源头可追溯到古希腊时期。爱奥尼亚(Ionia)哲学学派认为物质无限可分，因而永远处在分割的过程中，这可看作是潜无穷观点的萌芽。以德谟克里特(Democritus)为代表的朴素原子论学派存在着物质的最小不可分粒子，而视物质为这些粒子的无限堆积，这可看作是实无穷观点的萌芽。埃里亚(Elea)学派的芝诺(Zeno)以悖论形式表达了他对上述两无穷观点的异议。他所提出的4个著名悖论（见附录）中的前两个是对潜无穷观的责难，而后两个则是对实无穷的批评。大哲学家柏拉图(Plato)的理念论则倾向于"不能以经验方法证明而必须借助思维才能把握"的实无穷思想，后来的人们通常把柏拉图当作实无穷观点的奠基人。亚里士多德(Aristotle)是明确区分实无穷与潜无穷而且反对实无穷的第一人，他认为潜无穷的特点是"此外永有"，而实无穷的特点是"此外永无"。他对无穷作了这种区分之后明确指出，无穷只能是"潜能上的存在"，而不是实在的存在，清楚地表明了他对实无穷的排斥态度。他的理由是："说'无限'潜在存在，意思并不是说，它会在什么时候现实地具有独立的存在；它的潜在的存在，只是对知识而言。因为，分割的过程永远不会告终，这件事实保证了这种活动潜在存在，却并不保证'无限'独立地存在。"亚里士多德进一步认为，如果坚持潜无限而否定实无限，不会对数学造成任何困难，他说："这对数学家的证明工作是没有什么影响的。"

由于亚里士多德在学术界具有举足轻重的地位，他的观点

数的家园

对后人的影响非常大。历史的车轮滚到19世纪，哲学家与数学家们又对这两种对立的无穷观进行争论。那个提出敬畏"头顶灿烂星空、心中道德律令"的著名德国大哲学家康德意识到潜无穷的局限性。他说，这种无穷的说法像"最远世界总也还有一个更远的世界，无论回溯到多么远的过去，后面也总还有一个更远的过去，无论前进多么远的将来，前面也总还有一个更远的将来；想象穷于这样不可测度的遥远的前进，思想也穷于这样不可测度的想象；像一个梦一样，一个人永远漫长地看不出还有多远地向前走，看不到尽头，尽头就是摔了一跤或是晕倒的地方。"实际上，康德所说的晕倒的地方仍然不是无穷而是有穷。

辩证法大师黑格尔把潜无穷称作消极无穷，甚至把这种无穷贬称为"坏的无穷"、"恶的无穷"。他认为：由1过渡为2，由2过渡为3……由n过渡为$n+1$，在此过程中，无法扬弃有限，无力飞跃到反映真正无限的自然数无限总体。他还认为：真正的无限不停留在有限之不断重复的阶段，不断过渡的进程能够穷竭，而成为一个自我完成了的无限总体。因此他称这种无限为积极无限。他又把积极无限表达为"否定之否定"公式。作为积极无限的自然数全体便是一个否定之否定：首先否定有限的常驻性，即肯定了进展；第二个否定是进展之完成，从而真正扬弃了有限；而这个真正的无限同时在更高形式上回复到有限，即高一层次的单体对象。黑格尔的这种观点后来给康托尔以深刻的影响。

高斯（C. Gauss）坚持潜无限观，他在给友人的一封信中指出："我反对把无穷量作为现实的实体来用，在数学中这是永远不能允许的，无限只不过是一种说话的方式……。"

第 6 章 ◎ 无穷与超穷数

波尔查诺（B. Bolzano）则维护实无限观，并指出，对无限整体来说，部分可以同总体建立一一对应。但他关于无限之研究的哲学意义远远胜于其数学意义。当时的大多数数学家避免对实无限的明确承认，尽管他们每天在使用无穷级数和实数系。不过就古典分析的要求而言，这种态度还不至于妨碍他们的具体研究。

分析学大师柯西（A. Cauchy）在 19 世纪前半叶是坚决的潜无限论者，他运用潜无穷的观点建立极限理论，相继又用极限定义微积分中的无穷小量，朝分析基础精确化迈出关键的一步。继之，魏尔斯特拉斯（K. Weierstrass）给出极限的 ε-δ 准则，使极限概念完全摆脱了几何直观而纯粹以实数为基础。但实数系结构问题至此尚未解决。显然，如何认识、解释无穷已成为无法规避的问题。

康托尔以顽强的斗志在无穷王国里勤奋耕耘，是他在数学大世界中给"实无穷"找到一个合法的家（超穷数理论）。他认为：无穷是某种完成了的确定的东西，是某种不但能由数学表示而且可用数学来定义的东西，这是建立集合论的关键。因为只有把无穷看成完成了的确定东西的整体才能构成集合。康托尔的集合论中，对无穷概念作了精确的数学表述，揭示了无穷集合的本质特征：无穷集合的部分可以等价于整体。康托尔的实无穷观还表明，在数学对象的创造中，数学家们具有创造上的充分的自由，这恰恰就是现代数学的一个重要特征。

此外，大数学家希尔伯特持实无穷观点，是康托尔强有力的支持者。

"潜无穷观"与"实无穷观"的争论远远还没有结束，20 世纪 60 年代，美国数学家鲁滨逊创建的"非标准分析"又是对无穷观的一次挑战……"潜无穷观"与"实无穷观"的争论,对促进数学本身发展是有益处的,但深陷泥潭拔不出来就大可不必。从唯物辩证主义观点看,持实无穷观点与潜无穷观点只是站在不同的角度看无穷。潜无穷是动态的,它是对有穷的否定。实无穷是静态的,从这一点看,它与有穷共有相同的一面,但从本质上看,两者有天壤之别,如"整体大于部分"适用于实无穷而不适用于有穷。实际上,实无穷是在潜无穷的基础上抽象出来的,实无穷又是对潜无穷的否定,即"有穷——潜无穷——实无穷"。

历史已经证明:把实无穷与潜无穷引入数学具有同等重要性,我们还是打算用"眼中有实无穷,心中有潜无穷"来结束这里的话题。

6.1.7 无穷不可知论

大家知道,哲学家休谟是典型的不可知论的代表人物。其实,以哲学批判理论闻名的大哲学家康德也是不可知论者,他曾经谈到,宇宙既不可能没有边界,又不可能有边界。因此,他认为这个问题超出人类的认识能力。大思想家帕斯卡尔也是典型的无穷不可认识论(不可知论)者,而且他的思考很深刻、很细致。下面摘录他在《论人在宇宙中的存在意义》一文中的几个精彩片段:

"在宇宙中,在整个自然界的怀抱里,人本来是微不足道的,但比起人所绝不能达到的虚无来,人又是庞然大物,是整个世界,是万有。"

"比起无穷来,人算得了什么呢?相对于无穷来说,他是虚无,相对于虚无来说,他是万有。他是虚无和万有之间的一

第 6 章 ◎ 无穷与超穷数

个中项。他根本无法理解这两个极限。万事的终结和起源,对他来说,是隐藏着的,是不能识破的秘密。他不能认识他由之而来的虚无,也不能认识他陷入其中的无穷。"

"在自然界的无穷大和无穷小两个无穷之间,人们比较容易想象的是无穷大。人们没有认真地考虑这两个无穷,才轻率地研究起大自然来,不自量力地自以为他们同自然界是对称的。然而,他们研究一切事物的起源,以便对万物都有所认识。但他们的态度之傲慢,就像他们所要研究的对象一样无穷。其实,要探求大自然的秘密,如果不具有自然一样的无穷智力,就是傲慢。"

"无论要达到虚无或万有,都非易事,都要具有无穷的能力才能做到。实际上,只有能理解事物终极原因的人,才能达到对无穷的认识。人类要认识到自身的局限性,人类只是存在的一部分,不是一切。存在使人类无法了解来自虚无的事物的始原,而人类渺小的存在,又使得人们看不到无穷。"

"人类的理性总是为变幻无常的现象所欺骗,在两个无穷之间,不论什么有限的东西都不能固定,不论是什么样的庞然大物,无穷都会立即把它席卷而去。从无穷的观点看,一切有限的东西都是等同的,找不出什么理由来说明,为什么要特别认为其中的一个比另一个好,其实这种比较毫无意义,只不过是增加人们的痛苦而已。"

帕斯卡尔的这些话,对数学研究的参考价值也许不大,但对人生来说,应该有不少值得借鉴的地方。

6.1.8 认识无穷的三个误区

由于"无穷"不可"捉摸",人们认识无穷时,必然存在着这样那样的偏差。我们这里仅谈 3 个误区。

6.1.8.1 第一个误区——忽视无穷概念本身的重要性

人们忽视无穷概念引入生活及数学研究的重要性,是认识无穷的第一个误区。通常人,尤其是数学界之外的人,会觉得生活在一个有限世界里的人为什么要去研究那虚无缥缈的"无穷",真是不可理喻!

其实,从哲学意义上说,研究无穷的宗旨是让人更好地认识自己的有穷。关于这一点,我们可以用《伊索寓言》中的一个故事来解释。这个故事的大意如下:

青蛙的儿子(当然它已不是小蝌蚪了)看到一头牛,吓得瞪大了眼睛,惶惶不安地跑回了家。小青蛙对青蛙妈妈说:"妈妈,妈妈,我看到一个庞然大物了!"妈妈说不可能有什么庞然大物,然后鼓起自己的肚子让小青蛙看。小青蛙却呱呱叫:"不对,不对,比这还要大。"妈妈用力将自己的肚子再鼓大一些,可是小青蛙还是摇头。最后在小青蛙"还大,还大"的叽叽呱呱声中,青蛙妈妈的肚子鼓爆了。

这个相当残酷的故事告诉我们,在没有仔细听完别人的话以前,不要胡乱猜疑,更不该任意模仿。当然,这个故事所含的更深刻哲理是:妄自尊大,必遭灭顶之灾。

在这个故事中,对于小青蛙来说,牛是超出它的语言表达范围的"无穷大",描述得不清楚,并不能责怪小青蛙。但是,如果小青蛙知道"无穷大",青蛙妈妈的悲剧或许可以避免。谁能保证类似的悲剧不会在今天的人类中发生呢?

现在,我们回到数学中,从数学本身来看,如果没有无穷,数学家们在数学世界中将会寸步难行。数学家贝尔认为:

第 6 章 ◎ 无穷与超穷数

19 世纪的数学家们已经认识到"没有一个统一的无穷理论，就没有无理数理论；没有无理数理论，就没有与我们现在所有的即使稍许相似的、任何形式的数学分析；最后，没有数学分析，像现在存在的大部分数学——包括几何与大部分应用数学——就不再存在了。"大数学家希尔伯特认为："研究无穷的本性，并非只属于专门科学兴趣的范围，而是人类理智的尊严本身所需要的。"数学家德夫林认为："尽管人们一直努力避免无穷的使用，但由无穷产生的数学却令人难以置信地繁复庞大。尽管十分抽象，无限的世界却是一个十分简明的领域。从有限进入无限很像在电视屏幕前由近往远倒退一样，当你退到足够远时，屏幕上大量模糊复杂的小光点看起来就变成清晰连续的画面。进入到无限时，其复杂性就消失了。这种现象不单出现在纯粹数学中。例如，在经济学中，研究含有无限多商人的理想化经济就优于现实世界大有限经济的研究。在物理学中，无限容积被用于探讨某些热和电能的精细概念。"

说到这里，不需再讲什么大道理，我们已经很清楚"没有无穷，就没有数学"。

6.1.8.2 第二误区——无穷概念及性质的理解出偏差

接着，我们要谈认识无穷的第二个误区。这是指对无穷概念本身及其特性不能正确地理解，造成对无穷理解的偏差。以下我们通过两个具体案例详细说明。

案例 1 $0.\dot{9} = 1$？

张奠宙先生在《数学通报》的一篇文章指出：对这个问题的回答，在大、中学生中通常有两种意见：

意见 A：$0.999\cdots$ 永远小于 1，只不过极限等于 1 罢了。

意见 B：$0.999\cdots = 1$，极限是可以达到的，不能停留在潜无限的认识上。

张先生运用实数表示理论指出了这两种错误观点，非常深刻。

韩雪涛先生在他的著作《从惊讶到思考》中列出通常见到的关于 $0.\dot{9}=1$ 的三种不严格的证法：

证法一：因 $1/3=0.333\cdots$，两边乘以 3，得 $0.\dot{9}=1$；

证法二：因 $1/9=0.111\cdots$，两边同乘以 9，得 $0.\dot{9}=1$；

证法三：令 $x=0.999\cdots$，两边同时乘以 10，得 $10x=9.999\cdots$，即

$$10x=9+x，因此 x=1。$$

然后，他再用正项级数求和的方法证得 $0.\dot{9}=1$。但他并没有指出上述证明不严格在什么地方。

案例 2 求 $l=1-\dfrac{1}{2}+\dfrac{1}{3}-\dfrac{1}{4}+\dfrac{1}{5}-\dfrac{1}{6}+\dfrac{1}{7}-\dfrac{1}{8}+\dfrac{1}{9}-\dfrac{1}{10}+\cdots$ 的值。

张楚廷先生在他的著作《数学文化中》给出导出既大于 0 又等于 0 的谬论的推导过程：

两边同乘以 2 得

$$2l=2-1+\dfrac{2}{3}-\dfrac{1}{2}+\dfrac{2}{5}-\dfrac{1}{3}+\dfrac{2}{7}-\dfrac{1}{4}+\dfrac{2}{9}-\dfrac{1}{5}+\cdots$$

将等式右边同分母的项合并，且按分母大小顺序排列

$$2l=1-\dfrac{1}{2}+\dfrac{1}{3}-\dfrac{1}{4}+\dfrac{1}{5}-\dfrac{1}{6}+\cdots$$

等式右边又等于 l，因而 $2l=l$，这样有 $l=0$。但是

第 6 章 ◎ 无穷与超穷数

$$1-\frac{1}{2}>0, \frac{1}{3}-\frac{1}{4}>0, \frac{1}{5}-\frac{1}{6}>0, \cdots$$

又必须有 $l>0$。问题出在哪里?

张楚廷先生在该书中只说用微积分的知识可得 $l=\ln 2$,问题出在哪里?并没有给出回答。

事实上,案例 1 的前一部分,即张奠宙先生分析的那部分,其认识偏差是由于没有理解无穷概念造成的,张奠宙先生已说得很清楚。但我们还想作一点小小的补充说明。面对没有学过实数理论的中学生来说,谈论像 $0.\dot{9}=1$ 是否成立的问题是毫无意义的,因为他们的知识储备不够!如果一定要谈,也只能采用强词夺理的话:"1 就是 $0.\dot{9}$,$0.\dot{9}$ 就是 1"来搪塞,或者委婉地说:"用你们现有的知识无法回答,等你们学了实数理论之后就会明白了。"

此外,还有必要对韩雪涛先生及张楚庭先生所提的问题作一些补充说明。案例 1 中的证法一与证法二与问题本身是同义反复,而且这三种证法都没有弄明白乘法分配律能否适用于无穷求和(对收敛级数而言是正确的!),至于案例 2 的问题本质所在就是在没有弄明白交换律是否适用于无穷求和(只有在级数绝对收敛的情形下允许!)的情形下使用了有限和中的交换律,而这一点正是无穷数学与有穷数学的本质差别之一。

6.1.8.3 第三个误区——把直观想象当推理依据

大家知道,直观有助于更好地理解数学,但有时候,数学光凭直观是远远不够的。以下 4 个案例表明,处理与无穷有关的数学问题,大家必须用严密的逻辑推理作依据,才能保证得

数的家园

到可靠的结论。

案例1（蠕虫悖论）　德国数学家施瓦兹（1843～1921年）在讲授无穷级数时，喜欢对他的学生提出下述问题：

一条蠕虫以每秒1厘米的速度在一根长1米的橡皮绳上从一端向另一端爬行，而橡皮绳每秒钟伸长1米，试问这条蠕虫能否爬到橡皮绳的另一端？

凭直觉，很多人都会以为，蠕虫爬行的那点可怜的路程远远赶不上橡皮绳的不断拉长。然而这一问题的结论却是：蠕虫真的能爬到绳的另一端。

奇怪吗？实际上你只需注意到下述的细节：

绳子上的蠕虫均匀向前挪动时，绳子是跟着均匀地拉长的，即每次绳子的拉长都不能忽视前面已有的基础（相应地均匀拉长）。

然而再由调和级数 $\sum_{n=1}^{\infty}\dfrac{1}{n}$ 发散的事实就可以推得，貌似不可能的结论却是正确的。你不信？不妨动笔试一下。

案例2（圆方套中套）　问题是这样的：给定平面上的单位圆，首先作该圆的外切正三角形，接着再作正三角形的外接圆，然后有对新的外接圆作正四边形，再接着又作正四边形的外接圆……这样一直作下去。试问：外接圆的半径是否趋向于无穷大？

凭直觉，大多数人都会觉得这种外接圆的半径肯定会无限地增大。但是运用初等几何学的知识及数列极限的知识，你可以计算出其极限值是一个有限数（大约等于12），这是一道有一定难度的极限几何综合题。

案例3（柯克雪花曲线的周长及雪花的面积）　柯克雪花曲线是由冯·柯克在1904年创造的一个非常美丽的分形例子。

第 6 章 ◎ 无穷与超穷数

柯克雪花曲线是按下述方法生成的：

先从一个等边三角形开始，把每条边都三等分（这是康托尔三分集构造方法的拓展），各取走中间的 1/3。然后在被取走线段的地方向外作出两边为此线段 1/3（即与取走部分的长度一致）长度的尖角。再把所得到的六角星的尖角上的每个线段又三等分，再重复前面的程序，这样的过程一直重复下去，就获得了柯克曲线。

现在问：柯克雪花曲线的周长与曲线围成的雪花面积各是多少？

其答案初看起似乎矛盾但又非常迷人：

雪花曲线所围的雪花面积是原来生成它的那个正三角形面积的 8/5 倍；而雪花曲线的周长却是无穷大。

如果你拥有正项级数求和的知识及平面几何的简单知识，就可以推导出上述答案，有兴趣试一下！

案例 4（Gabriel 喇叭） 这个例子是这样的，据说爱好数学的油漆工人 Gabriel 发现：由双曲线 $y=x^{-1}$ 在 $x \geqslant 1$ 的部分绕 x 轴旋转所得的旋转曲面的表面积是无限的，但这个喇叭面所围成的立体的体积却是有限的。直观地说，人们可以用有限的涂料把喇叭填满，但绝不可能有足够的涂料把它的表面涂满。

其实，只要你具备一元积分学的知识，就可以轻松地解决前面部分的问题，至于后面的比喻可能还需处理一些细节问题，如涂在表面的涂料厚度等。

历史上，误用无穷概念的例子很多，最有趣的例子是大数学家欧拉推导出来的怪论：无穷大介于负数与正数之间，无穷大与 0 很相似。由于篇幅关系，这里不再介绍。

6.1.9 无穷的源头及无穷认识发展史

"无穷"这个概念是由人们探索自然、研究哲学以及研究数学本身的各种各样的问题催生出来的，这种泛泛而谈的说法，大家都可以接受。问题是我们需要知道更多的细节，源头在哪里？是如何发展的？我们试图遵循历史的足迹沿途走马观花一趟。

6.1.9.1 古希腊

时间倒流到古希腊时代。按照古希腊人的风格（勇于探索！），像时间是否无穷无尽，这样的问题必然深藏在人们的心灵中。然而，据史书记载，无穷带给那个时代的哲学家与数学家们是难以释怀的忧思，人们不是设法在物质世界中抵制它，就是在观念世界里予以排斥。

最早的悲剧发生在毕达哥拉斯学派的内部。该学派的一个成员发现正方形的对角线长度不可公度（即在有限步内测出其长度），导致"万物皆数"的毕达哥拉斯极度恐慌。纸是包不住火的，丑闻很快被传出去，使得该学派的威望扫地。

喜欢火上加油的那个芝诺（Zeno）提出"运动不可能"、"阿基里斯永远追不上乌龟"、"飞矢不动"、"时间的一半等于时间的两倍"等 4 个名扬天下的悖论，困惑了读书人好多个世纪。

第6章 ◎ 无穷与超穷数

那个时代的精英人物亚里士多德对无穷的认识是前后矛盾的，开始他无法容忍物质世界的无穷观念，譬如无穷的宇宙，也不接受想象中的无穷。他认为："作为抽象概念的数不能是无穷的，因为数或者有数目的东西是可以计数的。"他还说数学家"不需要无穷，也不使用无穷，他们只是假设有限的直线能随意延长而已。"然而后期的他又指出："研究无穷同研究有限一样具有同样重要的意义。"他说："既然研究自然是研究空间的量、运动和时间的，其中每一个必然不是无穷的就是有限的，因此，……所有有名的接触过自然哲学的哲学家，都讨论有限与无穷的问题。"

欧几里得是用间接证法（反证法）证明素数有无穷多的第一人，按照现代的语言翻译，他的证明如下：

若 n 是最大的那个素数，把 n 之前的所有的素数作乘积，然后再加 1 得到一个新的数 k，即

$$k = 2 \times 3 \times 5 \times 7 \times 11 \times \cdots \times n + 1$$

这里的 k 必定是素数。因为，若 k 不是素数，则根据素数因子分解定理，k 可以表示为素因子的乘积，但 2，3，5，7，11，…，n 中没有一个能整除 k（总余 1），这是不可能的。因此，k 是大于 2，3，5，7，11，…，n 中任何一个数的素数。这又与假设矛盾！因此，没有最大的素数。

但是，欧几里得又设法避免使用无穷概念，最有说服力的证据就是他那引起众多争议的几何第五公设，当年他是采用很啰唆的语言来表述：

"若一直线与两直线相交，而且两侧所交内角之和小于两直角，则两直线延长后必相交于该侧的一点。"

其实，第五公设的现代说法就是"在同一平面上的两平行

直线，无论怎样延长都不相交。"这里蕴涵着在无穷远处不相交的含义。

为了消除由"不可公度"引发的第一次数学危机，欧多克斯做了历史上非常了不起的事。他的最大贡献就是发展了他的比例理论回避了第一次数学危机。他的比例理论建立在他所引进的穷竭法的基础之上。用现在的数学语言翻译出来，该方法可陈述如下：

"设给定两个不相等的量，如果从其中较大的量减去比它的一半大的量，再从所余的量减去比它的一半大的量，继续重复这个过程，则所余的某一个量将小于给定的较小的量。"

反复运用命题所指出的步骤，人们可以让余下的量小于任意所指定量，这就是穷竭法的本质所在。该方法可以看做是极限思想的源头，当时的数学家们还运用穷竭法解决了大量的几何学中的问题。有一点小小遗憾，就是高明的欧多克斯用"量"代替了"数"，回避了"数"的问题。数学史专家们认为：古希腊数学重几何的传统多少有点与欧多克斯有关。

6.1.9.2 文艺复兴后期的欧洲

自亚里士多德时代以来，一直到黑暗的中世纪，人们对"无穷"的认识并没有取得实质性的进展（仅停留在哲学思辨的层面上）。随着人类文明发展的重镇转移到欧洲，令人喜欢又惹人恨的"无穷"这个"怪物"也移师到欧洲。

1593 年，法国数学家维埃特发现了一个奇特的数学公式，这个公式表明仅仅借助数字 2，通过一系列开平方、加、除、乘的运算，就可算出 π 的值：

$$\frac{\pi}{2}=\frac{\sqrt{2}}{2}\times\frac{\sqrt{2+\sqrt{2}}}{2}\times\frac{2+\sqrt{2+\sqrt{2}}}{2}\times\cdots$$

第 6 章 ◎ 无穷与超穷数

这里的"…"表示继续再继续,直至无穷。这是第一次明确地把一个无穷的过程表示成一个数学公式,同时,它预示着无穷大不再是不吉祥的东西,而是一个可以进入数学王国的数学概念。

数学家沃利斯,在 1650 年又发现了另一个涉及无穷大与 π 有关的计算公式:

$$\frac{\pi}{2} = \frac{2\times 2\times 4\times 4\times 6\times 6\times \cdots}{1\times 1\times 3\times 3\times 5\times 5\times \cdots}$$

1656 年,沃利斯在他的著作《无穷的算术》中首次使用"∞"这个数学符号。"∞"并不是表示无穷数的符号,而是表示非常非常大的"状态"的符号。如"$n=\infty$"这样的写法是毫无意义的,只能写作"$n\rightarrow \infty$"。有人说沃利斯这个符号从罗马数字 1000 的早期写法"⊂|⊃"那里得到启发的,也有人说是他把两个"0"相互黏在一起得到的,理由是相对 0,他的书中记载着两个等式 $1/0=\infty$ 与 $1/\infty=0$。

17 世纪下半叶,牛顿从物理出发,莱布尼茨从几何出发,分别各自独立地发明了微积分,这在科学史是非常了不起的事情。可是,他们的微积分却是建立在他们自己都认为没有搞明白的"无穷小"这个概念上。牛顿把无穷小量称作"瞬",并用"0"表示,在计算流数的过程中须用"0"除,最后一步又把"0"略去,他的"首末比"的阐述是模糊的,不能令人满意。莱布尼茨说"无穷小不是简单的、绝对的零,而是相对的零。就是说,它是一个消失的量,但它仍保持着它那正在消失的特征。"他的解释也无法令人满足。神学家贝克莱出于维护神学地位的需要,抓住微积分初创中不完善的地方,极力对微积分这个新生事物加以致命的攻击,他问:"无穷小量究竟是 0 还是不是 0?"其实,回答"是"与"不是"都是不行的。由

于当时的数学界无法对这个问题做出满意的回答,因此,导致数学史上所说的第二次数学危机。这场危机的实质是"无穷"惹的祸,还是因为人们对"无穷小"的本质没有很好地认识。

6.1.9.3　18 世纪以后的欧洲

18 世纪,数学史书上称其为英雄的世纪。牛顿-莱布尼茨发明的微积分在应用上获得空前的成功,大大地鼓舞了那个时代的数学界的精英们的斗志。尽管贝克莱的悖论没有消除,人们并不担心后园起火。"妹妹大胆向前走",当时的人们更多关心的是扩大疆域,不是在建筑的入口处张灯结彩,而是要把房子盖得更高更大些,不去考虑也没有时间考虑要不要把房屋的地基打得再结实些。此时此刻,"无穷"的花朵一片接一片地盛开着,"无穷级数"、"无穷乘积"相继出现;接着,无穷递归出现;在三维空间之后,四维空间(魔鬼的空间)已经让人找不着北了,然而却出现了无穷维空间这样的怪物……

回避总不是办法,"丑媳妇总是要见公婆"。一方面,研究无穷的地盘在扩大;另一方面,一大批仁人志士们投入极大的精力解决基础问题。在柯西、波尔察诺、戴德金、康托尔、魏尔斯托拉斯等分析学大师们的努力下,建立并完善了极限理论(就是那令后辈头痛不已的"$\varepsilon\text{-}\delta$"语言)及实数理论,终于给无穷小找到了一个暂时可以安身的家。由"无穷小"引起的第二次数学危机总算平息了,准确地说法应该是回避了。

一波未平,一波又起,伽利略的自然数与平方数一样多的悖论困惑了人们短暂的一段时期,康托尔先生创立的集合论,采用一一对应的方法认识了无穷集的特征(部分等同于整体),应该说这是人类对无穷认识的又一个高峰。从本质上说,康托

第6章 无穷与超穷数

尔先生也只提供了认识无穷的一种方法,"主人"到底是否存在?看起来还是一个很大的问题!20世纪60年代美国数学家鲁滨逊创立的非标准分析,又对认识"无穷"本质的问题提出挑战,这算不算另一个高峰,数学界一直有争议。那么,何时再次出现认识"无穷"的新高峰呢?不得而知!

附录 L 与无穷相关的几个趣味话题

与无穷相关的话题非常丰富,如时间、空间、宇宙等,我们这里仅挑选几个趣味性较强而且与正文联系比较密切的话题。

L.1 无穷与上帝同在

L.1.1 设计理论及其对立观点

现代神学中的设计理论认为:"自然被设计得如此美好与和谐,这不可能是偶然的,应该是上帝的杰作。"物理学家史蒂文·温伯格(诺贝尔奖获得者)对此持反对态度,他认为"宇宙看起来越容易理解,那么,它就越空洞而无意义。邪恶与苦难的盛行,证明了不存在什么慈祥的设计者"(详见《大师讲述科学中的20个大问题》)。

L.1.2 上帝存在的悖论

美国无神论者安妮·赖斯(Anne Rice)用对话的形式给出下述的上帝存在的悖论(详见约翰·巴罗著的《不论》):

"有上帝吗,拉舍?""我不清楚,罗恩。我想上帝是存在的,不过这使我悲愤难忍。""为什么?""因为我很痛苦,如果上帝存在，这一定是上帝造成的。""但是，如果上帝存在，也制造爱情。""是的，爱情，正是我痛苦的源泉。"

L.1.3 笛卡儿引用"无穷"概念证明上帝存在

极富创造力的哲学家（也是数学家）笛卡儿引用"无穷"这个概念，证明上帝是存在的。他的证明大意如下：人类因为是有限的动物，只能创造出有限度的观念，可是我们又拥有"无穷"的概念，所以这种概念必定是无穷的神明赐给我们的——这神明就是上帝。很显然，笛卡儿的论证是依靠一个理念：有限度的人只能自创有限度的观念。

L.1.4 帕斯卡尔用"无穷"不可认识的观点证明上帝存在

大思想家（也是数学家）帕斯卡尔则从"无穷"不可认识的角度证明上帝存在。现把他在《论人在宇宙中的存在意义》（详见陈珺主编的《宇宙简史》）一文中所给出的证明摘录在下面：

"人类的想象力有限，然而，自然界为思想所提供的领域却永无穷尽。在自然界广阔的怀抱里，整个可见的世界只是一粒看不出的微粒。没有一种思想掌握得了它，我们可以把思想扩展到一切想象得到的空间之外，但比起实在的事物来，我们能达到的只是些原子般的微粒。宇宙是无限的球体，到处都是球心，却哪里也没有球面。一句话，正是人类的认识（无穷）能力的有限性，足以证明无所不能的上帝存在。"

第 6 章 ◎ 无穷与超穷数

L.2 芝诺悖论及其延展

L.2.1 芝诺悖论

古希腊哲学家芝诺一生中曾巧妙地构想出 40 多个悖论，在流传下来的悖论中以关于运动的 4 个经典悖论最为著名，这里介绍与无穷认识相关的前 3 个。

(1) "二分法悖论"

该悖论是说，任何一个物体想要由 A 点运动到 B 点，必须首先到达 AB 的中点 C，随后需要到达 CB 的中点 D，再然后要到达 DB 的中点 E……依此类推，这个二分过程可以无限进行下去，这样的中点有无限多个，在有限的时间内，物体不可能经过无限点，因此该物体永远到达不了 B 点。如果换一种角度思考这个悖论，会得出结论：运动不可能发生。这是因为在进行后半段路程之前，必须先完成前半段路程，而在此之前又必须先完成 1/4 的路程，如此等等。因此，运动永远无法开始，即运动不可能发生，这是因为它被道路的无限分割阻碍着。

(2) "阿基里斯追龟悖论"

这个悖论是说，如果让爬得极慢的乌龟先爬行一段路程，那么跑得很快的跑神阿基里斯永远追不上乌龟。芝诺的论证如下：乌龟先爬行了一段距离，阿基里斯为了赶上乌龟，必须要先到达乌龟的出发点 A，但当阿基里斯到达 A 点时，乌龟已经向前爬到了 B 点；而当阿基里斯到达 B 点时，乌龟又爬到了 B 前面的 C 点……依此类推，两者的距离虽然越来越近，但阿基里斯永远落在乌龟的后面而追不上乌龟。

(3) "飞矢不动论"

这个悖论是说，飞矢是静止的。芝诺的论证如下：任何一个东西待在一个地方那叫不动，可是飞动的箭在任何一个时刻也不是待在一个地方吗？既然飞矢在任何一个时刻都待在一个地方，那么飞矢当然是不动的。

上述 3 个悖论的解答都要涉及无穷的理论。

L.2.2 汤姆森灯悖论

利用已有的现代数学知识可以很容易地解答芝诺的悖论问题，但是目前却还没有能力解答由芝诺悖论延展出来的看起来非常简单的下述的"汤姆森灯悖论"：

有一盏汤姆森灯，它有一个按钮，按一下灯亮，再按一下灯灭，再按一下灯亮……一直这样重复下去。现在设想有一个超自然的精灵按下面的方式玩这盏灯：把灯亮 1/2 分钟，然后熄灭 1/4 分钟，再亮 1/8 分钟，熄灭 1/16 分钟，一直这样重复下去。这个序列末了恰好是 1 分钟，而到 1 分钟的最后一瞬为止，这个精灵按了无穷多次开关。现在问：最后一刹那，灯是开着的，还是关着的？（注：如果把"灯"换作"球"就变成布莱克推球怪论，其本质是一样的，只不过是叙述的细节有不同。）

根据上述对此灯的操作描述，我们可以判定电灯按钮每按奇数次，灯开；每按偶数次，灯关。另外，无可辩驳的一点是，灯最终要么是开要么是关，但令人奇怪的是，我们根本无法知道最后灯是开着还是关着。实际上，如果持潜无穷观点的人碰到这个问题，他会很干脆地不回答它，因为任何无限过程都不能"进行完毕"。如果持实无穷观点的人碰到这个问题，

第 6 章 ◎ 无穷与超穷数

他可不可能规避它，但实际上他却无从作答。看起来，对"无穷"的探索还有很长路要走……

6.2 基数——无穷集大小比较的理论

基数理论由康托尔在 19 世纪末创立，基数理论是康托尔对集合论做出杰出贡献的标志性成果。正是基数理论的创建，才使得康托尔的实无穷观不会成为无源之水，并为康托尔革命成功打下坚实的地基。在这一节中，我们将介绍基数理论的基本知识，并在附录中介绍关于基数的几个趣味话题，本节的主要素材来自本书作者编著的《实变函数》。

6.2.1 对等与基数

如果用日常语言来表述，对等与基数是不能分离的，就像孪生兄弟一样，对等即基数，基数即对等。但是，在数学上，人们还是分别单独作出界定。

6.2.1.1 对等

设 A, B 是给定的集合。如果存在 A 到 B 上的一一映射，那么称 A 与 B 对等，并记作 $A \sim B$。

从定义出发，可以证明对等具有下述性质：

(1) 黏合性

设 $\{A_\lambda\}_{\lambda \in I}$，$\{B_\lambda\}_{\lambda \in I}$ 都是两两不交的集族。若 $\forall \lambda \in I$ 都有 $A_\lambda \sim B_\lambda$，则 $\bigcup_{\lambda \in I} A_\lambda \sim \bigcup_{\lambda \in I} B_\lambda$。

顾名思义，这里的证明只需把各自的一一映射黏合起来就可以了。

(2) 等价关系

基数的对等关系"~"是等价关系，即"~"满足下述特性：

（ⅰ）反身性：$A \sim B$

（ⅱ）对称性：$A \sim B \Rightarrow B \sim A$

（ⅲ）传递性：$A \sim B$，$B \sim C \Rightarrow A \sim C$

6.2.1.2 基数

按"~"将集合分类，凡对等的集合归在同一类。每一个类赋予一个标志，其标志就称为相应的类中的每一个集合的基数。集合 A 的基数用 $\overline{A}$ 表示。

为了更好地理解基数概念，以下几个细节还需要交代：

（1）基数是原始概念，只能用描述性语言表达，它由康托尔在1878年首次引进。康托尔还把基数取名作势、超限数、无穷数等。

（2）给定集合 A，B。由定义可知，$\overline{A} = \overline{B}$ 当且仅当 $A \sim B$。因此，讨论基数问题的实质就是讨论集合之间的对等问题，也就是说集合之间能否可以建立一一映射的问题。

（3）说得直观一些，所谓集合的基数，就是给集合贴标签，就像给世界上所有的男人与女人各贴上一个"男"与"女"字标签一样，就是要给同一个类的集合贴上相同的标签。当然，同一个标签下的集合通常都有其典型的代表，至于用这个类中的哪一个集合作为所贴标签的代表是无关紧要的。

（4）康托尔的基数概念引进是给他的实无穷思想奠定坚实的基础，另外基数概念创建又是以实无穷思想为背景的。康托尔实无穷思想的核心在于无限集的生成。康托尔认为,无限集的生成须经由元素按概括原则不断聚汇(延伸),而这个过程可以借助理性(理想化抽象)而完成(穷竭),所有适合给定要求的元素组成一个确定的整体——无限集;而作为一个集合,无限集成为高一层次的有限。在这种意义下,可将实无穷理解为不断延伸并相对穷竭的结果。

6.2.2 基数比较

利用子集的对等关系,可以建立集合基数比较大小的准则:

(1) **不大于** $\overline{A} \leqslant \overline{B}$ 当且仅当存在 $B_0 \subset B$ 使得 $A \sim B_0$。

(2) **小于** $\overline{A} < \overline{B}$ 当且仅当 $\overline{A} \leqslant \overline{B}$ 而且 $\overline{A} \neq \overline{B}$,即存在 $B_0 \subset B$ 使得 $A \sim B_0$,但 A 与 B 不对等。

关于基数比较有以下几个重要结论:

伯恩斯坦(Bernstein)定理

若 $\overline{A} \leqslant \overline{B}$ 且 $\overline{B} \leqslant \overline{A}$,则 $\overline{A} = \overline{B}$。

最大基数不存在定理

对于任何集合 M,$\overline{M} < \overline{p(M)}$。

基数比较良序性定理

基数比较的三歧性成立,即对任意的集合 A、B

$$\overline{A} < \overline{B} \quad \overline{B} < \overline{A} \quad \overline{A} = \overline{B}$$

三者中居其一而且仅居其一。

第一个定理看上去很平凡,其实是集合论中论证最困难的定理之一。我们这里仅给出俗称"洗黑钱法"的证明思路:

设 φ 是 A 到 B_0 上的一一对应 ($B_0 \subset B$),ψ 是 B 到 A_0 上的一一对应 ($A_0 \subset A$)。令 $A_1 = A \setminus A_0$,$\varphi(A_1) = B_1$,$A_2 =$

$\psi(B_1)$，$\varphi(A_2)=B_2$，$\cdots$易证由这种方法构造出来的两个集列 $\{A_i\}$ 与 $\{B_i\}$ 都是两两不相交的。再由

$$A = \left(\bigcup_{n=1}^{\infty} A_n\right) \cup \left(A \setminus \bigcup_{n=1}^{\infty} A_n\right) \quad B = \left(\bigcup_{n=1}^{\infty} B_n\right) \cup \left(B \setminus \bigcup_{n=1}^{\infty} B_n\right)$$

以及

$$\psi\left(B \setminus \bigcup_{n=1}^{\infty} B_n\right) = \psi(B) \setminus \left(\bigcup_{n=1}^{\infty} \psi(B_n)\right) = A_0 \setminus \left(\bigcup_{n=2}^{\infty} A_n\right) = A \setminus \left(\bigcup_{n=1}^{\infty} A_n\right)$$

与 $\varphi(A_i)=B_i$ ($i=1,2,\cdots$) 可推得 $A\sim B$。

由伯恩斯坦定理立即可推得在基数学习与研究中应用非常广泛的重要推论：

> 给定集合 A，B，C。若 $C \subset A \subset B$ 且 $B\sim C$，则 $C\sim A\sim B$。

第二个定理是由康托尔首先以悖论的形式给出的，其证明也是比较困难的。我们这里给出康托尔本人所给证明（用对角线法反证）的证明思路：

如果 $\overline{\overline{M}} = \overline{\overline{p(M)}}$，不妨设 φ 是 M 到 $p(M)$ 上的一一映射，令

$$M_* = \{x \mid x \in M 且 x \notin \varphi(x)\}(坏元素集)$$

由 φ 的定义，存在 $x_* \in M$ 使得 $M_* = \varphi(x_*)$，以下分两种情形讨论：

(1) 若 $x_* \in M_* = \varphi(x_*)$，那么由 M_* 的定义，$x_* \notin \varphi(x_*)$，矛盾！

(2) 若 $x_* \notin M_* = \varphi(x_*)$，那么由 M_* 的定义，又有 $x_* \in M_*$，也矛盾！

这就证得 $\overline{\overline{M}} = \overline{\overline{p(M)}}$ 的假设不成立。

第三个定理中的仅居其一的证明可由第一个定理直接推出，但居其一的证明需要用到序数理论的知识，难度较大，这里略去。

第 6 章 ◎ 无穷与超穷数

6.2.3 有限集

在中学数学里,通常说有限集就是元素个数有限的集,这句话本身没有错误,但它根本上没有说出什么,只不过是说了一句很明显是同义反复的话。

其实,有了对等的概念,人们就可以给有限集下正式定义:

凡是与自然数集的某前 n 片段 $J_n = \{1, 2, \cdots, n\}$ 对等的集,统称为有限集。有限集的基数就是所给集合的元素个数,通常用自然数表示,如 $\overline{\overline{J_n}} = n$。

在中学数学中,通常把有限集合 A 的基数称作 A 的计数,并用 Card(A) 表示。由于有限集的基数(计数)在中学数学中应用很广泛,下面我们把有限集的一些重要性质罗列出来:

性质一 任何有限集合都不能与其真子集对等。

性质二 任意非空有限集仅与一个自然数片段对等。

性质三 有限集的任何子集也是有限集。

性质四 自然数集(即全体自然数所组成的集合)不是有限集。

性质五 关于有限集,下述基数计算(计数)公式成立:

(1) **加法原理** 若 $A_1, A_2, \cdots, A_n$ 都是有限集,且当 $i \neq j$ 时,$A_i \cap A_j = \varnothing$,那么有

$$\overline{\overline{A_1 \cup A_2 \cup \cdots \cup A_n}} = \sum_{i=1}^{n} \overline{\overline{A_i}}$$

特别地,当 A 是 S 的子集时,$\overline{\overline{A}} = \overline{\overline{S}} - \overline{\overline{C_S A}}$。

(2) **乘法原理** 若 $A_1, A_2, \cdots, A_n$ 都是非空有限集,则

$$\overline{A_1 \times A_2 \times \cdots \times A_n} = \overline{A_1} \times \overline{A_2} \times \cdots \times \overline{A_n}$$

(3) 容斥原理 若 $A_1, A_2, \cdots, A_n$ 都是非空有限集，则

$$\overline{A_1 \cup A_2 \cup \cdots \cup A_n} = \sum_{i=1}^{n} \overline{A_i} - \sum_{1 \leqslant i < j \leqslant n} \overline{A_i \cap A_j}$$
$$+ \sum_{1 \leqslant i < j < k \leqslant n} \overline{A_i \cap A_j \cap A_k} + \cdots$$
$$+ (-1)^{n+1} \overline{A_1 \cap A_2 \cap \cdots \cap A_n}$$

(4) 逐步淘汰原理 若 $A_1, A_2, \cdots, A_n$ 都是有限集，记 $S = \bigcup_{i=1}^{n} A_i$，$A_i$ 关于 S 的补集记作 $C_S A_i$（$i=1, 2, \cdots, n$）。那么有

$$\overline{C_S A_1 \cup C_S A_2 \cup \cdots \cup C_S A_n}$$
$$= \overline{A_1 \cup A_2 \cup \cdots \cup A_n} - \sum_{i=1}^{n} \overline{A_i}$$
$$+ \sum_{1 \leqslant i < j \leqslant n} \overline{A_i \cap A_j} - \sum_{1 \leqslant i < j < k \leqslant n} \overline{A_i \cap A_j \cap A_k} +$$
$$\cdots + (-1)^n \overline{A_1 \cap A_2 \cap \cdots \cap A_n}$$

上述关于有限集性质的命题初看起来很容易明白，但数学上的论证并不是很简单。下面我们把性质一的证明思路说得详细些，其他则介绍个大概。

性质一可用数学归纳法证明如下：

$n=1$，显然成立。假设 $n=k$ 时结论成立。

当 $n=k+1$ 时，若 J_{n+1} 与其真子集 J' 对等，可设 φ 是 J_{k+1} 到 J' 上的一一映射，记 $\varphi(k+1) = l$，以下分几种情况讨论：

(1) 若 $l=k+1$，则 $J_{k+1} \setminus \{k+1\} = J_k$ 与 J_k 的真子集 $J' \setminus \{k+1\}$ 对等。这与归纳假设矛盾。

(2) 若 $l \neq k+1$，$k+1 \in J'$，则存在 $m \in J_{k+1}$，使得

第 6 章 ◎ 无穷与超穷数

$\varphi(m)=k+1$。

令

$$\psi(i) = \begin{cases} \varphi(i), & i \neq m, i \neq k+1 \\ l, & i = m \\ k+1, & i = k+1 \end{cases}$$

则 ψ 是 J_{k+1} 到 J' 上的一一映射,而且归结到 (1) 的情形。

(3) 若 $l \neq k+1$,$k+1 \notin J'$,则 $J_{k+1} \setminus \{k+1\} = J_k$ 与 J_k 的真子集 $J_k \setminus \{l\}$ 对等。这又与归纳假设矛盾。因此,J_n 不能与其真子集对等。

性质二可利用性质一反证可得;性质三可用数学归纳法证之;性质四也可利用性质一反证可得($f(n) = n+1$ 是 N 的真子集 $N' = \{2, 3, 4, \cdots\}$ 上的一一对应!)。性质五看上去很复杂,其实可用数学归纳法(对集合个数)证之,详略。

6.2.4 可数集

凡与自然数集对等的集,统称为可数集(也称可列集)。可数集 A 的基数用 a 表示(康托尔用 $\aleph_0$ 表示,读作阿列夫零),即 $\overline{A}=a$ 当且仅当 $A \sim N$。与此相呼应,如果 $\overline{A}>a$,则称 A 为不可数集;为叙述上的方便起见,把可数集与有限集合称为至多可数集,即集合 A 至多可数当且仅当 $\overline{A} \leqslant a$。

从定义我们可以看到,集合 A 是可数集当且仅当按照某种规则,A 的元素可以排成一列:$a_1, a_2, \cdots$。当 A 为可数集时,可记 $A = \{a_n\}$ 或 $A = \{a_1, a_2, \cdots\}$。

我们在这里有必要指出,初学集合论者,经常先设 $A = \{a_1, a_2, \cdots\}$,再证 A 是可数集,这种循环论证法是不允许的。

下面我们罗列可数集的主要性质：

(1) **加有限不变** 若 $\overline{\overline{A}}=a$ 且 $\overline{\overline{B}}=n$，则 $\overline{\overline{A\bigcup B}}=a$。

(2) **有限并不变** 若 $\overline{\overline{A_i}}=a$ ($i=1, 2, \cdots, n$)，那么 $\bigcup\limits_{i=1}^{n} A_i$ 的基数为 a。

(3) **可数并不变** 若 $\overline{\overline{A_i}}=a$ ($i=1, 2, \cdots, n$)，那么 $\bigcup\limits_{i=1}^{\infty} A_i$ 的基数为 a。

(4) **可数分解** 若 $\overline{\overline{A_i}}=a$，则存在 A_1，A_2，$\cdots$，使得 $\overline{\overline{A_i}}=a$ ($i=1, 2, \cdots$)，而且当 $i\neq j$ 时 $A_i\bigcap A_j=\varnothing$，$A=\bigcup\limits_{i=1}^{\infty} A_i$。

(5) **有限乘积不变** 若 $\overline{\overline{A_i}}=a$ ($i=1, 2, \cdots, n$)，则 $\overline{\overline{A_1\times A_2\times \cdots \times A_n}}=a$。

(6) **极小性** 若 A 是无限集，则 A 必含有可数子集，即 $\overline{\overline{A}}\geqslant a$（注：这就是说 a 是无穷集类中的最小基数）。

(7) **吸收性** 若 $\overline{\overline{A}}\geqslant a$ 且 $\overline{\overline{B}}\leqslant a$，则 $\overline{\overline{A\bigcup B}}=\overline{\overline{A}}$。

(8) **无限集的特征** A 是无限集当且仅当 A 有真子集与其自身对等。

上述性质可从定义出发直接证明，但有些证明（康托尔发明）的思想方法非常好，我们这里把证明的基本思路介绍一下。

加有限不变性可用挪位的方法完成，即先把 B 中的有限个元素先排，再把 A 的元素依次推后。有限并不变可先对 $n=2$ 的情形（此时可以用穿插的方法完成）证明，然后再用数学归纳法证之。

可数并不变得采用康托尔发明的对角线法证之，其大致思路如下：

设 $A_i=\{a_{i1}, a_{i2}, a_{i3}, \cdots\}$，$i=1, 2, \cdots$，而且没有重

第 6 章 ◎ 无穷与超穷数

复的元素。它们的并集可按康托尔发明的对角线法将其元素作如下排列：

$$\bigcup_{i=1}^{\infty} A_i = \{a_{11}, a_{12}, a_{21}, a_{13}, a_{22}, a_{31}, a_{14}, a_{23}, a_{32}, a_{41}, \cdots\}$$

从几何直观上看，这种方法就是把 A_i ($i=1,2,\cdots$) 的元素依次列表，然后按斜对角线的长短（等指标高）对其元素依次排列。如此精彩的证明方法，其想法实际上非常简单，通俗地说就是按"眼见为实"的准则给元素安排坐次。

可数分解性质证明只需用到下述的自然数的字典序表示法即可：

$$n = 2^{i-1}(2j-1), i, j = 1, 2, \cdots$$

有限乘积不变性可先对 $n=2$ 的情形（此时可归结到可数并不变）然后再用数学归纳法（集合个数）证之。

极小性利用选择公理（非空集合中必能取到元素）及数学归纳法证之。

吸收性可利用极小性及"一拆二"的方法给予证明，其大意如下：

由极小性可取 $\{a_n\} \subset A$。不妨设 $B \setminus A = \{b_n\}$，令

$$\varphi(x) = \begin{cases} a_n, & x = a_{2n-1}, \quad n = 1, 2, \cdots \\ b_n, & x = a_{2n}, \quad n = 1, 2, \cdots \\ x, & x \in A \setminus \{a_n\} \end{cases}$$

易见 φ 是 A 到 $\overline{A \cup B}$ 上的一一映射。因此 $\overline{A \cup B} = \overline{A}$。

无限集的特征证明分两部分："如果有真子集与其自身对等，那么 A 必定是无限集"，可由前面的有限集性质一可得（反证！）。"如果 A 是无限集，那么 A 必有真子集与其自身对等"可由极小性质以及吸收性证明的证明过程中所运用的构造性方法证之。

此外，利用可数集的性质我们可以派生出大量的可数集的例子。例如奇数集、偶数集、素数集、整数集、有理数集、n 维空间中的有理点集、整系数多项式全体、代数全体等。

6.2.5 基数 c 与基数 f

凡是与实数集 $\mathbf{R}$ 对等的集合，统称为连续基数集（也称连续统集）。连续统集的基数用 c 表示，即 $\overline{\overline{A}}=c$ 当且仅当 $A\sim \mathbf{R}$（当且仅当 $A\sim(0,1)$）。

设 $F=\{f\mid f:[0,1]\to \mathbf{R}\}$ 为定义在闭区间 $[0,1]$ 上的实函数全体。记 $\overline{\overline{F}}=f$，亦即称 f 为实函数全体的基数。

从定义出发，结合伯恩斯坦定理及吸收性，容易推得 $\overline{\overline{(0,1)}}=\overline{\overline{[0,1]}}、\overline{\overline{\{无理数\}}}=\overline{\overline{\mathbf{R}}}=c、\overline{\overline{I}}=c$（其中 I 是任何长度非零的区间）；进一步，$(0,1)\sim \mathbf{R}$ 可由正切函数 $\tan x$ 实现。

利用康托尔创造的对角线法可以证明 $\overline{\overline{(0,1)}}>a$（从而 $c>a$）。其证明的大致思路如下：

如果 $(0,1]$ 是可数集，不妨设 $(0,1]=\{x_i\}$。现把 $(0,1]$ 中的数用正规十进制无限小数表示（即小数表示式中不能在某一位之后全是 0，如 0.5 不能写成 0.5000……，而只能写成 0.4999……）。

不妨设 $x_i=0.x_{i1}x_{i2}x_{i3}\cdots$，$i=1,2,\cdots$，令
$$b_i=\begin{cases}2, & x_{ii}=1, \ i=1,2,\cdots \\ 1, & x_{ii}\neq 1, \ i=1,2,\cdots\end{cases}$$

再令 $x_0=0.b_1b_2b_3\cdots$，则 $x_0\notin\{x_i\}$，但 $x_0\in(0,1]$，这与 $(0,1]=\{x_i\}$ 矛盾！

这里所运用的对角线技巧，其思想方法是很奇妙的，而且

第 6 章 ◎ 无穷与超穷数

可以应用到很多场合。关于基数 c 与基数 f 的主要结论有以下几个：

(1)（基数 c 可数并不变）　若 $\overline{\overline{A_i}}=c$（$i=1, 2, \cdots$），则 $\bigcup\limits_{i=1}^{\infty} A_i$ 的基数为 c。

(2)（基数 c 可数乘积不变）　若 $\overline{\overline{A_i}}=c$（$i=1, 2, \cdots$），则 $\bigcup\limits_{i=1}^{\infty} A_i$ 的基数为 c。

(3)（基数 c 由 a 的幂生成）　若 $\overline{\overline{A}}=a$，则 $\overline{\overline{P(A)}}=c$，即 $2^a=c$。

(4)（基数 f 由 c 的幂生成）　若 $\overline{\overline{A}}=c$，则 $\overline{\overline{P(A)}}=f$，即 $2^c=f$。

上述性质（1）的证明只需注意到 c 集合分解 $[0, +\infty)=\bigcup\limits_{n=1}^{\infty}[n-1, n)$ 即可。性质（2）的证明须通过对等的手法把问题划归到区间 $(0, 1]$ 中考虑，然后再用对角线技巧及伯恩斯坦定理可得。性质（3）只需证 $\overline{\overline{P(N)}}=c$ 即可，这可利用二进制小数作工具来完成。性质（4）的证明可结合考虑特征函数以及 $P(\mathbf{R}^2)$ 可得。

基数理论介绍到这里，大致上可以告一个段落。但还留下一个基本问题：基数与平常的数有区别吗？这就是我们接下来要回答的问题。

6.2.6　基数运算

基数又名超限数、超穷数、超限基数等。尽管所取的名字与数有联系，但是基数的算术运算与通常数的运算有很大的差异。什么叫基数的运算？我们得先搞清楚。我们首先对基数运算作界定：

设 $\overline{A}=\alpha$, $\overline{B}=\beta$, 又设 $A\cap B=\varnothing$, $A\cup B=M$, 则约定 $\alpha+\beta=\overline{M}$, 即两个基数的和是具有相应基数的交空的两个集合并集的基数。

设 $\overline{A}=\alpha$, $\overline{B}=\beta$, 又设 $A\times B=N$, 约定 $\alpha\beta=\overline{N}$。即两个基数的积是具有相应基数的两个集合的直积的基数。

设 $\overline{A}=\alpha$, $\overline{B}=\beta$, $F=\{f \mid y=f(x), x\in B, y\in A\}$, 约定 $\alpha^{\beta}=\overline{F}$, 即基数 α 的 β 次幂是定义在基数为 β 的代表集上, 取值在基数为 α 的代表集中的全体映射组成的集合的基数。

如果把上述基数的定义应用到有限集的基数上, 刚好是相应的两个自然数的和、积、幂的定义。从前面介绍的基数基本理论中, 我们可以推导出下列基本的基数运算公式:

(1) $a+n=a$ $a+a=a$ $a \cdot a=a$

(2) $c+c=c$ $nc=c$ $ac=c$ $c \cdot c=c$

(3) $2^a=a^a=c^a=c$ $2^c=a^c=c^c=f$

关于基数运算具有下列运算律成立:

(1) **交换律** $\alpha+\beta=\beta+\alpha$ $\alpha\beta=\beta\alpha$

(2) **结合律** $(\alpha+\beta)+\gamma=\alpha+(\beta+\gamma)$
$(\alpha\beta)\lambda=\alpha(\beta\gamma)$

(3) **分配律** $\alpha(\beta+\gamma)=\alpha\beta+\alpha\gamma$

(4) **幂法则** $\alpha^{\beta}\alpha^{\gamma}=\alpha^{\beta+\gamma}$, $(\alpha\beta)^{\gamma}=\alpha^{\gamma}\beta^{\gamma}$, $(\alpha^{\beta})^{\gamma}=\alpha^{\beta\gamma}$

由于篇幅关系, 其证明从略。

附录 M 与无穷基数有关的三个趣味话题

M.1 希尔伯特先生那家无穷旅馆及其衍生出来的故事

大数学家希尔伯特先生当年为向大众推广康托尔先生创建

第 6 章 ◎ 无穷与超穷数

的基数理论时,讲述了如下生动的无穷旅馆的故事:

  有一位财大气粗的老板开设了一家有无穷多个客房的旅馆,取名叫无穷旅馆。某一天,住店的客人特别多,全部房间都住满以后又来了 3 位数学家要求入住。旅馆经理对 3 位数学家说,非常抱歉,客房已满,你们已无法入住。其中一位数学家对旅馆经理说:你们不是说有无穷多间客房吗?经理回答确实有无穷多个客房。数学家稍动了一下脑筋,很高兴地说:我们能住了!这 3 位数学家是怎样住进来的,我们已经不需花太大力气了(挪位就可以!)。

  现在,我们问:如果来了无穷多个客人,也能入住吗?进一步问:如果来了无穷多个代表团,每个代表团都有无穷多个人,也能入住吗?答案是"能!"至于如何安排入住,在前面介绍基数理论时已经介绍过,请你回忆一下吧!

  问题到此还远没结束(详见爱德华·伯析等著的《数学爵士乐》)。无穷多个客房的无穷旅馆总要有人搞清洁卫生工作吧?有一位"稀奇古怪"先生准备开设一家"稀奇古怪"清洁公司,这家公司专门为无穷旅馆服务。他这家公司里的员工很能干,无穷旅馆每天不管有多少个房间需要打扫卫生,只需一个人就可完成了。但这些员工也很怪异,每个人都只能打扫特定编号需要打扫的那种类型的房间。例如,编号 10101010…的员工只能在奇数号房间需要打扫的这一天出工,又如,编号为 1001000…的员工只能在第 1 号与第 4 号房间需要打扫的那一天出工。无穷旅馆的老板与"稀奇古怪"清洁公司的老板签订了下述的"稀奇古怪"合同:只要在无穷旅馆淡季的时候,让"稀奇古怪"公司的清洁工入住一天,附加条件是每个人住一间,而且在同一天入住。那么,无穷旅馆的老板全年都不需要给"稀奇古怪"清洁公司的清洁工人付工资。如果合同的条款不能满足,无穷旅馆老板就得把整家旅馆无偿地送给"稀奇古怪"先生。

现在,我们问你,无穷旅馆的老板真的全年不需要给"稀奇古怪"清洁公司的清洁工付工资了吗?答案可到基数理论中去找!

M.2 永远不会死的香迪给自己写传记故事

香迪是18世纪60年代一本小说《香迪传》中的故事讲述者(详见韩雪涛著的《从惊讶到思考》)。在小说中,香迪讲到自己用了两年时间来记录其生活中头两天的历史,然后香迪抱怨说,按照这种速度他永远也写不完自己的传记。在这一情节启发下,数学家罗素巧妙利用"无限未来"的概念提出了香迪悖论:如果香迪可以永远活下去,而且坚持不懈地写下去,那么,即使他的一生始终像开端那样充满需要记录的内容,他的传记也不会遗漏任何部分。罗素先生的想法可行吗?

为了方便思考,假定香迪生于1700年1月1日,而写作开始于1750年1月1日。其写作进程如下:

写作的年份	涵盖的事件
1750	1700年1月1日
1751	1700年1月2日
1752	1700年1月3日
……	……

从表格中可以看到,香迪要用365年才能写好一年的传记,再用365年总共只能写好两年的传记……这样一直画下去。

第 6 章 ◎ 无穷与超穷数

现在，你认为永远不会死亡的香迪能写好艰险一生的传记吗？答案请到基数理论中去找！

M.3 一种玩规避球的游戏

这个游戏是在两张不同的棋盘上进行的。如果在棋盘的方格中画上"O"就表示放白球，如果在方格中打上"×"就表示放黑球。A的棋盘上有6行，每行上有6个方格，B的棋盘只有1行，也有6个方格。规则是：由A先画满第1行，B画第1个空格；接着，A画满第2行，B画第2个空格……一直画下去。如果在A的6×6棋盘上找不到一行也找不到一列与B画出的那行有相同的符号，B就算规避成功，这个游戏就归B胜出。否则由A胜出。

朋友，你愿意选择A还是选择B呢？如果把A的棋盘增加到有10000×10000个格子，而B的棋盘是一行中有10000格，游戏规则不变，那么你愿意选择A还是选择B？

答案是选B必胜！为什么？

6.3 序数——无穷集排序的理论

在本书第1章第1节（数字的意义）中，我们已经提到作为排序意义上的自然数其发展顶峰就是超限序数。超限序数是研究集合元素的排序形式的数学理论。集合元素的排序形式在数学中的重要性，康托尔与戴德金在构造实数理论时已经发现（离散、稠密、连续之区别的本质在于元素排序形式的差异），康托尔在1883年开始研究有序集，并把注意力集中在良序集（即每个全序子集都有极小元的全序集）上，他引入了序数概念来刻画良序集的结构。其后,他还给出了序数的一种系统的表示方法,相当于十进制之用于自然数,而且利用序数可以把良序集编号。康托尔研究序数的主要动机是为了加深对基数的理解,更详细地说,就是为了确切地定义较大的超限基数。这套理论仔细介绍需要很多准备工作,作为科普性读物不能"陷得太深"。我们在这里仅以很直观地(举例方式)介绍康托尔创建的序数理论的轮廓,同时简明扼要地介绍与其相关的数学历史问题,这里的主要素材取自《古今数学思想(四)》。

康托尔首先对良序集引入序数(序型)的概念。两个相似的全序集(即两个全序集之间存在保序的一一映射)称其为有相同的序型。作为全序集的典型例子:任何有限集都是良序集,其序数就是基数(即元素的个数);而正整数集按其自然顺序构成良序集(负整数按其自然顺序不构成良序集),正整数集的序数用 ω 表示。

接着,康托尔定义了良序集的序数加法与乘法。两个良序数的和是第 1 个全序集的序数加第 2 个全序集的序数,顺序即按其特殊规定。例如,$\omega+5$ 是全序集 $\{a_1, a_2, \cdots, b_1, b_2, \cdots, b_5\}$ 的序数,而 $5+\omega$ 是全序集 $\{b_1, b_2, \cdots, b_5, a_1, a_2, \cdots\}$ 的序数,易见 $5+\omega=\omega$ ($\neq \omega+5$)。同理,$\omega+\omega$ 就是全序集 $\{a_1, a_2, \cdots, b_1, b_2, \cdots\}$ 的序数,$\omega+\omega$ 又记作 $\omega 2$ (注意:$\omega 2$ 与 2ω 是有区别的,2ω 是 $\{a_1, a_2, b_1, b_2, c_1, c_2, \cdots\}$ 的序数,易见 $2\omega=\omega$)。同样地,ω^2 就是全序集 $\{a_1, a_2, \cdots, b_1, b_2, \cdots, c_1, c_2, \cdots\}$ 的序数。

接着,康托尔又对良序集的序数分级考察:

第一级 Z_1 是由所有有限序数排成:$1, 2, 3, \cdots$ 良序集 Z_1 的序数是 ω,基数为 χ_0;第二组 Z_2 是由所有具有基数 χ_0 的

第6章 ◎ 无穷与超穷数

良序集的序数排成：

$$\omega \quad \omega+1 \quad \omega+2 \quad \omega2 \quad \omega2+1 \quad \cdots \quad \omega3 \quad \omega3+1 \quad \cdots$$
$$\omega^2 \quad \cdots \quad \omega^\omega \quad \cdots$$

良序集 Z_2 是不可数集，其基数大于 χ_0，记其基数为 χ_1，记其序数为 Ω；第三级 Z_3 是由所有具有基数 χ_1 的良序集的序数排成：$\Omega, \Omega+1, \Omega+2, \cdots, \Omega+\Omega, \cdots$ 良序集 Z_3 的基数又大于 χ'_1，记基数为 χ_2，……依此类推。

这样，相继地就可获得更大的序数与更大的基数。

在前一节，我们已经知道，康托尔创建基数理论中已经证明 $2^{\chi_0} = c > \chi_0$，而这个 c 就是连续统集的基数。

另外，他通过序数引进了 χ_1，并且证明 χ_1 是 χ_0 的后继者，因此有 $\chi_1 \leqslant c$。是否有 $\chi_1 = c$？这就是著名的连续统假设问题（详见附录）。

在本节开头，我们已经提到，康托尔研究序数的最主要动机就是加深对基数的理解。很遗憾，他所创建的序数理论（建立在良序集上）不能解决基数可比大小的问题（即前面提到的三歧性成立）。直到 1904 年，策墨罗（E. Zermelo）证明了良序定理（即任何集合都可以良序化）之后，才可以放心将基数等同于一个序数。这样，策黑罗帮助康托尔彻底解决了基数比较大小的问题。同序数一样，任一基数之后，甚至任一基数集之后，恰好有一个在大小顺序上紧尾随的基数，这就是所谓的阿列夫的谱系：

$$\chi_0, \chi_1, \chi_2, \cdots, \chi_\omega, \chi_{\omega+1}, \cdots$$

这里的 ω 是正整数集的序数，χ_0 是最小无限集即可数集的基数。这个谱系可以无限延伸下去，超限序数和超限基数一同刻画了无穷。

现在，有的书本中认为 χ_0 就是平面上整点的数目，χ_1 就是平面上所有实数点对的数目，而 χ_2 就是平面上所有曲线的数目。如果默认康托尔的连续统假设即 $\chi_1 = c$ 成立，那么前面的说法无疑是正确的。很遗憾，$\chi_1 = c$ 到底是否成立至今仍然没有解决。此外，人类至今还没有找到基数 2^c（$= f$）之后的具体集合。

附录 N 连续统假设

1878 年，康托尔提出了他的连续统假设：自然数集的基数与实数集的基数之间没有别的基数（即 $\chi_1 = c$）。1900 年，希尔伯特把这个假设作为连续统问题提了出来："即是否存在基数大于自然数集的基数而且又小于实数集的基数的集合"？问题提出后，包括希尔伯特本人在内的许多著名数学家都曾致力于这一著名难题的研究，虽历尽艰辛，但在相当长的时间里，没有什么重要进展。直到 1938 年，哥德尔证明了：连续统假设与 Z-F（策墨罗-弗兰克尔）集合论公理系统不会产生矛盾，也就是说，不可能在 Z-F 系统中证明连续统假设是错误的。1963 年，美国数学家柯恩（P. Cohen，1934～）证明：连续统假设与 Z-F 集合论公理系统是独立无关的，也就是说，不可能在 Z-F 系统里证明连续统假设是真的。把哥德尔和柯恩的工作综合起来，就得出既不能在 Z-F 系统里证明连续统假设为真，也不能在 Z-F 系统中证明它为假，因而它是一个不可断定的数学问题。

参 考 文 献

[1] 克莱因 M. 2003. 古今数学思想（1~4）. 张理京等译. 上海：上海科技出版社
[2] 克莱因 M. 2004. 现代世界中的数学. 齐民友等译. 上海：上海科技出版社
[3] 克莱因 M. 2000. 数学：确定性的丧失. 李宏魁译. 长沙：湖南科学技术出版社
[4] 柯朗等 R. 2005. 什么是数学. 左平等译. 上海：复旦大学出版社
[5] 约瑟夫·马祖尔. 2006. 雨林中的欧几里得. 吴飞译. 重庆：重庆出版社
[6] 伽莫夫 G. 2007. 从一到无穷大. 暴永宁译. 北京：科学出版社
[7] 美国科协. 2001. 面向全体美国人的科学. 中国科协译. 北京：科学普及出版社
[8] 斯蒂恩 1999. 站在巨人的肩膀上. 胡作玄等译. 上海：上海教育出版社
[9] 帕帕斯 X. 1999. 数学的奇妙. 陈以鸿等译. 上海：上海科技出版社
[10] 阿西莫夫 I. 1980. 数的趣谈. 洪丕柱等译. 上海：上海科技出版社
[11] 爱德华·伯格等, 2007. 数学爵士乐. 唐璐等译. 长沙：湖南科学技术出版社
[12] 伊夫斯 H W. 2007. 数学圈（1, 2, 3）. 李冰译. 长沙：湖南科学技术出版社
[13] 劳 C R. 2004. 统计与真理. 北京：科学出版社
[14] 保罗士 J A. 2006. 数盲. 柳柏濂译. 上海：上海教育出版社
[15] 柯尔 K C. 2004. 数学与头脑相遇的地方. 丘宏义译. 长春：长春出版社
[16] 马里奥·利维奥. 2003. φ 的故事. 刘军译. 长春：长春出版社
[17] 美卡尔克劳森. 2005. 数学魔法. 周立彪译. 长沙：湖南科学技术

出版社

[18] 保罗·贝纳赛拉夫等.2003.数学哲学.朱永林等译.北京：商务出版社

[19] 匹克奥弗 C A.2006.果戈尔博士数学奇遇记.淡祥柏译.上海：上海科技出版社

[20] 李学数.1999.数学和数学家的故事（1～4）.北京：新华出版社

[21] 小室直树.2003.给讨厌数学的人.李毓昭译.哈尔滨：哈尔滨出版社

[22] 平山谛.2005.东西数学物语.代钦译.上海：上海教育出版社

[23] 黑木哲德.2007.数学符号理解手册.赵雪梅译.上海：学林出版社

[24] 李光延.2003.有趣的数学（1,2）北京：北京理工大学出版社

[25] 巴特沃思.2004.数学脑.吴辉译.上海：东方出版中心

[26] 韦尔斯 D.1999.数学与联想.李志尧译.上海：上海教育出版社

[27] 德夫林 G.1999.数学：新的黄金时代.李文林等译.上海：上海教育出版社

[28] 罗杰·海菲德.2004.圣诞节中的科学原理.庄圣雄译.汕头：汕头大学出版社

[29] 约翰·巴罗.2000.不论.李新洲等译.上海：上海科技出版社

[30] 哈里特·斯万.2005.大师讲述科学中的20个大问题.李淑惠等译.北京：民主与建设出版社

[31] 斯宾格勒.2006.西方的没落.吴琼译.上海：上海三联书店

[32] 威廉·魏施德.2001.后楼梯.李昭琼译.北京：华夏出版社

[33] 迪厄多内 L.1999.当代数学为了人类心智的荣耀.沈永欢等译.上海：上海教育出版社

[34] 弗赖登塔尔.1995.作为教育任务的数学.陈昌平等译.上海：上海教育出版社

[35] 普里瓦洛夫.1956.复变函数论.北京：人民教育出版社

[36] 欧阳维城.2001.寓言与数学.长沙：湖南教育出版社

[37] 欧阳维城.2000.数学、科学与人文的共同基因.长沙:湖南教育出版社

[38] 张景中.2003.数学与哲学.北京:中国少年儿童出版社

[39] 张景中.2003.漫话数学.北京:中国少年儿童出版社

[40] 张景中.1985.从 $\sqrt{2}$ 谈起.上海:上海教育出版社

[41] 张顺燕.2000.数学的源与流.北京:高等教育出版社

[42] 张顺燕.2004.数学的美与理.北京:北京大学出版社

[43] 张楚廷.2000.数学文化.北京:高等教育出版社

[44] 张楚廷.1989.数学方法论.长沙:湖南科学技术出版社

[45] 张楚廷.1990.数学与创造.长沙:湖南教育出版社

[45] 高隆昌.2004.数学及其认识.北京:高等教育出版社

[47] 韩雪涛.2006.数学悖论与三次数学危机.长沙:湖南教育出版社

[48] 韩雪涛.2007.从惊讶到思考.长沙:湖南教育出版社

[49] 李浙生.1995.数学科学与辩证法.北京:首都师范大学出版社

[50] 周述岐.1993.数学思想和数学哲学.北京:中国人民大学出版社

[51] 梁宗巨.2001.世界数学史(上).沈阳:辽宁教育出版社

[52] 杜瑞芝.1990.数学史辞典.济南:山东教育出版社

[53] 王恩大,郭维亮.1990.数学教育辞典.济南:山东教育出版社

[54] 郝宁湘.2002.数学历史文化.成都:四川教育出版社

[55] 淡祥柏.2006.数学与文史.上海:上海教育出版社

[56] 徐品方,张红.2006.数学符号史.北京:科学出版社

[57] 林永伟,叶立军.2004.数学史与数学教育.杭州:浙江大学出版社

[58] 陈珺.2003.宇宙简史.北京:线装书局

[59] 吴振奎.2003.数学的创造.上海:上海教育出版社

[60] 胡炳生等.1999.现代数学观点下的中学数学.北京:高等教育出版社

[61] 王仁发.2001.高观点下的中学数学-代数学.北京:高等教育出版社

[62] 高夯.2001.高观点下的中学数学-分析学.北京：高等教育出版社
[62] 沈钢.2001.高观点下的初等数学概念.杭州：浙江大学出版社
[63] 吕世虎等.1995.从高等数学看中学数学.北京：科学出版社
[64] 郑铼.2002.当代数学的若干理论与方法.上海：华东理工大学出版社
[65] 葛军，徐荣豹.1999.初等数学研究教程.南京：江苏教育出版社
[66] 张奠宙，张广祥.2006.中学代数研究.北京：高等教育出版社
[67] 张广祥.2005.抽象代数.北京：科学出版社
[68] 陈景润.1978.初等数论.北京：北京科学出版社
[69] 王建午等.1981.实数的构造理论.北京：人民教育出版社
[70] 钟玉泉.2004.复变函数论（第三版）.北京：高等教育出版社
[71] 华罗庚.1984.华罗庚科普著作选集.上海：上海教育出版社
[72] 徐炎章，王剑峰.2003.敲开数学之门.北京：中国青年出版社
[73] 邹瑾，杨国安.2003.开心数学.哈尔滨：哈尔滨工业大学出版社
[74] 易南轩.2002.数学美拾趣.北京：科学出版社
[75] 淡祥柏.2005.乐在其中的数学.北京：科学出版社
[76] 王树禾.2002.数学聊斋.北京：科学出版社
[77] 张远南.1990.无限中的有限.上海：上海科技出版社
[78] 吴鹤龄著.2003.娱乐数学经典名题.北京：科学出版社
[79] 唐国庆.2001.快乐数学（1，2，3）.海口：海南出版社
[80] 陈敏.2002.寻找身边的科学——数学篇.乌鲁木齐：新疆人民出版社
[81] 李蕊.2002.科学门——数学号.北京：中国少年儿童出版社
[82] 王志雄.2000.数学美食城.北京：民主与建设出版社
[83] 蒋声，陈瑞琛.2000.趣味代数.上海：上海教育出版社
[84] 杨梦一.1998.数学趣苑（代数）.杭州：杭州出版社
[85] 赵荣芳等.2003.探秘数学思维.北京：北京科学技术出版社
[86] 邱庆剑.2004.财富数学.北京：机械工业出版社
[87] 罗增儒.1998.初中数学竞赛辅导.西安：陕西师大出版社

[88] 朱华伟，张京明.1998.初中数学竞赛题典.武汉：湖北教育出版社

[89] 任升录等.2001.高中数学应用性问题.上海：上海大学出版社

[90] 张嘉瑾.2004.函数与数列.长春：长春出版社

[91] 张定强等.2004.高中数学新课程内容解析.北京：首都师范大学出版社

[92] 数学课程标准研制组.2004.数学课程标准解读.南京：江苏教育出版社

[93] 金学宽.2006.时空与灵性.北京：中国宇航出版社

[94] 李啸虎等.2005.改变人类文明的50大科学定理.上海：上海文化出版社

[95] 吴琳.2006.自然科学的解释学研究.武汉：湖北人民出版社

[96] 成云雷.2001.趣味哲学.上海：上海古籍出版社

[97] 中国基督教协会.2006.圣经.上海：中国基督教三自爱国运动委员会

[98] 柏桦.2006.原来唐诗可以这样读,北京：中国广播电视出版社

[99] 张道真.1982.实用英语语法.北京：商务出版社

[100] 赵焕光.2004.实变函数.成都：四川大学出版社

[101] 赵焕光，林长胜.2006.数学分析（上）.成都：四川大学出版社

《通俗数学文化丛书》已出版书目

（按出版时间排序）

1. 数的家园　赵焕光著　2008 年 5 月